Touobèwèrè Noël SOME

Gestão das formações vegetais na reserva natural de Bontioli

AF665391

Touobèwèrè Noël SOME

Gestão das formações vegetais na reserva natural de Bontioli

ScienciaScripts

Imprint
Any brand names and product names mentioned in this book are subject to trademark, brand or patent protection and are trademarks or registered trademarks of their respective holders. The use of brand names, product names, common names, trade names, product descriptions etc. even without a particular marking in this work is in no way to be construed to mean that such names may be regarded as unrestricted in respect of trademark and brand protection legislation and could thus be used by anyone.

Cover image: www.ingimage.com

This book is a translation from the original published under ISBN 978-620-3-42402-7.

Publisher:
Sciencia Scripts
is a trademark of
Dodo Books Indian Ocean Ltd. and OmniScriptum S.R.L publishing group

120 High Road, East Finchley, London, N2 9ED, United Kingdom
Str. Armeneasca 28/1, office 1, Chisinau MD-2012, Republic of Moldova, Europe
Managing Directors: Ieva Konstantinova, Victoria Ursu
info@omniscriptum.com

Printed at: see last page
ISBN: 978-620-8-61543-7

Copyright © Touobèwèrè Noël SOME
Copyright © 2025 Dodo Books Indian Ocean Ltd. and OmniScriptum S.R.L publishing group

DEDICAÇÃO

A

Meus falecidos pais, que o Todo-Poderoso vos conceda o descanso eterno!

Os meus irmãos SOME François Bourzié, SOME K, Frédéric, SOME N. Jean Alain, SOME Maxime e SOME Narcisse

A minha mulher TRAORE Fatimata e a minha filha SOME Nonfoubome Lydie Merveille.

Todos os ambientalistas.

RESUMO

As reservas de vida selvagem de Bontioli, situadas no sudoeste do Burkina Faso, foram criadas para proteger a diversidade biológica, nomeadamente a sua componente selvagem. O objetivo geral desta investigação é analisar a evolução e a gestão das formações vegetais nas reservas de vida selvagem de Bontioli.

A abordagem metodológica baseia-se na interpretação de imagens de satélite Landsat TM, ETM+ e OLI-TIRS de 1986, 2002 e 2018, no inventário florístico e em inquéritos socioeconómicos. As ferramentas utilizadas incluem software (ENVI 5.3, ArcGIS 10.3, SphinxV5 e folha de cálculo Excel 2013), questionários, guiões de entrevista e folhas e equipamento de levantamento florístico.

Os resultados mostram que as unidades de uso do solo sofreram grandes alterações entre 1986 e 2018. A área de campos e pousios diminuiu 60,61% e 52,80%, respetivamente, nas reservas totais e parciais. Por outro lado, a savana arbustiva aumentou 43,80% e 23,07%, e o solo nu 5,28% e 26,01%. Quanto à savana arborizada, o aumento da sua superfície é notório na reserva total (13,38%). Os índices de diversidade são baixos de acordo com a formação vegetal. No entanto, a floresta de galeria é a formação menos diversa (1,78 bits), enquanto a savana arbustiva é a mais diversa (2,99 bits) na escala de Shannon. Os parâmetros estruturais indicam povoamentos dominados por indivíduos jovens.

Todos os parâmetros climáticos analisados durante o período 1987-2017 mostram uma tendência negativa, mas não tiveram um impacto negativo significativo nas formações vegetais.

Além disso, os métodos de gestão, que se concentram principalmente na proteção dos recursos florestais e na punição das infracções, resultaram em pouco envolvimento da comunidade. Este facto reflecte-se na persistência de desmatamentos agrícolas na RPFB. Apesar dos esforços de controlo e de sensibilização da administração florestal, continuam a verificar-se práticas pastoris caracterizadas pela poda selectiva de espécies vegetais consumidas pelo gado, pelo abate descontrolado de árvores utilizadas para lenha e madeira, pela extração descontrolada de ouro e pela caça furtiva.

Em suma, as formações vegetais das reservas naturais de Bontioli estão a evoluir em sintonia com as políticas intervencionistas do Estado.

Palavras-chave : zonas protegidas - diversidade florística - antropização - variabilidade climática - Burkina Faso .

INTRODUÇÃO GERAL

As árvores e as florestas são um dos recursos inalienáveis da humanidade. Estão no centro da vida animal e vegetal, contribuindo para manter os grandes equilíbrios entre a terra, a água e a atmosfera, os ciclos da água e do carbono e a conservação da diversidade biológica. A vegetação é a base dos ecossistemas em termos de produção primária, da qual depende não só a cadeia trófica, mas também a dinâmica das comunidades bióticas e dos seus meios vivos, como o solo (Cohen, 2008).

Ao reterem o carbono na biomassa viva, na matéria orgânica em decomposição e nos solos, os ecossistemas terrestres desempenham um papel importante no ciclo global do carbono. Os processos de fotossíntese, respiração, decomposição e combustão mantêm a circulação natural do carbono entre estes ecossistemas e a atmosfera (IPCC, 2000).

As florestas fornecem importantes bens ecossistémicos ao ambiente, nomeadamente a conservação do solo e dos recursos hídricos, a conservação da diversidade biológica, a melhoria do clima local e mesmo regional, o armazenamento de carbono e a regulação do ciclo do carbono, bem como a moderação do fluxo de energia (Aubreville, 1953; Muoghalu, 2014). A economia da maioria dos países africanos baseia-se na exploração dos recursos naturais, em particular da vegetação (Ouoba et *al.,* 2014). Para além destes bens, as florestas e as formações florestais prestam muitos serviços às populações locais nos países em desenvolvimento. Os recursos florestais (lenhosos e não lenhosos) são utilizados para a alimentação, a saúde, a habitação, as ferramentas, a melhoria dos rendimentos das populações e a coesão sociocultural (Bordes, 2010; Somé, 2012).

Dada a importância destes ecossistemas florestais e de savana na manutenção da diversidade biológica e a sua contribuição inestimável para a vida humana e animal, é vital que sejam protegidos.

Após a Segunda Guerra Mundial, a comunidade internacional voltou a sua atenção para a conservação dos recursos naturais como parte de uma nova visão do desenvolvimento. [1]De facto, foi em 1949 que a noção de desenvolvimento sustentável surgiu nos Estados Unidos da América, com o Presidente Harry Truman a afirmar no seu discurso sobre o Estado da União que "todas as nações, incluindo a nossa, beneficiarão grandemente de um programa construtivo para uma melhor utilização dos recursos humanos e naturais do mundo" .

Desde então, a gestão sustentável dos recursos naturais tornou-se gradualmente uma preocupação mundial. Foram erguidas vozes para denunciar o crescimento desrespeitador da natureza. Surgiram clubes, associações e organizações não governamentais. Estas organizações centraram as suas acções na proteção do ambiente. Entre elas, contam-se

- o Clube de Roma, criado em 1968 com o objetivo de limitar as "Trente Glorieuses". Em 1972, publicou um relatório intitulado "Os limites do crescimento" ou no qual denunciava o impacto da industrialização descontrolada no ambiente;

[1]http://fr.wikiversity.org consultado em 20/7/2016.

Em 1972, realizou-se em Estocolmo uma conferência das Nações Unidas sobre o ambiente humano. Esta conferência tornou-se a primeira Cimeira da Terra e lançou as bases do "desenvolvimento ecológico";

- A União Internacional para a Conservação da Natureza foi fundada em 1980;

A nível africano e sub-regional, organizações como o Comité Inter-États de Lutte contre la Sécheresse au Sahel (CILSS), de que o Burkina Faso é membro, foram criadas em 1973 na sequência da grande seca no Sahel. Estão a conjugar os seus esforços através de políticas ambiciosas como a Grande Muralha Verde. O objetivo global deste projeto gigantesco é melhorar a resiliência dos sistemas humanos e naturais dos países do Sahel às alterações climáticas através de uma boa gestão dos ecossistemas e do desenvolvimento sustentável dos recursos naturais (água, solo, vegetação, fauna e flora), da proteção do património rural material e imaterial, da criação de pólos rurais de produção e de desenvolvimento sustentável e da melhoria das condições de vida e dos meios de subsistência das populações (MEDD, 2012).

No entanto, é evidente que estes programas e políticas não são uma panaceia para a verdadeira proteção dos recursos naturais, tendo em conta a degradação florestal que os países africanos estão a sofrer. Entre 1990 e 2000, a redução global do coberto florestal na África Ocidental foi de cerca de 43 milhões de hectares (Pape, 2004; Koffi, 2014). Este declínio florestal, muito acentuado nos países francófonos da África Subsariana, é considerado o resultado dos métodos de gestão implementados durante o período colonial.

No Burkina Faso, o fracasso das políticas e programas ambientais e a deterioração contínua dos recursos florestais terão levado à adoção, a partir dos anos 80, de uma nova visão da exploração florestal baseada na gestão e na participação comunitária. Esta mudança de paradigma é também sustentada pela evolução da gestão dos recursos naturais a nível mundial, passando de uma abordagem conversadora dos recursos para uma abordagem comunitária e participativa, e foi rapidamente traduzida em acções nacionais (Laurent, 2011).

As reservas de vida selvagem de Bontioli, como quase todas as áreas protegidas do país, enfrentam o duplo problema das alterações climáticas e da sobre-exploração dos seus recursos. Estes factores afectam a ocupação espacial e a diversidade biológica das formações vegetais. É neste contexto que a presente investigação se centra no tema: "Dinâmica e gestão das formações vegetais nas reservas naturais de Bontioli (sudoeste do Burkina Faso)".

O objetivo do estudo é analisar a evolução e a gestão das formações vegetais nas reservas de vida selvagem de Bontioli. Para tal, foram definidos quatro objectivos secundários: i) - descrever as caraterísticas ecológicas e a dinâmica espácio-temporal das formações vegetais das reservas entre 1986 e 2018; ii) - explicar a influência dos factores naturais na evolução das formações vegetais; iii) - examinar o impacto dos principais determinantes socioeconómicos na evolução das formações vegetais; iv) - analisar os métodos de gestão das reservas utilizados pela população local.

A tese está organizada em três partes, subdivididas em capítulos:

- A primeira parte, subdividida em dois capítulos, trata do enquadramento geral do estudo.
- A segunda parte analisa a influência do ambiente biofísico e humano nas formações vegetais das reservas naturais de Bontioli. É constituída por três capítulos.
- A terceira parte faz um balanço dos métodos de gestão e da vulnerabilidade das formações vegetais nas reservas naturais de Bontioli. Está dividida em dois capítulos.

PRIMEIRA PARTE: O QUADRO GERAL DO ESTUDO

O objetivo desta primeira parte é posicionar este trabalho de investigação tanto do ponto de vista dos esquemas que estruturam a reflexão global como do seu posicionamento disciplinar e metodológico. Está estruturada em torno de dois capítulos:

- ✓ Capítulo 1: O quadro teórico e os conceitos do estudo. Neste capítulo, foi apresentada a justificação do estudo e as questões de investigação, e os conceitos relacionados com o tema foram clarificados com o objetivo de lhes dar um significado preciso no contexto deste estudo. Por fim, foram recordadas e discutidas as principais teorias biogeográficas e demográficas, com o objetivo de compreender os fundamentos da evolução dos seres vivos (animais e plantas) e o impacto do crescimento da população humana nos recursos naturais.
- ✓ Capítulo 2: Abordagem metodológica. Foram definidas as variáveis e os indicadores do estudo. Por um lado, a amostragem espacial e demográfica foi explicada, respondendo ao porquê e ao como da escolha dos locais de inquérito e dos actores envolvidos na investigação. Os instrumentos, equipamentos e técnicas de recolha e tratamento de dados foram igualmente apresentados e explicados.

CAPÍTULO 1: O QUADRO TEÓRICO E OS CONCEITOS DO ESTUDO

Este capítulo começa por analisar o estado atual dos conhecimentos sobre o assunto. Em seguida, apresenta a justificação do estudo, da qual derivaram as questões de investigação, as hipóteses e os objectivos. Por fim, são clarificados os conceitos-chave e expostas as teorias biogeográficas e demográficas relativas aos recursos naturais.

1.1. O estado dos conhecimentos sobre o assunto

Todo o trabalho científico exige que o seu autor examine em pormenor os trabalhos já realizados sobre o tema, a fim de dar novas orientações ao estudo. Para o efeito, esta secção resume as várias publicações relacionadas com o tema da investigação. Centra-se nos temas que se seguem.

1.1.1. O estado das 2florestas no mundo e em África

Segundo a FAO (2020), as florestas do mundo cobrem uma área de 4,06 mil milhões de hectares, o que corresponde a da superfície terrestre total, e mais de metade (54%) destas florestas encontram-se em apenas cinco países: Federação Russa (20%), Brasil (12%), Canadá (), Estados Unidos da América (8%) e China (5%). As florestas do mundo estão concentradas nas regiões tropicais (), seguidas das regiões boreais (), temperadas () e subtropicais (). Cerca de 726 milhões de hectares de floresta encontram-se em zonas protegidas. Desde 1980, as florestas foram cortadas em 135 milhões de hectares por ano (Laurent, 2011). A nível mundial, a tendência é para uma redução da área de floresta perdida, de 5,2 milhões de hectares por ano no período 2000-2010 para

4,7 milhões de hectares no período 2010-2020. Este facto deve-se a um aumento da área florestal e a uma redução da taxa de exploração florestal em certos países do mundo.

Em África, as florestas e as matas cobrem uma área de cerca de 675 milhões de hectares, ou seja, 23% do continente e cerca de da área florestal mundial. Embora, de acordo com os indicadores, as florestas tenham vindo a diminuir inexoravelmente em África, a perda líquida de florestas tendeu a abrandar globalmente entre 1990 e 2010 (FAO, 2011). Os indicadores estão repartidos por região da seguinte forma (ver Quadro 1).

1Quadro: Área florestal em África de 1990 a 2010

Sub-região	Área (milhares de ha)			Variação anual (milhares de ha)		Variação anual (milhares de ha)	
	1990	2000	2010	1990-2000	2000 - 2010	1990 - 2000	2000 - 2010
África Central	268 214	216 455	254 854	-676	-660	-0,25	-0,26
África Oriental	88 865	81 027	73 197	-784	-783	-0,92	-1,01
Norte de África	85 123	79 224	78 814	-590	-41	-0,72	-0,05
África Austral	215 447	204 879	194 320	-1 057	-1 056	-0,50	-0,53
África Ocidental	91 589	81 979	73 234	-961	-875	-1,10	-1,12
Total África	749 238	708 564	674 419	-4 067	-3 414	-0,56	-0,49
Mundo	4 168 399	4 085 063	4 032 905	-8 334	-5 216	-0,20	-0,13

Fonte: FAO, 2011

As formações florestais diminuíram significativamente em todas as regiões africanas ao longo das duas décadas consideradas no quadro.

Entre 2010 e 2020, África perdeu 3,9 milhões de hectares, seguida da América do Sul, com uma perda de 2,6 milhões de hectares (FAO, 2020). Em contrapartida, o coberto florestal está a aumentar no Norte de África e estável na África do Sul (Madon, 2017). A degradação das florestas tropicais (húmidas e secas) é, sem dúvida, uma das principais causas da perda de biodiversidade. A redução da área florestal, em particular em África, é multifatorial. No entanto, a necessidade de terras agrícolas e a dependência da energia da madeira da população da África Subsariana, que é essencialmente rural (62% em 2015) (FAO, 2018), parecem ser as principais causas. No entanto, a questão da governação política parece ser transversal a todas as questões de desenvolvimento nos países africanos. Tem igualmente um impacto na silvicultura.

1.1.2. Criação e evolução das áreas protegidas no mundo

A noção de proteção de áreas específicas para uma exploração específica sempre foi uma caraterística de todas as sociedades humanas. No entanto, as primeiras leis de proteção das florestas terão sido promulgadas na Mesopotâmia, há cerca de 2 700 anos a.C., embora existam outros exemplos no Egito e na Índia (Doumenge, 2021). Desde a criação do primeiro parque nacional legalmente reconhecido, o Parque de Yellowstone, em 1872, pelo Congresso dos EUA, a humanidade tem vindo a tomar progressivamente consciência da necessidade de proteger a natureza através da intensificação da criação de áreas protegidas ao longo do século XX. Estas reservas naturais situavam-se principalmente na América e em África. Só na década de 1960 é que os outros continentes intensificaram a criação das suas próprias áreas protegidas.

O primeiro parque nacional criado em África, o Kruger Park, data de 1898 e situa-se na África do Sul. Seguiu-se-lhe o Parque Nacional Albert, criado em 1925 no Congo Belga (atual República Democrática do Congo) sob o domínio colonial (IUCN, 1999). Na África francófona, há três gerações de áreas protegidas: entre 1930 e 1950, durante a era colonial, de 1960 a 1990, após a independência, e de 1990 a 2001, após a Conferência do Rio. Por outro lado, na África anglófona, a maioria das áreas protegidas foi criada entre 1950 e 1970 (Mengue-Medou, 2002). Existem mais de 7.000 áreas protegidas em África, às quais se juntam as áreas que contribuem para a conservação e são geridas principalmente para fins económicos, como as zonas de caça, as florestas classificadas e as zonas de gestão dos recursos naturais (Chardonnet, 2019).

A criação de áreas protegidas no continente asiático começou durante o período colonial. A reserva de caça de Banyuwangi, em Java, criada em 1919, e a reserva de vida selvagem de Krau, na Península Malaia, criada em 1923 (Déry, 2008). No entanto, foi só a partir dos anos 60 e precisamente no início dos anos 90, na sequência da Conferência do Rio de 1992, que a criação de áreas protegidas se intensificou no Sudeste Asiático.

1.1.3. O estado das áreas protegidas no mundo

A Europa, com 43 000 áreas protegidas, ocupa o primeiro lugar em termos de número de áreas protegidas registadas. Em segundo lugar está a Eurásia, com 18 000, seguida da América do Norte (13 000), da Austrália (cerca de 9 000), da África Austral e Oriental (4 390), da África Central e Ocidental (2 600) e do Pacífico, que tem o menor número de áreas protegidas (320). No entanto, a América Central e a América do Sul têm as maiores áreas protegidas, com da superfície de cada uma destas regiões coberta. Cobrem 1,6 milhões de km², ou seja, 14,da África Austral e Oriental (Martinez & Triplet, 2009). Estas áreas protegidas estão divididas de acordo com o tipo de ambiente em que se encontram. O quadro 2 apresenta os principais tipos de ambiente e as superfícies representadas nas áreas protegidas.

2Quadro: Principais tipos de ambiente e superfícies representadas nas zonas protegidas

Tipos de habitat	Superfície total (km²)	Área protegida (km²)	Percentagem de proteção
Floresta tropical	10 390 000	2 471 000	23,8
Floresta tropical seca	2 716 000	339 000	14,7
Savane	15 368 000	1 878 000	12,2
Piquetes	5 611 000	692 000	12,3
Zonas húmidas	3 429 000	434 000	12,7
Deserto	45 474 000	4 589 000	10,1

Fonte: Baseado em Mulongoy & Chape, 2004)

Existem atualmente mais de 265 000 áreas protegidas estabelecidas ou propostas em todo o mundo, cobrindo 15,7% da terra e 7,7% do mar. Atualmente, estão protegidos mais de 22,5 milhões de km² em terra e 28,1 milhões de km² em meios marinhos e costeiros (Doumenge, 2021).

1.1.4. Governação florestal

A gestão das zonas protegidas rege-se por princípios sociais, culturais, económicos, jurídicos e ambientais, na medida em que as árvores contribuem para a vida humana e animal. Por conseguinte, foram elaboradas disposições legislativas para uma gestão eficaz dos recursos florestais.

1.1.4.1. A evolução das políticas e da legislação florestal na África francófona desde o período colonial até à atualidade

A legislação florestal na África Ocidental Francesa (AOF) tem as suas raízes nas políticas florestais francesas. Um movimento conhecido como "conservacionismo" surgiu em França no século XVI e impôs a sua visão de proteção florestal nas suas colónias até 1980, sendo a ideia tornar o capital natural da floresta, neste caso, impermeável à intrusão humana (Laurent, 2011; Koffi, 2014).

1.1.4.1.1. Políticas e legislação em matéria de florestas tropicais na África francófona durante o período colonial

Segundo Madec (1997), a regulamentação florestal tropical teve origem numa decisão do governador da Cochinchina de 18 de maio de 1862, quando o território ainda estava parcialmente conquistado. No entanto, na ausência quase total de regulamentação indígena, foi o código florestal metropolitano de 21 de maio de 1827 que constituiu a principal fonte de legislação florestal tropical. O decreto de 5 de agosto de 1900, relativo ao regime florestal senegalês e às dependências, foi alargado a vastas regiões, incluindo o Sudão (Mali), a Guiné e o Alto Volta (Burkina Faso). Segundo Kiéma (2007), este decreto foi revisto a 24 de março de 1901 e novamente a 18 de julho de 1912. O Código criou autorizações, concessões, áreas e zonas protegidas e direitos de usufruto (Ribot, 2001).

Na realidade, estes decretos eram simplesmente disposições contidas no Code de l'Indigénat, do qual derivavam. Este código tinha sido promulgado em 1887 e depois revisto e rectificado em 1905, 1912, 1921 e 1924. No final, foi o decreto de 4 de julho de 1935 que forneceu a base jurídica para a ação florestal no Burkina Faso, tal como em todas as Antilhas francesas.

O principal argumento subjacente à necessidade de uma legislação florestal em benefício das florestas tropicais foi mais tarde reiterado no decreto de 20 de maio de 1955 nos seguintes termos: "As regras de proteção previstas tendem a salvaguardar o interesse geral, tendo em conta a influência cientificamente reconhecida da florestação na proteção dos solos contra a erosão, na manutenção das nascentes e dos rios, bem como nas caraterísticas gerais do clima, nomeadamente no que se refere ao regime de chuvas" (Guillard, 2014).

1.1.4.1.2. Políticas e legislação em matéria de florestas tropicais na África francófona no período pós-colonial

Após o período colonial, a legislação da maioria dos países africanos francófonos inspirou-se nas políticas internacionais de conservação e gestão dos recursos naturais. As funções ecológicas, socioeconómicas, culturais e científicas das florestas passaram a ter um lugar de destaque.

No passado recente, a maioria dos países africanos reformou a sua legislação florestal em diferentes graus. As principais tendências que emergem da legislação florestal africana reformada são essencialmente de três tipos: (i) gestão florestal baseada nos princípios da sustentabilidade, com uma utilização mais sistemática de planos de gestão; (ii) gestão florestal com uma dimensão cada vez mais local e privada; e (iii) maior consideração das funções ambientais das florestas (Textile & Kante, 2005).

A partir de 1980, surgiu um novo paradigma na gestão dos recursos florestais. Passou-se de uma abordagem exclusivamente protecionista para uma abordagem participativa e comunitária, atualmente defendida pelos organismos internacionais responsáveis pelo acompanhamento e apoio às áreas protegidas (Giraut & *al.,* 2004). A abordagem participativa da gestão dos recursos naturais permite ter em conta as aspirações das populações locais em termos de desenvolvimento e dos direitos e obrigações que lhe estão associados.

1.1.4.2. A evolução do quadro político e legislativo da gestão florestal no Burkina Faso: do período pré-colonial à atualidade

O direito do ambiente no Burkina Faso está estreitamente ligado aos períodos colonial e pós-colonial. No entanto, convém sublinhar que nas sociedades tradicionais - o período pré-colonial - prevaleceram os primórdios do direito do ambiente, nomeadamente com a regulamentação do acesso e da exploração dos recursos naturais, a apropriação colectiva dos recursos naturais e a criação de totens. Por exemplo, a regulamentação estrita e rigorosa da pesca e da caça, o estabelecimento de florestas e lagoas sagradas e a criação de totens eram formas de regulamentação normativa que visavam a preservação do ambiente. Com a penetração colonial, as regras tradicionais desapareceram e foram substituídas por regulamentos coloniais (Djiga, 2012).

As florestas do Burkina Faso são espaços abertos muito dinâmicos, que evoluem ao ritmo das perturbações naturais e antrópicas. É portanto com vista a uma boa gestão destes ambientes que, desde o período colonial, as autoridades coloniais tomaram a iniciativa de criar zonas protegidas. Já em 1926, foram criadas as primeiras áreas protegidas sob a designação de "parques de refúgio" (Fournier & Sinsin, 2007;

Tianhoun, 2012). No entanto, tal como Giazzi & Tchamie (2007), o conceito jurídico de áreas protegidas foi introduzido na África Ocidental Francesa pelo decreto de 10 de março de 1925, que criou os parques de refúgio. No entanto, a adoção da Convenção para a Proteção da Fauna e da Flora em África, em Londres, em 1933, para "promover" uma ideologia comum a todas as colónias, foi um ponto de viragem decisivo na criação de áreas protegidas nas colónias francesas (Diallo, 2011). De facto, o património florestal, na sua aceção moderna, nasceu com a constituição de um património florestal em 1933 (Sawadogo, 2006).

É de notar que o país não dispunha de legislação florestal própria e estava integrado no paradigma protecionista dos recursos naturais derivado da legislação florestal francesa. A arquitetura institucional da governação florestal nos países africanos francófonos baseia-se numa herança colonial comum, a do colbertismo francês do século XVIII, fundada numa polícia florestal responsável por garantir a integridade física da floresta contra qualquer utilização pelas populações rurais (Koffi, 2014).

Três períodos principais marcaram o desenvolvimento da política florestal no Burkina Faso:

- ✓ Na época colonial

Foi o decreto de 4 de julho de 1935 que abriu caminho a uma intervenção vigorosa das autoridades coloniais e levou à criação das grandes propriedades classificadas. A classificação das florestas como património do Estado tinha como principal objetivo tomar medidas para reduzir a desflorestação. Os principais objectivos destas classificações eram :

- a criação de barreiras vegetais climáticas para reduzir a influência dos ventos secos harmattan vindos do norte;
- proteção dos principais cursos de água ;
- a constituição de reservas de madeira para a produção de carvão vegetal destinado a alimentar os comboios a vapor da Régie Abidjan-Niger (RAN) e o projeto de linha ferroviária que liga Bobo-Dioulasso a Ségou (República do Mali);
- a criação de reservas de vida selvagem para a caça;
- produção de madeira e de madeira de serviço para as necessidades de desenvolvimento da administração local (MECV, 2007a).

Assim, a criação de áreas protegidas intensificou-se no atual Alto Volta, no Burkina Faso, até ao final dos anos cinquenta.

✓ Após a

A política protecionista instaurada pelos dirigentes coloniais manteve-se até ao início dos anos 70, quando uma grave seca atingiu o Sahel, o que levou à adoção de uma política mais ativa de valorização dos recursos florestais: era a época das grandes plantações "para satisfazer as necessidades de lenha e de madeiras utilitárias e para lutar contra a desertificação". O fracasso desta política intervencionista estrita do Estado deu lugar à abordagem florestal comunitária, com o programa emblemático "Bois de villages" lançado em 1978, que consistia em :

- uma vasta campanha de reflorestação de eucaliptos,

- promover fogões melhorados para reduzir o consumo doméstico de lenha;

- a criação do Centro Nacional de Sementes Florestais (CNSF).

O projeto da madeira de aldeia só viu realmente a luz do dia em 1984. As grandes orientações sublinhavam a necessidade de uma abordagem das intervenções florestais que implicasse a participação consciente das populações rurais na identificação e na execução das acções (Semeni, 2007).

No entanto, a estratégia de proteção florestal implementada baseou-se essencialmente na repressão das infracções e na retirada das florestas (Bakouan, 1995). A técnica de "mise en défens" consiste em restaurar os ecossistemas com base numa proibição mais ou menos total da exploração humana dos recursos num território (Somé & *al.,* 2011). Esta abordagem não só não conduziu a uma gestão florestal eficaz, como, pior ainda, contribuiu para desenvolver uma perceção negativa do serviço florestal por parte da população. Além disso, a abordagem baseada na repressão nunca conseguiu combinar a exploração do recurso com a sua conservação (Diarra, 1999). Durante as primeiras décadas após a independência do Burkina Faso, a gestão florestal não era uma prioridade nacional, pois só em 1976 foi criado o Ministério do Ambiente e do Turismo (Ouédraogo, 2001).

- ✓ A abordagem participativa foi testada a partir de 1986.

Esta última abordagem é atualmente a principal orientação estratégica da política nacional de desenvolvimento dos recursos naturais (Gautier & Compaoré, 2006). Globalmente, segundo Zoungrana (1995), pode ser entendida como a confirmação do papel preponderante dos aldeões na realização das suas aspirações individuais e colectivas, com ou sem apoio externo. Permite lançar as bases de um desenvolvimento endógeno, integrado e sustentável, adaptado às aspirações das populações. [2]A gestão participativa refere-se aos processos e mecanismos que permitem que as pessoas diretamente afectadas pela utilização dos recursos florestais sejam envolvidas na tomada de decisões sobre todos os aspectos da gestão florestal, desde a gestão dos recursos até à formulação e implementação de quadros institucionais.

De acordo com Ouédraogo (2004), os acontecimentos mais importantes na evolução da gestão florestal no Burkina Faso são os seguintes

1981: elaboração e publicação de uma política nacional de gestão das florestas classificadas, cujo principal objetivo era satisfazer as necessidades da população em produtos florestais derivados da madeira, preservando o ambiente;

1982: adoção, pelo Comité de Investigação Florestal, de protocolos de investigação relativos à dinâmica da vegetação (evolução das talhadias, determinação dos períodos favoráveis ao corte da madeira em função da regeneração, efeitos do fogo na vegetação);

1983: instalação de dispositivos experimentais sobre a dinâmica da vegetação em florestas situadas em diferentes zonas ecológicas do país e, sobretudo, a elaboração de um documento técnico intitulado "metodologia de avaliação da terra aplicada à gestão florestal no Burkina Faso", que é um procedimento de análise sistemática dos dados socioeconómicos;

[2]http://www.fao.org/forestry/participatory/fr/ consultado em 10/9/2016.

1985: em 22 de abril, foram tomadas três medidas políticas de proteção do ambiente, conhecidas como as "Três Lutas"

- Luta contra o abandono de animais,
- A luta contra os incêndios florestais,
- Luta contra a exploração madeireira ilegal.

1986: início das primeiras actividades de gestão florestal participativa com o projeto "desenvolvimento e exploração de florestas para abastecer Ouagadougou com lenha" (PNUD / FAO / BKF / 85 / 011);

1989: desenvolvimento de uma política nacional de gestão florestal, que representou uma extensão da política nacional de gestão das florestas classificadas, com o objetivo de definir o papel da silvicultura no desenvolvimento e gestão do território;

1995: desenvolvimento da política florestal nacional;

1996: elaboração do programa nacional de gestão florestal;

1997: adoção da lei n.º 006/97/ADP, de 31 de janeiro de 1997, relativa ao código florestal

Burkina Faso;

1998: adoção de orientações para a descentralização;

2001: redação da Carta de Política de Desenvolvimento Rural Descentralizado;

2002: elaboração de um guia metodológico para a gestão florestal no Burkina Faso.

Estas políticas foram adaptadas para ter em conta o contexto internacional e as necessidades das populações rurais. Foi adoptada nova legislação, nomeadamente a Lei n.º 0034-2009/AN sobre a propriedade fundiária rural no Burkina Faso, que define claramente os princípios e as regras que devem reger a propriedade fundiária no Burkina Faso com vista à sua garantia. O Código Florestal de 1997 foi revisto e adotado em 2011 para garantir uma gestão mais eficaz dos recursos florestais.

O artigo 29º da Constituição do Burkina Faso, de 11 de junho de 1991, que que: "É reconhecido o direito a um ambiente são; a proteção, a defesa e a promoção do ambiente são deveres de todos", constitui a base de todas as leis, estatutos e regulamentos relativos à gestão ambiental e, em particular, à gestão florestal no Burkina Faso.

1.1.4.3. Convenções internacionais ratificadas pelo Burkina Faso

Desde há muito que a comunidade internacional está consciente da necessidade de proteger o ambiente através da criação e recuperação de áreas protegidas. Note-se que foi já no século XIII, na Europa, que o risco de escassez levou ao aparecimento dos primeiros regulamentos destinados a perpetuar os recursos florestais, neste caso o decreto real francês de 1219 (Puyo, 2001). No entanto, foi nos Estados Unidos da América que o parque de Yellowstone foi criado numa área de 888 000 hectares, a 1 de março de 1872, pelo Congresso americano (Raffin, 2005). Foi o primeiro parque legalmente estabelecido no mundo. Ao longo dos anos, este desejo reflectiu-se claramente na cena internacional com a criação de numerosas reservas naturais na América, África, Ásia e Europa. Este aumento do número de parques naturais está associado ao desenvolvimento e à adoção de instrumentos jurídicos internacionais para a gestão dos recursos florestais. Apesar do seu carácter não vinculativo, estes instrumentos constituem uma base de referência para o planeamento, a aplicação e a proteção das florestas pelos diferentes Estados.

A primeira Conferência das Nações Unidas sobre o Ambiente Humano, que se tornou a primeira Cimeira da Terra, teve lugar em Estocolmo em 1972.

Cerca de vinte anos depois de Estocolmo, a Conferência das Nações Unidas sobre Ambiente e Desenvolvimento (CNUAD, geralmente conhecida como Cimeira da Terra), reunida no Rio de Janeiro em junho de 1992, adoptou dois importantes instrumentos não vinculativos: a Declaração do Rio e a Agenda 21, também conhecida como Plano de Ação da Terra.

Além disso, a CNUAD elaborou uma declaração de princípios florestais que continua a ser relevante enquanto instrumento declarativo não vinculativo para a conservação das florestas. Esta declaração, formalmente intitulada "Declaração de princípios não juridicamente vinculativa para um consenso mundial sobre gestão, conservação e desenvolvimento sustentável" (ONU, 1992, Anexo 3), foi um marco importante na consideração da conservação e do desenvolvimento sustentável no sector florestal. Não era juridicamente vinculativa porque os esforços para adotar um tratado sobre a conservação das florestas não estavam suficientemente avançados. Dos quinze (15) princípios da Declaração, dois (2) são particularmente relevantes para a política e legislação das áreas florestais protegidas:

- A gestão florestal deve ser integrada com a gestão das zonas adjacentes, a fim de preservar o equilíbrio ecológico e a produtividade sustentável.

- As políticas e a legislação nacionais para a gestão, conservação e utilização sustentável das florestas devem incluir a proteção de tipos de florestas representativos ou ecologicamente viáveis, incluindo florestas virgens ou antigas e outras florestas de valor cultural, espiritual, histórico, religioso ou outro, de importância nacional (ONU, 1992, Anexo 3, princípio 8(e), 8(f)) (Barbara, 2012).

Adoptada na Cimeira da Terra, no Rio de Janeiro, em 1992, e entrada em vigor em 29 de dezembro de 1993, a Convenção sobre a Diversidade Biológica (CDB) é um tratado internacional juridicamente vinculativo. No preâmbulo, os países signatários afirmaram a necessidade urgente de toda a humanidade conservar a diversidade biológica, tendo em conta a sua importância para o desenvolvimento e a proteção da biosfera.

Tem três (3) objectivos principais: a conservação da diversidade biológica; a utilização sustentável da diversidade biológica; e a partilha justa e equitativa dos benefícios resultantes da utilização dos recursos genéticos. O seu objetivo geral é encorajar medidas que conduzam a um futuro sustentável. A conservação da diversidade biológica é uma preocupação comum da humanidade. [3]A Convenção sobre a Diversidade Biológica abrange todos os níveis da diversidade biológica: ecossistemas, espécies e recursos genéticos.

---

[3]http://www.un.org/fr/events/biodiversityday/convention.shtml Acedido a 7/9/2018.

Tendo ratificado a Convenção em 12 de junho de 1992, o Burkina Faso desenvolveu estratégias para a sua aplicação. Para o efeito, foram elaborados dois (2) documentos emblemáticos, entre os quais a Estratégia Nacional e o Plano de Ação para a Diversidade Biológica do Burkina Faso (SP/CONAGESE, 1999). Estes documentos constituem os documentos de referência de base para a aplicação da convenção acima referida.

Durante a Cimeira Mundial sobre o Desenvolvimento Sustentável, realizada em Joanesburgo em 2002, foram feitos progressos nos compromissos de proteção do ambiente com a ratificação do Tratado sobre a Conservação dos Recursos Naturais e da Biodiversidade em .

A Convenção de Ramsar sobre a proteção do ambiente, e em particular das zonas húmidas, foi adoptada em 2 de fevereiro de 1971 por 170 países signatários. Entrou em vigor em 21 de dezembro de 1975. De acordo com a Convenção (artigo 1.1), as zonas húmidas são: "zonas de pântano, brejo, turfa ou água, naturais ou artificiais, permanentes ou temporárias, com água estática ou corrente, doce, salobra ou salgada, incluindo zonas de água marinha cuja profundidade na maré baixa não exceda seis metros" (SCR, 2013). Com vista a proteger as zonas húmidas, que incluem vastas áreas de floresta, o Burkina Faso, após a ratificação da referida convenção, incluiu quinze (15) sítios na lista de Ramsar para uma superfície total de 652 502 hectares (MEDD, 2013). Em 2013, o país adoptou a Política Nacional sobre as zonas húmidas do Burkina Faso.

[4]Por último, um dos principais acordos sobre a proteção do ambiente é a COP 21 sobre o clima, realizada em Paris, no final da qual o acordo prevê conter o aquecimento global "bem abaixo dos 2° C acima dos níveis pré-industriais e, se possível, procurar prosseguir os esforços para limitar o aumento das temperaturas a 1,5° C".

1.2. O problema

A nível mundial, o número e a extensão das áreas protegidas aumentaram significativamente nos últimos anos, elevando a área terrestre protegida global para 12 por cento. No entanto, a variabilidade e a integridade destas áreas protegidas estão seriamente ameaçadas por intervenções diretas e indirectas (SCDB, 2004). Atualmente, são muitas vezes a única esperança que temos de evitar que muitas espécies ameaçadas ou endémicas desapareçam para sempre (Dudley, 2008). A gestão das áreas protegidas nem sempre respeita as orientações dadas seu estatuto de acordo com as diretivas de organismos especializados, neste caso a UICN.

Foram constatadas numerosas lacunas em termos de desenvolvimento e implementação de instrumentos de gestão eficazes para estas áreas protegidas. O estatuto da maior parte das áreas protegidas da África Ocidental é atualmente posto em causa porque foram classificadas durante o período colonial. Os métodos de gestão destas áreas classificadas nunca foram revistos à luz da evolução do contexto e de eventuais novos métodos de gestão (UICN/PAPACO, 2012). Esta falta de adaptação da gestão destes enclaves protegidos às realidades actuais afecta a sua integridade. Nos países em desenvolvimento, as lacunas na

[4] http://fr.wikipedia.org/wiki/Accord_de_Paris_sur_le_climat consultado em 20/7/2016.

gestão das áreas protegidas são inerentes aos problemas da pobreza e do crescimento demográfico, na medida em que as florestas e as árvores são a base da economia da maioria dos países africanos (Chidumayo & *al.*, 2011). Em menor escala, contribuem para reduzir a pobreza das populações que vivem perto das florestas (Somé, 2012) e são também utilizadas pelas populações locais para obter alimentos e energia, bem como medicamentos tradicionais e madeira e madeira de serviço.

A população do Sahel é uma das que regista um crescimento mais rápido no mundo (Ozer, 2006). No Burkina Faso, num período de trinta anos (1975-2006), a população passou de 5.638.203 para 14.017.262, um aumento de 148,e uma multiplicação por cerca de 2,5 (Sangli & Tallet, 2012). A explosão demográfica após os anos 60 (taxa de crescimento de cerca de por ano) na maioria dos países do Sahel aumentou a pressão sobre os recursos naturais (Bontioni & Reij, 2009).

Em África, muitas áreas protegidas são vulneráveis a influências negativas como a poluição, o abate de árvores, a caça ilegal e a invasão agrícola (Mengue-Medou, 2002). A indisponibilidade de produtos florestais e de terras agrícolas está a levar as pessoas a explorar cada vez mais as áreas protegidas. Estas zonas são ameaçadas de "mordidelas" pelos agricultores confrontados com a escassez de terras agrícolas (Gomgnimbou, 1998; Fournier & Millogo-Rosolodimby, 2007; Dimobé, 2017). O aumento acentuado das superfícies cultivadas e a redução média dos períodos de pousio estão a perturbar a paisagem (Fournier & al., 2001).

A culpa é, portanto, dos sistemas agrícolas utilizados nestas zonas protegidas. A sobre-exploração dos recursos e as técnicas agrícolas inadequadas estão a perturbar a dinâmica ambiental (Hauchart, 2005). A agricultura itinerante através de limpezas frequentes nas áreas protegidas está na origem da desflorestação e da redução do coberto florestal (Sounon Bouko & *al.*, 2007; Tankoano & *al.*, 2016; Kadéba & *al.*, 2019). Modifica a estrutura da vegetação (Tianhoun, 2012). A redução do coberto florestal afecta não só a flora e a fauna, mas também a própria agricultura (Solly & *al.*, 2020).

As consequências mais marcantes desta desflorestação são o aumento do escoamento superficial (Mahamane, 2006) e, portanto, a erosão hídrica do solo. As acções antropogénicas (abate, limpeza, pressão pastoril, etc.) são geralmente consideradas como favorecendo a impermeabilização das superfícies e, consequentemente, a acentuação do escoamento superficial (Aurouct & *al.*, 2005). Os solos sob coberto vegetal são mais resistentes à erosão hídrica do que os solos cultivados e os solos nus (Yaméogo & *al.*, 2020). Como resultado, há uma perda significativa de terras aráveis (Avakoudjo & *al.*, 2014). Para aumentar a produção agrícola, os agricultores são obrigados a alargar as suas áreas através da limpeza de novos campos, geralmente em zonas protegidas, mas também em zonas marginais. As zonas sensíveis, nomeadamente as margens dos rios (Daou & *al.*, 2019), são também exploradas através de métodos agrícolas expansivos, especialmente em anos de escassez de precipitação. Estas práticas aumentam os riscos de degradação e poluição destas zonas (Kaboré, 2013).

A limpeza agrícola é responsável pelo declínio da diversidade e densidade das plantas. Esta degradação é acelerada pelo ressurgimento da cultura do algodão nas áreas protegidas (Dipama, 2009).

As florestas e as áreas protegidas são utilizadas como as principais fontes de pastagem nos países do Sahel com grandes efectivos de gado. As práticas pastoris são diversas e variadas. O gado pasta em arbustos e árvores, e os pastores trepam a árvores como *Pterocarpus erinaceus*, *Afzelia africana* Sm. e *Detarium* e espécies de *Acacia* para cortar / podar a folhagem para fornecer alimentação extra para o seu gado durante a estação seca (Sawadogo, 2007; Muoghalu & *al.*, 2014). O sobrepastoreio é, portanto, um problema grave na faixa Sudano-Saheliana, onde o sobrepastoreio causa graves danos à vegetação (Muoghalu & *al.*, 2014). O corte seletivo de espécies vegetais, nomeadamente nas zonas protegidas, contribui para a erosão da biodiversidade. O aumento da pressão sobre o pastoreio favorece a propagação de certas espécies (*Guiera senegalensis*, *Eleusine indica*) e o declínio das espécies forrageiras (*Acacia albida*, *Khaya senegalensis*, *Ziziphus mauritania*, *Andropogon gayanus*, *Andropogon ascinodis*) (Devineau & Fournier, 1998).

A pecuária reduz ou mesmo impede a regeneração natural da vegetação, embora alguns autores a classifiquem como uma causa secundária de degradação da vegetação (Ariori & Ozer, 2005). Foi referido que da degradação das florestas se deve ao sobrepastoreio, que se concentra nas zonas semi-áridas (Chidumayo & *al.*, 2011). Alguns arbustos são destruídos pelo pisoteio e pelo pastoreio. A falta de espaço pastoral e o número excessivo de animais são as principais causas da utilização ilegal das áreas protegidas (Kiéma & *al.*, 2007), que se degradam de forma insidiosa. A obstrução dos caminhos do gado pelos campos está na origem de numerosos conflitos entre agricultores e pastores. Os rebanhos têm enormes dificuldades em aceder aos recursos, nomeadamente à água e ao pasto (Palé, 2015). As zonas protegidas tornam-se então atractivas para a pastorícia, não só devido às suas pastagens, mas também devido à ausência de campos (Boutrais, 2008).

A monitorização da vegetação (composição florística, biomassa, área) pode ser associada a outras variáveis de carácter natural (clima, processos erosivos) ou social (práticas pastoris ou silvícolas) (Cohen, 2008). As secas da década de 1970-1980 e de 1984 e 1985 no Sahel tiveram um impacto particularmente prejudicial nos recursos hídricos e na vegetação. A precipitação, a temperatura e a radiação são necessárias para o crescimento da vegetação num determinado ponto do planeta, e os ecossistemas terrestres influenciam indiretamente o clima através das suas trocas atmosféricas (Ago, 2016). Na África Ocidental, o clima tem uma influência crucial na vegetação e no povoamento (Ballouche & Rasse, 2007; Orsenna & Petit, 2011).

Os impactos das alterações climáticas nesta parte do continente africano caracterizam-se por um aumento dos extremos climáticos, a propagação da desertificação e a perda de diversidade biológica (Dorsouma & *al.*, 2008). A seca exprime-se não só em termos de défice de precipitação, mas também em termos de variabilidade interanual, que pode ultrapassar (Zoungrana, 1995). Apesar da melhoria relativa da precipitação descrita e prevista por muitos autores (Ozer & *al.,* 2010; Ouoba, 2013), esta foi acompanhada de uma redução significativa do número de dias de chuva e de um encurtamento da estação das chuvas (Ozer, 2005). A degradação climática, da zona sudanesa à zona saheliana, conduziu a uma redução da densidade dos estratos arbóreos e arbustivos, do número de espécies vegetais e das famílias a que pertencem (Pallo & Sawadogo, 2010).

A mortalidade elevada das espécies vegetais em certas zonas protegidas é por vezes atribuída às alterações climáticas (Adjonou & al., 2009), nomeadamente ao aumento da temperatura e à diminuição da pluviosidade. A água continua, portanto, a ser o elemento essencial para a germinação e o crescimento das plantas na zona do Sahel. Podemos assim concordar com Diouf & *al* (2000) que, juntamente com o solo e a água, a vegetação é um dos principais elementos cuja dinâmica influencia a evolução do ecossistema florestal. Sem água, as plantações e as plântulas, naturais ou artificiais, não têm futuro nas zonas secas (Bellefontaine & *al.*, 2003). Por conseguinte, os baixos níveis de precipitação e a sua má distribuição no tempo e no espaço contribuem consideravelmente para a fragilidade destes ecossistemas (Diello & *al.*, 2005). Estas variações de certos parâmetros climáticos essenciais provocam alterações na estrutura e mesmo na diversidade florística das formações vegetais. A variabilidade climática regressiva, que se manifesta através de fenómenos climáticos extremos, como ventos violentos, inundações, tempestades de areia e temperaturas elevadas, não só limita o crescimento das plantas, como também influencia a dinâmica dos recursos naturais (Ouoba, 2007; Ngo & *al.,* 2018).

A degradação das áreas florestais protegidas e de outras formações florestais, principal refúgio da vida selvagem, é uma fonte de ameaça para as espécies animais, algumas das quais estão em perigo de extinção. Das 2.970 espécies animais em perigo de extinção em todo o mundo, África tem o maior número de espécies listadas como "criticamente em perigo" e "em perigo" (Jacquemot, 2018).

As áreas protegidas no Burkina Faso estão sujeitas a fortes pressões de várias origens. Contudo, o cultivo é de longe o principal fator de antropização das florestas (MECV, 2007). De facto, a área cultivada no Burkina Faso aumentou significativamente. O conjunto das actividades agrícolas ocupava 29,7% das terras em 1961, contra 41,em 2007 (Cambrezy & Sangli, 2011). Além disso, a taxa média anual de expansão do domínio agrícola entre 1990 e 2014 foi de 0,61% para uma área de 163.326 ha (MEEVCC, 2019).

A colonização das áreas protegidas pela agricultura conduziu a uma redução da superfície florestal. As áreas protegidas fazem parte dos territórios das aldeias, onde a lógica local não tem em conta o facto de estas áreas já não fazerem parte dos seus "domínios tradicionais de soberania", mas pertencerem ao Estado ou a actores externos (Valéa, 2010). No período 1992-2002, o conjunto das formações florestais registou uma diminuição de 107.626 ha, o que representa uma taxa média de degradação de 0,83% (MEEVCC, 2019). Em 2002, as formações florestais naturais do país (floresta aberta, floresta de galeria, savana arbustiva, savana arbórea, estepe) cobriam 13.305.238 hectares, ou seja, 48,do território nacional (MECV, 2007a; MECV, 2007b).

O património florestal classificado do Estado abrangia uma área total estimada de 3,9 milhões de hectares, ou seja, 14% do território nacional. Segundo o MEDD (2011), em 2010as áreas classificadas cobriam apenas 12% do país, muito abaixo dos exigidos internacionalmente, e a taxa anual de perda de coberto florestal entre 1990 e 2010 foi estimada em 0,87%, para uma área total anual de 59.900 ha. A perda total do coberto florestal em 20 anos é estimada em 17,, representando uma área total de 1.198.000 ha. Segundo a mesma fonte, das 69 áreas protegidas, duas (2) são parques nacionais (390.500 ha), catorze (14) são reservas de vida selvagem (2.545.500 ha) e cinquenta e três (53) são florestas classificadas (880.000 ha). A biomassa viva destas formações florestais contém o equivalente a 292 milhões de toneladas de carbono.

A lenha é também um fator importante na análise da desflorestação e da perda de biodiversidade no Burkina Faso. O baixo nível geral de rendimento das famílias faz com que estas recorram à madeira como principal fonte de energia. Em 2008, a madeira representava 74,94% do balanço energético global e 94,do consumo energético total das famílias (MECV, 2010).

A desflorestação contínua reduz a riqueza florística das espécies florestais (Ozer, 2005). Quando as florestas desaparecem, há inevitavelmente uma perda significativa de biodiversidade (De Foresta, 2008), uma vez que constituem um habitat para muitas espécies de fauna (selvagem e microfauna) e flora.

A desflorestação aumentou nas últimas décadas na região sudanesa do Burkina Faso, marcada por uma frente agrícola dinâmica impulsionada por um crescimento demográfico significativo e por fluxos migratórios para oeste e sudoeste. Estas vagas migratórias foram inicialmente organizadas pelo Estado, que desenvolveu zonas agrícolas para instalar populações afectadas pela seca no âmbito da Autoridade para o Desenvolvimento dos Vales do Volta (AAVV). Mas algumas populações estão a migrar autonomamente para esta zona, ideal para actividades agrícolas, pastoris e de extração de ouro. Nas regiões de savana ou desérticas ao longo dos cursos de água, os agricultores, pastores e pescadores tendem a instalar-se (Dipama, 1997).

A área classificada da região Sudoeste inclui reservas de vida selvagem e florestas classificadas que cobrem cerca de 153.700 ha. Estas áreas protegidas, que são os principais reservatórios de biodiversidade da região, estão atualmente ameaçadas pela variabilidade climática combinada com várias pressões humanas. Estudos realizados nas florestas classificadas desta região indicam um elevado nível de atividade humana que resulta num declínio das formações florestais (Tankoano, 2012; Somé, 2013; Dimobé, 2017, Korgo, 2018).

Como quase todas as florestas classificadas do Sudoeste, as reservas de vida selvagem de Bontioli estão sujeitas a uma forte pressão de várias origens, caracterizada pela sobre-exploração dos recursos. A falta de um plano de gestão claro para estas áreas protegidas está a abrir caminho para a depredação dos seus recursos.

O impacto das alterações climáticas e o crescimento da população no centro e no norte do país, combinados com a crise da Costa do Marfim em 2002, levaram a ondas significativas de migração para a região. Além disso, a extração artesanal de ouro intensificou-se nestas reservas durante as duas últimas décadas, atraindo cada vez mais pessoas. O impacto ecológico desta atividade é incomensurável.

O habitat da fauna selvagem está assim a desaparecer progressivamente, apesar de a principal razão para a classificação destas florestas ser o facto de fazerem parte de um circuito turístico e cinegético que passa por Diébougou, Gaoua, a reserva de Bouna (Costa do Marfim) e Banfora (IUCN/PACO, 2009). Devem assegurar uma proteção eficaz da caça. Tal como as outras florestas classificadas, as reservas de vida selvagem de Bontioli têm um interesse ecossistémico e socioeconómico. Representam uma das maiores áreas de floresta classificada da região. Não só ajudam a sequestrar o carbono atmosférico, contribuem para o ciclo da água e mantêm a diversidade biológica, como também proporcionam meios de subsistência às comunidades locais. A Reserva Total de Vida Selvagem Bontioli é uma das quatro (04) reservas totais do país especificamente concebidas para a proteção integral da vida selvagem. Para além de proteger e preservar os recursos naturais utilizáveis ou prestar serviços ambientais, espera-se que as áreas protegidas gerem rendimentos (caça, ecoturismo, actividades de lazer e empregos para gestores, guias, operadores, etc.) (De Boissieu *&* *al.*, 2007).

Apesar da utilidade destas áreas protegidas, foram efectuados muito poucos estudos sobre a dinâmica e a gestão das suas formações vegetais. É de notar, no entanto, que não existe um estudo comparativo baseado no estatuto de cada reserva (total e parcial). Para colmatar estas lacunas, e tendo em conta as diferentes pressões a que estão continuamente sujeitas, parece importante efetuar uma análise crítica e comparativa da evolução das formações vegetais em termos de cobertura espacial e composição florística, bem como dos seus métodos de gestão.

Para o efeito, a principal questão que se coloca é a de saber como evoluem as formações vegetais das reservas naturais de Bontioli:

1. Quais são as caraterísticas ecológicas e a dinâmica espácio-temporal das formações vegetais nas reservas entre 1986 e 2018?
2. Como explicar o impacto dos factores naturais na evolução das formações vegetais?
3. Como é que os factores socioeconómicos influenciaram a evolução das formações vegetais nas reservas?

4. Como são geridas as reservas de vida selvagem Bontioli?

Com base nestas questões de investigação, foram formuladas hipóteses e objectivos a fim de dar uma orientação precisa ao estudo.

1.3. Pressupostos e objectivos

A vegetação é um componente do ambiente cuja dinâmica depende da sua interação com os outros componentes do ambiente. Uma alteração do meio físico numa situação de clímax conduzirá a uma nova evolução numa nova posição climática. Assim, uma alteração estrutural das condições climáticas, das condições edáficas ou da fauna pode ter um impacto na estrutura vertical e horizontal da vegetação, bem como na sua composição florística. O mesmo se aplica a uma alteração das populações humanas, dos seus sistemas de representação, das formas de organização do espaço e das políticas públicas.

O contexto das reservas Bontioli mudou. Estas alterações afectam tanto o ambiente físico como o ambiente humano. É por isso que, de um ponto de vista teórico, é lógico prever uma mudança também na vegetação.

1.3.1. Hipóteses de investigação

O pressuposto principal é que as formações vegetais nas reservas evoluem num padrão recortado sob a influência de factores naturais e socioeconómicos.

As seguintes hipóteses específicas decorrem desta hipótese principal:

- As formações vegetais das reservas têm uma baixa riqueza e diversidade florística e sofreram grandes alterações entre 1986 e 2018;

- Os principais parâmetros climáticos têm um impacto negativo na evolução das formações vegetais nas reservas;
- As práticas agrícolas inadequadas tiveram um impacto negativo na evolução das formações vegetais nas reservas;
- A população local não está suficientemente envolvida na gestão das reservas.

A partir destas hipóteses, foram desenvolvidos os objectivos desta investigação.

1.3.2. Objectivos da investigação

O principal objetivo é analisar a evolução e a gestão das formações vegetais nas reservas de vida selvagem de Bontioli.

Especificamente:

- Descrever as caraterísticas ecológicas e a dinâmica espácio-temporal das formações vegetais nas reservas entre 1986 e 2018;
- Explicar a influência dos factores naturais na evolução das formações vegetais;
- Examinar o impacto dos principais factores socioeconómicos na evolução das formações vegetais;
- Analisar as formas como os residentes locais gerem as reservas.

1.4. O estado da arte

Para uma melhor compreensão do fenómeno da evolução dos seres vivos (animais e plantas), parece muito oportuno definir uma orientação teórica para este estudo.

1.4.1. A biogeografia como domínio de investigação

De acordo com o Petit Larousse de la langue française, o termo biogeografia, originalmente geografia vegetal, designa a ciência que estuda a distribuição dos seres vivos na superfície terrestre e as alterações dessa distribuição. [5]A biogeografia é um ramo que se situa no cruzamento das chamadas ciências naturais, geografia física, pedologia, ecologia, bioclimatologia e biologia evolutiva, que estuda a vida à superfície do globo terrestre através de análises descritivas e explicativas da distribuição dos seres vivos e, mais especificamente, das comunidades de seres vivos . O seu objetivo é descrever, explicar e modelar a distribuição espacial dos seres vivos (Cohen, 2008). Para Velle & Zandée (2002), é a disciplina científica na qual se procura explicar a distribuição de grupos de organismos, ou taxa, na superfície terrestre.

O tema desta investigação inscreve-se no domínio da biogeografia em termos de objeto perseguido. A clarificação de um quadro teórico de referência sobre o qual o estudo se baseia parece ser de importância capital e tem um duplo interesse. Não só proporciona um melhor enquadramento das análises, sem as restringir a um colete de forças epistemológico, como também pode ajudar os utilizadores a compreender melhor os resultados do estudo.

1.4.2. Biogeografia: evolução e relações com outras ciências

Durante mais de dois séculos, a biogeografia teve dificuldade em encontrar o seu lugar. A biogeografia teve várias designações: "geografia botânica", "geografia das plantas e dos animais", etc., mas o

---

[5]https://fr.wikipedia.org/wiki/Biogéographie consultado em 3/4/2019

termo só apareceu no final do século XIX. Marie-Claire Robic recorda que foi já em 1890 que a palavra foi utilizada pelos geógrafos franceses quando discutiam os trabalhos dos seus colegas alemães (Drouin, 1995). O termo "biogeografia" foi utilizado pela primeira vez em 1888 por Friedrich Ratzel. Mas a ambição do biogeógrafo é, no mínimo, descrever a distribuição dos taxa na superfície do globo e, no máximo, escrever a sua história, sem excluir a esperança de prever o seu futuro (Deleporte, 2002).

A história da biogeografia, enquanto disciplina científica emergente, foi moldada por uma série de teorias.

1.4.2.1. As grandes teorias biogeográficas

A investigação biogeográfica tem-se apoiado em numerosas teorias. Para efeitos do presente estudo, centrar-nos-emos naquelas que tiveram maior impacto no desenvolvimento desta disciplina.

1.4.2.1.1. A teoria de Carl von Linné (1707-1778)

A primeira teoria biogeográfica coerente deste género foi formulada no século XVIII por Linnaeus (Cecca & Zaragueta, 2015). Partindo de uma interpretação bíblica da criação, Linnaeus aceitou uma origem única para os seres vivos, o "paraíso" a partir do qual se deu a dispersão em função das condições ambientais (temperatura, humidade, topografia, natureza do solo, etc.). Esta descontinuidade dos fenómenos naturais geográficos regionais estaria na origem da colonização do globo por espécies de natureza diferente. Esta teoria não poderia ser testada empiricamente, nomeadamente no que respeita à origem comum das espécies. No entanto, o autor teria tido o mérito de ser reconhecido como o criador do sistema binominal que hoje é quase universalmente utilizado para nomear os diferentes grupos de seres vivos e fósseis, dispostos em categorias nomenclaturais (espécies, géneros, famílias, ordem, etc.) (Cecca & Zaragueta, 2015). O fracasso do teste empírico da teoria de Linnaeus inspirou outros autores a utilizarem outros elementos para desenvolver teorias mais coerentes e passíveis de serem testadas no terreno.

1.4.2.1.2. A teoria de Georges Louis Leclerc, conde de Buffon (1707-1788)

A teoria de Buffon baseia-se no postulado de Linnaean, que ele tentou explicar acrescentando novos elementos depois de estudar a distribuição dos mamíferos na África tropical e na América do Sul. Ele incorporou à sua teoria as mutações ligadas à migração. Para ele, durante a migração, as espécies vivas são confrontadas com condições que lhes são frequentemente hostis, o que pode levar a alterações no interior dessas espécies. Buffon utilizou o termo "adaptação" para explicar as diferenças de tolerância das espécies às condições abióticas (Morin, 2006).

Estabeleceu um dos primeiros princípios da biogeografia, conhecido como a lei de Buffon: "conjuntos distintos de espécies ocupam regiões isoladas mas ambientalmente semelhantes". A teoria de Buffon foi alvo de críticas.

1.4.2.1.3. A teoria de Charles Darwin (1809-1882)

Darwin baseou-se nas teorias dos seus antecessores, neste caso Buffon, incorporando um novo conceito: a evolução. Desenvolveu assim a teoria da evolução e adaptação das espécies, que teve um sucesso espetacular. A base do seu pensamento foi lançada pelas observações efectuadas sobre as aves das ilhas Galápagos, durante as quais observou a colonização das ilhas oceânicas por espécies continentais e a mutação destas últimas ao longo do tempo. É de notar que, na altura, quase todos os naturalistas defendiam a tese de uma origem comum dos seres vivos, inspirada nos escritos bíblicos.

Autores como Ernst Haeckel (1834-1919), que cunhou o termo "ecologia", eram fervorosos apoiantes da teoria de Darwin.

O século XX marcou um ponto de viragem decisivo no desenvolvimento da biogeografia. A teoria de Wegener sobre a tectónica de placas e a deriva continental (1912) forneceu argumentos adicionais para explicar a distribuição das espécies pelo globo.

Em última análise, a distribuição espacial dos organismos vivos é o resultado da influência de factores internos e externos (Somé, 2010).

1.4.2.2. Biogeografia: métodos, abordagens, relações com outras ciências

A sua autoria é contestada por muitas disciplinas. Para alguns, pertence à ciência biológica englobada pela ecologia. Por outro lado, outros consideram que deriva de um ramo da geografia. Finalmente, há quem considere a biogeografia como uma ciência integradora que combina partes de diferentes disciplinas já estabelecidas: a geografia e a ecologia, mas também a taxonomia botânica e zoológica, a paleontologia, a geologia, a genética das populações, etc. (Drouin, 1995). Transcende as disciplinas tradicionais (Hugot, 2002).

Com base nos recentes desenvolvimentos das técnicas de cartografia, teledeteção e sistemas de informação geográfica (SIG) na investigação científica, esta disciplina está no centro das preocupações globais relativas à gestão e proteção do ambiente. À medida que evolui, as questões políticas estão também a ganhar relevo. As políticas públicas são, sem dúvida, a força motriz da dinâmica das plantas, dos animais e, em suma, da biodiversidade.

De acordo com Drouin (1995), existem duas grandes linhas de investigação. A biogeografia moderna compreende dois domínios: a biogeografia histórica, que procura reconstruir a origem, a dispersão e a extinção dos taxa e dos biomas, e a biogeografia ecológica, que procura compreender as distribuições actuais e as variações geográficas da diversidade em termos da interação entre os organismos e os seus ambientes bióticos e abióticos (Morin, 2006).

A abordagem biogeográfica não é uniforme. Pode ser sistémica, ecológica ou fisionómica, em função dos objectivos prosseguidos. A abordagem sistémica é cada vez mais privilegiada, na medida em que permite ter em conta vários elementos do ambiente em interação dinâmica para o estudo de um determinado fenómeno. Trata-se de uma abordagem multidisciplinar que visa considerar todas as dimensões relacionadas na análise de um fenómeno. Por exemplo, o estudo da dinâmica das plantas não seria completo ou convincente sem ter em conta os aspectos sociais (antrópicos), pedológicos, climáticos e mesmo morfológicos. O objetivo é, portanto, aprofundar o estudo para chegar a resultados cientificamente satisfatórios. A abordagem sistémica não é, de modo algum, uma panaceia para a investigação, mas tem as suas credenciais na investigação em ciências humanas, ciências sociais, biologia, etc.

1.5. Clarificar conceitos

Floresta: a origem da palavra "floresta" vem do latim *forestis,* derivado de *foris*, que significa "fora". As florestas referem-se, portanto, a vastas áreas fora da influência da habitação humana ou do cultivo.

Montagne & *al* (2005) indicam que os silvicultores metropolitanos do século XVIII definiam a floresta como uma "área separada dedicada à produção de madeira e à proteção do solo".

Uma floresta não é apenas um conjunto mais ou menos extenso e diversificado de árvores, mas um conjunto complexo de seres vivos, animais e plantas, intimamente associados, mas alguns dos quais têm um interesse mais direto do que outros para as pessoas do momento (Guillard, 2014).

Distinguem-se as florestas densas ou fechadas das florestas abertas ou claras, consoante as copas das árvores sejam contíguas, no primeiro caso, ou o estrato arbóreo seja descontínuo, no segundo. No Burkina Faso, as florestas fechadas são formações em que os diferentes estratos e a vegetação rasteira cobrem uma parte muito grande (mais de) e não têm estrato herbáceo. (...) as florestas de galeria são consideradas florestas fechadas. As florestas abertas são formações onde as árvores estão presentes de forma descontínua com uma cobertura de pelo menos e no máximo. Os diferentes tipos de savana, com exceção da savana herbácea e das florestas abertas, constituem florestas abertas (Ouédraogo, 2001).

[6]A FAO define uma floresta como tendo mais de cobertura arbórea em, pelo menos, meio hectare. Uma árvore é definida como uma planta

---

[6]http://www.fao.org/docrep/003/X4130f4130f04.htm#Top0fPage consultado em 8/10/2014.

perene com um único caule (ou vários, se for cortado) que atinge pelo menos cinco metros de altura na maturidade.

Em termos legais e regulamentares, registou-se uma evolução na definição do termo "floresta". Durante o período colonial, a proteção da floresta tinha objectivos puramente económicos e não a conservação da diversidade biológica. É assim que o conceito é definido no artigo 2º do decreto de 4 de julho de 1935: "São consideradas florestas as terras que têm como produtos exclusivos ou principais a madeira destinada à marcenaria, à indústria ou aos serviços, a lenha e o carvão vegetal ou os produtos acessórios, tais como cascas e frutos taniníferos, cascas de têxteis e de tinturaria, sumaúma, borracha, cola, resinas, gomas, bambus, palmeiras silvestres e todas as outras plantas que não constituem um produto agrícola" (Kiéma, 2007). Esta definição corresponde à definição legal da altura.

De acordo com o artigo 10.º do Código Florestal do Burkina Faso (2011), as florestas são zonas de formações vegetais baseadas em árvores ou arbustos e gramíneas, excluindo as resultantes de actividades agrícolas.

Obviamente, por uma questão de coerência na investigação, a definição utilizada é a do Código Florestal do Burkina Faso, que ignora os parâmetros de densidade e extensão do coberto vegetal.

Ecossistema: o termo ecossistema foi cunhado por Arthur George Transley em 1935 para designar a unidade básica da natureza.

O ecossistema é a unidade estrutural básica da biosfera. É constituído por biótopos que formam uma biocenose. É homogéneo em termos de topografia, microclima, botânica, zoologia, hidrologia e geoquímica (George & Verger, 2009).

Para Da & Yonkeu (2007), o ecossistema é um ambiente relativamente homogéneo e estável no qual todos os seres vivos mantêm relações alimentares e territoriais entre si e com o ambiente.

Em termos gerais, um ecossistema refere-se a todas as inter-relações que existem entre os componentes de um mesmo sistema num determinado ambiente (físico, político, jurídico, cultural ou económico). Assim, fala-se de ecossistemas económicos, políticos, etc. No entanto, para efeitos do presente estudo, o termo ecossistema é utilizado no sentido que lhe é dado pelos autores acima referidos. Assim, define-se como um espaço ecologicamente dinâmico constituído por um conjunto de elementos ambientais bióticos e abióticos em permanente interação, de forma a criar um equilíbrio para o funcionamento ótimo de cada um dos componentes do sistema e do sistema como um todo.

Paisagem: não existe uma descrição universal a priori de um espaço ou objeto geográfico, sendo a descrição feita pelo observador em função do seu objetivo, com uma grande perceção da diversidade geográfica (Bigot, 2004). Para ele, a paisagem é uma história, o que significa que, num dado momento, as mudanças possíveis dependem do estado instantâneo, mas também da informação acumulada no passado, ou seja, das condições iniciais.

A paisagem é o resultado de um confronto permanente entre a sociedade e o seu ambiente (Bamba, 2010). É também o resultado de uma determinada porção do espaço, a combinação dinâmica e, portanto, instável de elementos físicos, biológicos e antropológicos que, através de uma reação dialética entre eles, criam um todo único e indissociável que está em constante evolução (Bertrand, 1968).

A paisagem é um conceito complexo; refere-se tanto ao ambiente natural, livre de qualquer influência humana, como a um espaço socialmente construído. Neste último caso, o homem é o principal ator deste espaço geográfico, que ele cria em função das suas actividades, da sua tecnologia e da sua perceção do meio natural. Em todo o caso, a noção de paisagem não pode ser separada da noção de espaço geográfico com limites físicos tangíveis. Sanguin & Pĕna (1986) argumentam que a paisagem tem uma conotação espacial que o ecossistema, um conceito fundamentalmente biológico, não possui, mesmo que em alguns casos os dois conceitos possam ser assimilados.

Diversidade biológica: a expressão foi cunhada pelo biólogo americano Thomas Lovejoy em 1980. Foi retomada em 1985, no âmbito do Fórum Nacional sobre a Diversidade Biológica, pelo biólogo Walter G. Rosen, que cunhou o neologismo biodiversidade. [7]Trata-se de um termo genérico que designa a heterogeneidade do mundo vivo e as interações que o regem.

De acordo com a CNUDM (1992), refere-se à variabilidade entre os organismos vivos de todas as origens, incluindo, entre outros, os ecossistemas terrestres, marinhos e outros ecossistemas aquáticos e os complexos ecológicos de que fazem parte; isto inclui a diversidade dentro das espécies, entre espécies e dos ecossistemas.

---

[7]http://environnement.doctissimo.fr/faune-et-flore/

De acordo com Gramond (2010), a biodiversidade resulta do potencial de :

- Convergência intra-específica (mecanismos de coexistência-competição espacial e temporal),
- Diferenças interespecíficas espaciais e/ou temporais (exclusão competitiva).

A biodiversidade abrange, portanto, três níveis de variabilidade no mundo vivo: dentro das espécies vivas (ou diversidade genética), entre espécies (diversidade interespecífica) e entre ecossistemas (diversidade ecológica). [8]Para além de enumerar as diferentes componentes da biodiversidade, esta abordagem sublinha igualmente a noção de "interatividade" entre estes três níveis diferentes de organização.

De acordo com Lepart (1997), o termo "biodiversidade" refere-se à variedade de organismos vivos, independentemente do seu ambiente de origem, e tem em conta a diversidade intra-específica, inter-específica e funcional.

A biodiversidade é por vezes referida como o "recurso dos recursos", uma vez que é a fonte primária de muitos recursos vitais, como o ar, a água potável e tudo o que comemos, bem como uma grande parte dos recursos energéticos (combustíveis fósseis e biomassa), medicamentos, fibras têxteis ou de papel, etc.[9]

Atualmente, o termo biodiversidade refere-se frequentemente à riqueza de espécies de um ecossistema. A sua medição é então limitada a um taxoceno, ou seja, um subconjunto das espécies de uma comunidade

[8] https://www.thegef.org consultado em 14/4/2018
[9] http://fr.wikipedia.org/wiki/Ressource_naturelle consultado em 5/11/2017

taxonomicamente relacionada: borboletas, mamíferos, árvores (Marcon, 2018). Neste trabalho, a biodiversidade diz respeito à riqueza florística nas formações vegetais das reservas.

[10]**Formações vegetais:** uma formação vegetal é uma comunidade de espécies vegetais que, juntamente com outros elementos, forma uma paisagem caraterística, à qual é frequentemente atribuído um nome especial pelas pessoas que aí vivem ou pelos cientistas que a estudam .

Em botânica ou biogeografia, uma formação vegetal refere-se a uma classificação de espécies vegetais caracterizada por um aspeto particular que, por sua vez, determina uma paisagem caraterística. [11]Especifica a natureza do grupo de plantas que têm um habitus semelhante e formam uma unidade vegetal homogénea.

Os tipos de formação vegetal dependem do grau de cobertura. Com base na classificação dos tipos de vegetação africana adoptada na conferência de Yangambi (Aubreville, 1957) e de acordo com Tankoano (2012), distinguimos

- galeria florestal: 90% a coberto ;
- floresta aberta: a cobertura, com alguns arbustos ;
- savana arborizada: 30 a 60% de cobertura com alguns arbustos;
- savana arborizada: 30 a 60% de cobertura com arbustos suficientes
- savana arbustiva: 15 a cobertura, os arbustos são dominantes, mas as árvores são raras.

[10]https://fr.wikipedia.org/wiki/Liste_des_formations_vegetales consultado em 15/5/2019
[11]https://www.aquaportail.com/definition-9830-formation-vegetale.html consultado em 15/5/2019

A distinção entre savana arbórea e savana arborizada é que, na savana arbórea, as plantas lenhosas estão "dispersas", enquanto na savana arborizada formam "um dossel geralmente claro" (Descoings, 1978).

A formação vegetal é utilizada nesta investigação como sendo um conjunto de comunidades vegetais numa determinada área geográfica, de espécies florísticas e herbáceas, sujeitas a condições edáficas, topográficas e climáticas idênticas ou semelhantes e que apresentam uma fisionomia global homogénea.

Áreas protegidas: áreas especificamente destinadas à proteção e manutenção da diversidade biológica e dos recursos naturais e culturais associados, cuja gestão foi prevista por meios legais ou outros meios eficazes (FAO, 2010).

Uma área protegida é um espaço geográfico claramente definido, reconhecido, dedicado e gerido por quaisquer meios legais ou outros eficazes para assegurar a conservação a longo prazo da natureza e dos serviços ecossistémicos e valores culturais que lhe estão associados (IUCN, 1994). De acordo com a UICN, existem seis (6) categorias de zonas protegidas (ver Quadro 3).

3Quadro: Categorias de áreas protegidas da IUCN

Categoria	Tipo
Categoria I	Reserva natural estrita / Zona selvagem
Categoria II	Parques nacionais
Categoria III	Monumentos naturais / Destaques naturais
Categoria IV	Áreas protegidas para habitat e espécies
Categoria V	Paisagens protegidas e paisagens marítimas
Categoria VI	Zonas protegidas de recursos naturais geridos

Fonte: IUCN, 1994

Ly (2001) define as áreas protegidas como espaços que beneficiam de medidas especiais de proteção e gestão da vida selvagem.

Em função do objetivo prosseguido, existem vários tipos de zonas protegidas: reservas naturais estritas, reservas de vida selvagem, santuários de vida selvagem, reservas da biosfera, etc. As zonas florestais situadas no interior de uma zona protegida designada podem ter o estatuto de zona protegida florestal se o objetivo principal for a conservação da biodiversidade (Barbara, 2012).

Reservas naturais estritas ou reservas totais de vida selvagem: são zonas estritamente protegidas, reservadas para proteger a biodiversidade e, eventualmente, também as caraterísticas geológicas/geomorfológicas, onde as visitas, a utilização e os impactos humanos são estritamente controlados e limitados para garantir a proteção dos valores de conservação. Estas áreas protegidas podem servir como áreas de referência vitais para a investigação científica e a monitorização (Dudley, 2008).

De um modo geral, trata-se de zonas reservadas para permitir o livre funcionamento dos factores naturais sem qualquer intervenção externa, com exceção das salvaguardas necessárias à sua própria existência. São proibidos todos os abates e todas as outras formas de exploração (florestal, agrícola, mineira, etc.) susceptíveis de prejudicar ou perturbar a fauna e a flora (Ly, 2001).

"São criadas reservas totais de fauna selvagem para a proteção de todas as espécies de fauna e dos seus habitats; as actividades de caça são proibidas" (artigo 94 parágrafo 1) (Código Florestal do Burkina Faso, 2011). De acordo com o artigo 95 do mesmo código, a criação de reservas totais de vida selvagem é abrangida pelo âmbito de aplicação da lei. Enquanto as actividades humanas são completamente proibidas, a pesca é proibida e a presença humana é proibida, com exceção do pessoal da reserva e das missões científicas com autorização especial (IUCN, 2010). Existem quatro (4) reservas totais no Burkina Faso: a reserva total de vida selvagem de Arly no leste, a reserva total de vida selvagem de Madjoari no leste, a reserva total de vida selvagem de Bontioli no sudoeste e a reserva total de vida selvagem de Singou no leste. Estão classificadas na categoria I da lista da IUCN.

Reservas parciais: de acordo com o artigo 94 (parágrafo 2) do Código Florestal do Burkina Faso (2011), as reservas parciais de fauna selvagem são estabelecidas para a proteção especial de certas espécies e dos seus habitats; as actividades de caça são autorizadas nestas reservas. O artigo 95 indica que as reservas parciais são criadas por um decreto do Conselho de Ministros. Estão classificadas na categoria IV da lista da UICN.

Conservação: de acordo com o Larousse, conservação significa a ação de preservar, manter intacto ou no mesmo estado.

Sinónimo, em princípio, de preservação, proteção e salvaguarda. A conservação aplicada à natureza implica uma gestão destinada a preservar uma ou várias espécies da flora e da fauna, ou mesmo uma paisagem, consideradas ameaçadas (Giraut & *al.,* 2004).

Desflorestação: é definida como a eliminação de pelo menos do coberto florestal numa determinada área (Beaux, 2011). Trata-se de uma dinâmica em que a floresta é substituída por outro tipo de cobertura vegetal (Bamba, 2010).

A desflorestação é a perda de coberto florestal. [12]Resulta da desflorestação e do subsequente desbravamento, ligados à expansão das terras agrícolas, à exploração excessiva de certas espécies florestais e à urbanização .

Para a FAO (2010), o conceito de desflorestação refere-se à conversão da floresta noutra utilização do solo ou à redução a longo prazo do coberto arbóreo abaixo de um limiar de dez por cento. A desflorestação também se refere a áreas onde, por exemplo, o impacto de perturbações, a sobre-exploração ou a alteração das condições ambientais afectam a floresta de tal forma que esta não consegue manter o coberto arbóreo acima do limiar de dez por cento.

Em última análise, a desflorestação é a perda progressiva dos elementos constitutivos de uma formação florestal ou de um bosque (nas paisagens de savana), de modo a que esta unidade de vegetação deixe de poder desempenhar as suas funções originais, ou seja, manter e produzir diversidade biológica, armazenar carbono, manter o ciclo da água, etc. Ocorre sob o efeito combinado de forças destrutivas de várias origens (antropogénicas e naturais). Esta situação deve-se aos efeitos combinados de forças destrutivas de várias origens (antropogénicas e naturais).

Política florestal: o termo "política" não está definido com exatidão e é utilizado de diferentes formas em diferentes ocasiões. Muitas vezes, pode significar "um plano de trabalho adotado e prosseguido". Uma política pode ou não ser declarada explicitamente. Pode também ser planeada ou emanar de um comportamento óbvio. É por isso que é

[12]www.conservation-nature.fr/article2.php?id=136 consultado em 27/11/2015

frequentemente considerada como um sistema racional baseado em objectivos e planos deliberados, ou como a consequência de uma atividade política resultante de uma série de decisões (...). A política florestal nacional é vista como um acordo negociado entre o governo e as partes interessadas (ou seja, todos aqueles que dependem ou beneficiam das florestas ou que autorizam, controlam ou regulam o acesso aos seus recursos) sobre as orientações e princípios para as acções que adoptam, em conformidade com as políticas socioeconómicas e ambientais nacionais, para orientar e determinar as decisões relativas à utilização sustentável e à conservação dos recursos florestais e arbóreos em benefício da sociedade.[13]

A política florestal é definida como o conjunto de orientações e princípios de ação adoptados pelas autoridades públicas, em harmonia com as políticas nacionais socioeconómicas e ambientais de um determinado país, e destinados a orientar as decisões futuras sobre a gestão, a utilização e a conservação das florestas e das árvores em benefício da sociedade (FAO, 2010).

Para Buttoud & Samyn (1999), a política florestal é definida como o conjunto das normas e medidas adoptadas pelos poderes públicos de um país para regular a utilização dos recursos florestais e valorizar o conjunto dos produtos extraídos das florestas.

A Política Nacional Florestal do Burkina Faso é definida como o reflexo global dos objectivos que prossegue, das opções que toma em consideração, da estratégia e das abordagens operacionais que sustentam as actividades programadas no quadro que constitui. Devido

[13]Ficheiro:///D:/i1679f03.pdf consultado em 9/10/2014

ao seu carácter específico, é completada por textos legislativos que orientam e facilitam a sua aplicação, bem como por mecanismos e instrumentos de gestão administrativa e técnica. Os seus objectivos são os seguintes

- traduzir o lugar e o papel dos subsectores da silvicultura, da fauna selvagem e da pesca e especificar as opções do governo através dos domínios de desenvolvimento prioritários que lhes dizem respeito, em conformidade com as missões do ministério responsável;

- racionalizar a gestão dos recursos nos três subsectores da silvicultura, da fauna selvagem e da pesca, assegurando a coerência e a sinergia das intervenções nos três subsectores, com melhorias claras;

fornecer uma base concetual para a elaboração de legislação relativa à gestão destes três subsectores;

- constituir um instrumento de negociação e um quadro de referência para a consulta dos parceiros de desenvolvimento com vista à coordenação e harmonização das intervenções nos três subsectores (MEE, 1998).

O sistema agrário: refere-se ao conjunto das práticas e técnicas utilizadas por uma sociedade na gestão das zonas rurais para a produção agrícola, pastoril e florestal. Este conceito "engloba a forma como um ou vários ecossistemas são explorados e reproduzidos, as relações sociais de produção e de troca que contribuíram para a sua constituição e desenvolvimento, bem como as condições económicas e sociais globais, nomeadamente o sistema de preços relativos que determinam as condições da sua integração mais ou menos ampla no mercado mundial" (Cochet, 2007).

Os sistemas agrários sofrem alterações em função da evolução tecnológica, social e económica. Pode presumir-se que, tal como todas as outras civilizações agrárias do mundo, as que existiram nesta parte da África Ocidental evoluíram desde a época da caça e da recolha até à fase atual (Ouédraogo, 2015), caracterizada pela modernização progressiva da produção agrícola e pastoril. Estes sistemas agrícolas são muito complexos. Os sistemas agrícolas estão sempre em movimento. Para compreender a sua estrutura e o seu funcionamento, é necessário poder definir um "estado" do sistema num dado momento da sua história, ou seja, imaginá-lo como estável, o tempo suficiente para vislumbrar as interações e os mecanismos fundamentais que o caracterizam. Esta é uma etapa essencial para perceber e interpretar o movimento, a fim de detetar as condições da sua sustentabilidade ou, pelo contrário, as causas da sua crise iminente (Cochet, 2011).

O sistema agrário é, portanto, determinado por um conjunto de componentes humanos, nomeadamente o grupo social que ocupa uma determinada área geográfica, através do seu saber e do seu saber-fazer, e os componentes naturais, neste caso a terra como elemento de produção, a água, a vegetação, etc. O sistema agrário é, portanto, determinado por um conjunto de componentes humanos, nomeadamente o grupo social que ocupa uma determinada área geográfica, através do seu saber e do seu saber-fazer, e os componentes naturais, neste caso a terra como elemento de produção, a água, a vegetação, etc.

O sistema de produção agro-pastoril: este conceito engloba várias noções, algumas relacionadas com a agronomia e outras com a economia, a sociologia e a geografia rural.

Um sistema de produção agrícola é uma combinação de terra, mão de obra e factores de produção para a produção vegetal animal, comum a um grupo de explorações agrícolas. Um sistema de produção é caracterizado pela natureza dos produtos, pela mão de obra (competências) e pelos meios de trabalho utilizados, bem como pelas suas proporções (Reboul, 1976).

O sistema de produção de uma exploração agrícola é definido pela combinação (natureza e proporções) das suas actividades produtivas e dos seus meios de produção (terra, capital, trabalho). O estudo dos sistemas de produção inclui o estudo dos subsistemas de produção (criação, cultivo e transformação) que se caracterizam pela natureza dos produtos, pelos itinerários técnicos seguidos e pelos rendimentos desses produtos. As mudanças nos sistemas de produção podem ser caracterizadas por vários parâmetros principais: diversificação/especialização (maior ou menor diversidade de produção), intensificação/extensificação (em termos de mão de obra, capital ou factores de produção por unidade de superfície) (Tristan & *al.*, 2009).

Para Broussier (1987), o sistema de produção é o resultado de várias combinações e diz respeito à exploração agrícola no seu conjunto: uma disposição particular dos factores de produção, escolhas técnicas, uma combinação de produções.

Este conceito é definido por Sebilotte (1974) como um conjunto de itinerários técnicos, ou seja, sucessões ordenadas e datadas de técnicas e práticas culturais aplicadas às espécies vegetais cultivadas com o objetivo de obter produtos que são vendidos ou transferidos.

Neste estudo, os sistemas de produção agro-pastoris referem-se a todas as técnicas e práticas de cultivo e de pastoreio utilizadas por uma comunidade rural numa determinada área geográfica para satisfazer as suas necessidades alimentares, económicas e culturais.

Ecoturismo: turismo orientado para a ecologia (Worou & Sinsin, 2009).

De acordo com a Sociedade Internacional de Ecoturismo (Ties) (Wallace, 1998), é definido como uma viagem para visitar áreas naturais que conservam o ambiente e mantêm o bem-estar da população local.

Neste trabalho, o ecoturismo refere-se a todas as actividades de gestão florestal e infra-estruturas turísticas (áreas de descanso, restaurantes, alojamento, etc.) orientadas para o turismo ecológico. O ecoturismo está em plena expansão nos ecossistemas de savana devido à abundância de vida selvagem. Estes ecossistemas albergam ainda várias espécies animais ameaçadas de extinção e totalmente protegidas por lei (elefantes africanos, leões, hipopótamos, crocodilos, panteras, etc.), o que os torna ambientes atractivos para os turistas.

1.6. Teorias demográficas em relação à evolução dos recursos naturais

O crescimento da população sempre assombrou o espírito dos governantes, desde o segundo milénio a.C. até aos nossos dias. Platão, que temia o sobrepovoamento da cidade, defendia a fixidez demográfica do povoamento e apresentava todo um conjunto de medidas para ajustar a população. Para ele, os nascimentos deveriam ser reduzidos de forma autoritária, se necessário (Dumont, 2014). Aristóteles retomou a ideia de Platão, mas a sua preocupação com a lei e a ordem, um princípio essencial, implicava que o povoamento não a pudesse prejudicar. Fixou uma idade núbil e apelou ao aborto, se necessário. Os esforços para regular a natalidade continuaram e foram intensificados em várias partes do mundo.

1.6.1. A teoria malthusiana do crescimento demográfico

Thomas Robert Malthus, um economista inglês, publicou em 1798 o seu ensaio sobre o princípio da população, no qual fez duas observações importantes:

- os alimentos são necessários para a existência humana;
- a paixão recíproca entre os sexos é uma necessidade e permanecerá mais ou menos como é atualmente.

Por outras palavras, escreve que o poder multiplicador da população é infinitamente maior do que o poder da terra para produzir a subsistência do homem. Argumenta que a população aumenta geometricamente, enquanto a subsistência aumenta aritmeticamente. Daí a necessidade de equilibrar estes dois poderes. Malthus identificou vários mecanismos de regulação da população, a que chamou "travões". Agrupados em duas categorias, distinguiu entre travões activos: a mortalidade resultante do excesso de população, as guerras, os excessos e vários tipos de males evitáveis, e travões preventivos, constituídos pela "restrição moral" e pelo "vício". Para ele, a restrição moral é a abstenção do casamento e a castidade. Quanto ao vício, era a libertinagem, as relações sexuais promíscuas, as "paixões contrárias à natureza", ou seja, a homossexualidade, a "profanação do leito conjugal", ou seja, o "adultério", e todos os artifícios utilizados para esconder as consequências de relações criminosas ou irregulares, ou seja, os anticoncepcionais e os abortos provocados.

A relação entre o homem e a natureza é, portanto, analisada em termos de densidade humana, cuja extensão pode comprometer perigosamente o equilíbrio do ecossistema. No espírito desta teoria, a sociedade humana é vista como uma "arma de destruição maciça" dos recursos naturais. Para Demont & Jouve (1999), a escola malthusiana parte do princípio de que a concorrência por recursos cada vez mais escassos (terra, água, recursos minerais, etc.) conduz à pobreza, à degradação do ambiente biofísico, aos conflitos e à redução da taxa de crescimento do rendimento da população. Então, porquê expor a teoria de Malthus nesta investigação? Como é que ela pode ser aplicada e analisada a nível local?

O carácter transversal deste estudo da dinâmica vegetal implica a tomada em consideração de um certo número de parâmetros. De facto, a população sempre foi entendida como a principal utilizadora dos recursos naturais, daí a necessidade de enunciar a teoria malthusiana que estabelecia a relação entre a evolução demográfica e o esgotamento dos recursos naturais. Foi nesta perspetiva que o autor ignorou os desenvolvimentos tecnológicos associados à intensificação da produção agrícola, apesar de o seu país, a Inglaterra, estar já em plena revolução agrícola impulsionada pelo progresso científico e técnico. É preciso dizer, no entanto, que esta teoria continua a ser atual, dado o "atraso" tecnológico observado em algumas partes do mundo e a ineficácia das técnicas tradicionais de utilização dos recursos face ao crescimento acelerado da população. É neste contexto que parece oportuno identificar semelhanças entre esta teoria geral e as realidades das reservas naturais de Bontioli c das aldeias que as rodeiam.

1.6.2. Teorias neo-malthusianas

A teoria de Malthus teve um sucesso incomensurável. Foi retomada e aplicada em vários domínios. Políticas de ajustamento populacional ou "anti-natalistas" foram implementadas na China e noutros países do mundo.

1.6.2.1. Malthusianismo climático

Trata-se de uma corrente cripto-malthusiana a favor do clima. Foi lançada em 18 de novembro de 2009 pelo Fundo das Nações Unidas para a População (FNUAP), que defende que a população mundial não deve ultrapassar "um valor ecologicamente sustentável" (Dumont, 2014). Os defensores deste movimento acreditam que é imperativo limitar o crescimento da população mundial para "salvar" o clima. Na sua opinião, é a pressão sobre os recursos que é responsável pela deterioração dos parâmetros climáticos.

1.6.2.2. O malthusianismo dos recursos naturais

Como o principal utilizador dos recursos naturais é o homem, esta linha de pensamento, derivada da de Malthus, defende que o aumento da densidade populacional conduz a um aumento do desbravamento de terras para a agricultura e do consumo doméstico e industrial de madeira, o que resultaria numa diminuição dos recursos naturais disponíveis, ou mesmo no seu desaparecimento irreversível.

1.6.2.3. O dividendo demográfico

O dividendo demográfico, um conceito que surgiu no início do século XXI, afirma que a produtividade económica aumenta quando a relação entre a população ativa e o número de dependentes aumenta. Esta política da comunidade internacional visa incentivar os países em desenvolvimento, nomeadamente os da África subsariana, a iniciarem a transição demográfica. É por isso que é acompanhada de várias acções destinadas aos jovens, nomeadamente a educação e a saúde sexual e reprodutiva dos jovens.

Paralelamente à proliferação das teorias neo-malthusianas sobre o homem e o seu impacto sobre os recursos naturais, surgiu na segunda metade do século XX uma nova teoria: a de Esther Boserup. Esta teoria veio enriquecer ainda mais o debate científico, perspectivando as responsabilidades da humanidade pelo eventual desaparecimento dos recursos naturais, tal como sustentado pela sua antecessora, que ainda não era uma realidade há mais de dois séculos.

1.6.3. A teoria de Esther Boserup

Em 1965, Esther Boserup foi a precursora de uma corrente de pensamento oposta à de Malthus. A base teórica do seu pensamento é apresentada no seu ensaio "Agrarian Evolution and Demographic Pressure", publicado em inglês em 1965 e traduzido para francês em 1970. Baseia-se na premissa de que o crescimento demográfico conduz a uma diminuição dos rendimentos devido à redução e ao aumento dos períodos de pousio e de cultivo, respetivamente. Isto estimula os agricultores a adoptarem técnicas que lhes permitem ocupar a terra de forma mais intensiva. Isto requer mais mão de obra para o trabalho no campo e a gestão das terras, mas resulta numa maior produção por unidade de trabalho (Demont & Jouve, 1999). Para estes autores, Boserup contraria o pessimismo malthusiano ao ter em conta as práticas agronómicas dos agricultores. A autora identifica várias etapas na evolução dos sistemas agrários em relação ao crescimento demográfico. Estas etapas vão desde as queimadas até aos sistemas de culturas de regadio que podem incluir vários ciclos de culturas no mesmo ano (Jouve, 2004).

O autor salienta a capacidade intrínseca da humanidade de inovar para resolver a escassez de recursos naturais resultante do crescimento demográfico, inventando novas técnicas e instrumentos agrícolas para intensificar a produção e, consequentemente, aumentar os rendimentos. Tudo isto poderia contribuir para alimentar a população mundial em constante crescimento.

A tecnologia pode certamente melhorar os rendimentos agrícolas, mas não deve ser vista como uma panaceia para a gestão dos recursos naturais. Tem frequentemente efeitos adversos irreversíveis no ambiente. A irrigação intensiva tem como objetivo aumentar a produtividade, mas pode levar à salinização do solo, deixando a terra sem cultivo e resultando em rendimentos agrícolas mais baixos e na migração da população. O exemplo da Mesopotâmia, a antiga civilização da agricultura de regadio, ilustra este ponto; 70% do solo da baixa Mesopotâmia está afetado, em maior ou menor grau, por sais (Job, 1992). Certos produtos utilizados na agricultura para melhorar os rendimentos podem ter efeitos nefastos para a saúde humana e animal, e mesmo para as plantas. É o caso do glifosato, considerado um insecticida cancerígeno. Nos países em desenvolvimento com as mais baixas taxas de escolarização, os avanços tecnológicos na agricultura podem ter um lado negativo devido à utilização incorrecta de pesticidas, herbicidas e outros factores de produção agrícola. Este facto pode conduzir a catástrofes ambientais.

Para Ouharon (2006), os dois autores (Robert Malthus e Esther Boserup) não têm em conta os efeitos a longo prazo dos limiares, das irreversibilidades, dos valores de opção, das técnicas de substituição ou da incerteza quanto à evolução futura do progresso técnico.

Neste capítulofoi apresentado o problema de estudo e formuladas as hipóteses e os objectivos. Seguiu-se uma apresentação do estado do conhecimento sobre o tema, sintetizando os documentos relativos à governação florestal, à evolução dos recursos vegetais, aos sistemas agrários e aos efeitos da variabilidade climática sobre a vegetação. Foram apresentadas as teorias biogeográficas e demográficas relacionadas com a distribuição e evolução dos organismos vivos e dos recursos naturais. Os conceitos relacionados com o tema foram clarificados de forma a permitir uma melhor compreensão do estudo.

CAPÍTULO 2: A ABORDAGEM METODOLÓGICA

A abordagem metodológica adoptada para este estudo consistiu, em primeiro lugar, na escolha da abordagem para a realização do trabalho. Tendo em conta os objectivos definidos, foi necessário identificar a melhor forma de ter em conta um grande número de dados. Para o efeito, foram descritas as variáveis e os indicadores de estudo. De seguida, determinaram-se as amostras espaciais e demográficas. Por fim, foram explicadas as técnicas, os instrumentos e os materiais de recolha e de tratamento dos dados.

2.1. Qual a abordagem metodológica do estudo?

Para uma visão holística da degradação das reservas, foi adoptada a abordagem sistémica, a fim de conduzir esta investigação de forma adequada.

Com origem há cerca de sessenta anos nos Estados Unidos, no Massachusetts Institute of Technology, e aplicada ao desenvolvimento da bacia do rio Tennessee, a chamada abordagem sistémica faz parte de um movimento filosófico (estruturalismo) cujo objetivo é reunir o maior número possível de conhecimentos sobre um determinado elemento, com vista a uma ação mais eficaz (Da, 2005).

O sistema é definido como um conjunto de elementos que interagem de forma dinâmica, de modo que, se um elemento falhar, todo o sistema é afetado. Esta visão é apropriada no contexto desta investigação, na medida em que a paisagem das áreas protegidas é um conjunto que integra elementos do meio físico (terra, árvores, água, vida selvagem, fauna aquática, microfauna, etc.) e humano (populações e actividades), formando um todo coerente. Trata-se de uma abordagem que sublinha a importância das interações entre os diversos fenómenos que constituem a natureza específica de um território (Dipama, 1997). Segundo Da (1984), permite recolher o maior número possível de informações, armazená-las e organizá-las sob a forma de modelos quantificáveis e comunicáveis para o estudo da evolução dos fenómenos e dos processos que os determinam. Trata-se de uma abordagem que permite estabelecer uma diferenciação espacial dos factos (Hauchart, 2005). Esta abordagem é igualmente privilegiada na investigação biogeográfica, que é o domínio de investigação do estudo.

A abordagem sistémica é combinada com uma abordagem hipotético-dedutiva baseada em questões de investigação, hipóteses, variáveis e indicadores.

Existem interações complexas entre o homem e os elementos do ambiente natural (solo, clima, floresta, etc.) e entre os próprios elementos do ambiente natural. Estas interações resultam em influências diretas e indirectas. Esta investigação sobre a dinâmica das formações vegetais baseia-se em duas lógicas principais:

- a natureza como principal fornecedor de bens e serviços à população. Os habitantes das zonas ribeirinhas das áreas protegidas obtêm a maior parte da sua alimentação dos produtos das formações vegetais, as plantas medicinais são exploradas pelas suas virtudes terapêuticas e a principal fonte de energia nestes meios é a madeira.

- a segunda lógica é estabelecida entre o homem e o meio natural. A relação entre o homem e o ambiente natural é complexa

(Guillard, 2014). Envolvem considerações espirituais, culturais, económicas, políticas e religiosas. Esta intervenção humana milenar nos recursos florestais evoluiu de forma mais ou menos positiva através da criação e conservação de bosques sagrados; verdadeiros santuários de ritos cultuais e de conservação da biodiversidade até ao final dos anos 60, quando o crescimento demográfico, as grandes secas e o desenvolvimento da economia de mercado na África do Sahel e particularmente no Burkina Faso provocaram uma impressionante frente pioneira que pôs em causa estas técnicas tradicionais de conservação. A intervenção do Estado para regular a relação destrutiva do homem com a natureza é dificultada pela fraqueza das instituições públicas responsáveis pelo ambiente e pelas complexas questões transversais da pobreza e das alterações climáticas.

Para manter os ecossistemas das áreas protegidas do Burkina Faso em geral, e das reservas parciais e totais em particular, parece inegável que é necessário encontrar um equilíbrio entre a quantidade de madeira retirada (abate, limpeza para agricultura e pecuária) e a quantidade de madeira acrescentada (sementeira de espécies locais, reflorestação e criação de animais selvagens). Caso contrário, a taxa de abate deve ser reduzida ao nível mais baixo possível. Este objetivo será alcançado através de uma colaboração com as populações rurais e mesmo urbanas para implementar uma gestão participativa que respeite a legislação florestal.

2.2. Descrição das variáveis e indicadores do estudo

Foram utilizadas diversas variáveis para testar as hipóteses. O quadro 4 resume as hipóteses, as variáveis, os indicadores e as técnicas de investigação.

4Quadro: Grelha concetual

<table>
<tr><td colspan="4">Questão principal de investigação: como estão a evoluir as formações vegetais nas reservas naturais de Bontioli?

Hipótese principal: as formações vegetais das reservas evoluem de forma irregular sob a influência de factores naturais e socioeconómicos.</td></tr>
<tr><th>Pressupostos</th><th>Variáveis</th><th>Indicadores</th><th>Técnicas de pesquisa</th></tr>
<tr><td rowspan="6">As formações vegetais das reservas têm uma baixa riqueza e diversidade florística e sofreram grandes alterações entre 1986 e 2018</td><td rowspan="2">Formações vegetais</td><td>Taxa de crescimento das formações vegetais</td><td rowspan="2">Processamento de imagens Landsat</td></tr>
<tr><td>Taxa de regressão das formações vegetais</td></tr>
<tr><td>Riqueza florística</td><td>Número de espécies, géneros e famílias</td><td rowspan="4">Inventário florístico e dendrométrico</td></tr>
<tr><td>Diversidade florística</td><td>Baixo índice de diversidade</td></tr>
<tr><td>Estrutura florística</td><td>Baixas densidades populacionais</td></tr>
<tr><td>Vitalidade das plantas lenhosas</td><td>Taxa de espécies vegetais doentes</td></tr>
<tr><td rowspan="4">Os principais parâmetros climáticos têm repercussões negativas na evolução das formações vegetais nas reservas</td><td>Precipitação</td><td>Elevada taxa de anos secos,
Redução anual da quantidade de água que cai</td><td rowspan="4">Pesquisa bibliográfica
Inquéritos socioeconómicos
Análise de dados estatísticos meteorológicos</td></tr>
<tr><td>Temperatura</td><td>Variação das temperaturas médias
Evolução da evapotranspiração</td></tr>
<tr><td>Vento</td><td>Alterações na velocidade do vento</td></tr>
<tr><td>Isolamento</td><td>Alterações na insolação</td></tr>
</table>

<table>
<tr><td>As práticas agrícolas inadequadas tiveram um impacto negativo na evolução das formações vegetais nas reservas.</td><td>Sistemas de produção</td><td>Práticas de cultivo
Práticas pastorais
Pastoreio em reservas</td><td>Pesquisa bibliográfica
Inquéritos socioeconómicos
Processamento de imagens Landsat</td></tr>
<tr><td rowspan="3">As comunidades locais não estão suficientemente envolvidas na gestão das reservas</td><td>Envolvimento da população local</td><td>Nível de envolvimento</td><td rowspan="3">Pesquisa bibliográfica
Inquéritos socioeconómicos</td></tr>
<tr><td>Organizações pagadoras</td><td>Número de estruturas de gestão</td></tr>
<tr><td>Aplicação do código florestal</td><td>Elevada taxa de actos proibidos nas reservas</td></tr>
</table>

2.3. Os métodos

Foram utilizados vários métodos neste estudo. Estes incluíram pesquisa documental, inquéritos socioeconómicos, análise de dados meteorológicos, inventários florísticos, processamento digital de imagens de satélite e observações diretas no terreno.

2.3.1. Investigação documental

A pesquisa documental é a parte mais importante de qualquer investigação científica, uma vez que nos permite fazer um balanço da documentação existente. Indica o estado da informação sobre o assunto e ajuda a evitar a repetição de um assunto que já foi estudado no mesmo contexto.

Para recolher informações fiáveis e inspirar-se nos estudos existentes, foram consultados vários documentos, nomeadamente obras de carácter geral, revistas e artigos científicos, teses de doutoramento, teses de mestrado, teses DEA, relatórios de ministérios, organizações não governamentais (ONG), associações, colectividades locais e sítios Web. Para o efeito, foram escolhidos centros de documentação como as bibliotecas da Universidade Joseph KI-ZERBO (a BUC, as bibliotecas dos Departamentos de Geografia), de Koudougou, de institutos de investigação especializados (CIRD, Institut Français, CIFOR, IDR), do Instituto Geográfico do Burkina, dos Ministérios do Ambiente e das Alterações Climáticas e dos serviços descentralizados, da Agricultura, e dos centros de documentação de organizações regionais e internacionais (CILSS, FAO).

Foram recolhidos dados cartográficos para :

- O mapa dos locais de estudo mostra a localização das reservas de vida selvagem de Bontioli e das aldeias envolvidas no estudo;

- A carta morfopedológica da zona de estudo permite analisar a distribuição das diferentes formações vegetais em função da topografia do terreno e da natureza do solo;

- o mapa da rede hidrográfica das reservas: em princípio, é nos cursos de água que se encontram as comunidades vegetais mais densas. Este parâmetro deve, portanto, ser tido em conta na descrição e caraterização das formações vegetais;

- o mapa fitogeográfico do Burkina Faso para localizar as reservas de vida selvagem de Bontioli, a fim de melhor caraterizar a vegetação.

Os dados estatísticos também foram recolhidos em :

-Instituto Nacional da Estatística e da Demografia (INSD): estatísticas do Recenseamento Geral da População e da Habitação (RGPH) de 1985, 1996 e 2006 para as províncias de Bougouriba, Ioba e Poni, para as cinco comunas ribeirinhas (Zambo, Diébougou, Tiankoura, Nako e Dissin) e para as aldeias que confinam com as reservas de Bontioli. As estatísticas recolhidas foram utilizadas para analisar a evolução da densidade populacional.

- a Agence Nationale de la Météorologie: foram recolhidos dados de precipitação para o período 1987-2017, bem como dados de temperatura, vento e insolação para o mesmo período da estação meteorológica de Gaoua. Esta estação foi escolhida por ser a principal da região e a mais próxima das reservas de vida selvagem de Bontioli. A literatura científica também recomenda um período de pelo menos 30 anos para a medição dos parâmetros climáticos.

2.3.2. Inquéritos socioeconómicos

Foram realizados vários inquéritos no âmbito do estudo.

2.3.2.1. Escolha dos sítios de estudo

Espacialmente, a investigação abrange a zona do Sul do Sudão no Burkina Faso pelas razões seguintes:

- ✓ Esta zona recebe um grande fluxo de migrantes agro-pastoris do norte e do centro do país;
- ✓ A cultura do algodão está em plena expansão;
- ✓ Os locais de extração artesanal de ouro estão espalhados por toda a região do Sudoeste, particularmente nas reservas naturais;
- ✓ As florestas estão a deteriorar-se insidiosamente.

As reservas de vida selvagem Bontioli foram selecionadas porque :

- ✓ Trata-se de um dos complexos florestais mais importantes da região Sudoeste, situado na bacia hidrográfica de Bougouriba e, por conseguinte, detentor de uma biodiversidade significativa,
- ✓ A vida selvagem ainda está relativamente presente nestas reservas;
- ✓ Nunca foram desenvolvidas desde a sua classificação;
- ✓ O garimpo de ouro é praticado nestas zonas protegidas;
- ✓ A frente pioneira, muito dinâmica, está ligada ao fluxo migratório em constante crescimento e ao interesse renovado pelas culturas de rendimento, nomeadamente o algodão, nas aldeias ribeirinhas;
- ✓ O descompasso entre as políticas públicas, marcado no terreno pela ocupação de certas partes das reservas por infra-estruturas públicas (sociais, de saúde e de educação).

As aldeias foram selecionadas com base na concentração humana, na proximidade da aldeia em relação às reservas, na influência económica da aldeia na comuna, ou seja, na dinâmica das trocas comerciais (importância do mercado em termos de volume de produtos comercializados e da sua diversidade) e na importância das actividades agrícolas (nomeadamente o algodão) e pastoris. A distância entre as aldeias e as reservas foi um fator determinante na seleção. A distância entre as aldeias e as reservas foi um fator determinante na escolha. A influência humana nas reservas é tanto maior quando as habitações se encontram muito próximas das mesmas, de modo a que os produtos florestais possam ser colhidos com pouco esforço por parte da população local. Ariori e Ozer (2005) salientam que a desflorestação depende, entre outros factores, da proximidade de um centro de consumo de madeira e da acessibilidade. A distância máxima entre o centro da aldeia escolhida e o limite da reserva situa-se entre 0 e 5 km. A esta distância, as pessoas podem aceder facilmente às reservas de bicicleta ou mesmo a pé. Com base nas condições acima referidas, foram selecionadas treze (13) aldeias para o estudo.

2.3.2.2. A população-alvo

Segundo o Petit Larousse de la langue française, uma amostra é definida como uma fração representativa de um certo tipo de população. Neste caso, trata-se de uma fração da população escolhida em função dos locais de estudo e que permite apreciar os efeitos das actividades antrópicas sobre a evolução das reservas. O método adotado é o da amostragem intencional, que consiste em determinar factores precisos na escolha da população alvo.

Foram selecionados os principais utilizadores dos recursos naturais (terra, vegetação, água, recursos minerais) e os intervenientes na gestão florestal:

- chefes de famílias de agricultores ribeirinhos com pelo menos 30 anos de idade e que vivem na localidade há pelo menos 10 anos. Estas pessoas são supostas ser testemunhas das mudanças que ocorreram nas reservas. [14]Com base nas estatísticas do INSD, o número de agregados familiares por aldeia selecionados para os inquéritos foi determinado de acordo com a fórmula abaixo:

$n = t^2N/t^2+(2e)^2(N-1)$

[14] http://icp.ge.ch/sem/cms-spip/spip.php?article1641 consultado em 14/03/2018

n: dimensão da amostra

N: dimensão da população-alvo (número de agregados familiares)

t: coeficiente de margem deduzido da taxa de confiança , que dá 1,96

e: margem de erro de amostragem ()

A fórmula é aplicada ao número total de agregados familiares nas treze (13) aldeias identificadas através do aldeias do RGPH (2006) e, em seguida, é atribuído um coeficiente de proporcionalidade a cada aldeia de acordo com a dimensão do agregado familiar, a fim de determinar a amostra de agregados familiares abrangidos pelo inquérito. Os chefes de família foram selecionados de acordo com as condições previamente estabelecidas, ou seja, aqueles que tinham pelo menos 30 anos de idade e viviam na localidade há pelo menos 10 anos.

- criadores de gado: este grupo de intervenientes é essencial para o sucesso de qualquer política florestal, uma vez que se encontram entre os principais utilizadores dos recursos naturais (água e vegetação) na área de estudo.
- estruturas envolvidas na gestão florestal (supervisores florestais). Constituem um elo essencial na aplicação das políticas de gestão florestal.
- gestores de serviços florestais. São os garantes da proteção, recuperação, promoção e aplicação das políticas e da legislação florestais.
- garimpeiros: trata-se de agentes cujas actividades estão fortemente implicadas na dinâmica regressiva das formações vegetais e na poluição dos recursos hídricos e dos solos.

O quadro 5 mostra o número de chefes de família por aldeia inquirida.

5Quadro: População-alvo

N.º de encomenda	Aldeias	Número de agregados familiares	Proporção	Número de chefes de família inquiridos	Percentagem
1	Bobra-Gogo	133	0,064	21	6,4%
2	Bontioli	205	0,098	32	9,8%
3	Diourao	70	0,034	11	3,4%
4	Djikologo	261	0,125	41	12,5%
5	Forotéon	214	0,102	33	10,2%
6	Gamgbo	88	0,042	14	4,2%
7	Gbonko	152	0,073	24	7,3%
8	Kanséo	46	0,022	7	2,2%
9	Kpankpirè	119	0,057	18	5,7%
10	Manoa	218	0,105	34	10,5%
11	Sinkiro	35	0,017	6	1,7%
12	Zambo	305	0,146	47	14,6%
13	Zoolo	239	0,115	37	11,5%
	TOTAL	2085	1	325	100

Fonte: INSD, 2006

2.3.2.3. Inquéritos por questionário

O tema envolve vários actores do mundo rural. Estes incluem os agricultores, os criadores de gado e os operadores florestais. No entanto, um questionário é dirigido aos agricultores, que são os principais actores do sistema de produção agro-pastoril.

O questionário enviado aos chefes das famílias de agricultores recolheu informações sobre o tipo de agricultura, o sistema de posse da terra, as práticas agrícolas no ambiente e, em especial, nas florestas, o nível de conhecimento da legislação florestal, o cumprimento da legislação florestal e o impacto das actividades agrícolas e de pastoreio nas reservas.

O questionário foi inicialmente concebido no Word 2013 e depois no SphinxV5. Após a recolha dos dados, estes foram introduzidos no mesmo programa SphinxV5, folha a folha. Os gráficos e as tabelas estatísticas foram elaborados no Excel 2013.

2.3.2.4. Inquéritos com recurso a guias de entrevistas individuais semi-diretivas e grupos de discussão

O interesse deste tipo de inquérito reside no seu carácter flexível. Foram realizadas entrevistas individuais semi-estruturadas com funcionários governamentais responsáveis pelo sector florestal, caçadores pastores transumantes e garimpeiros. [15]Foram organizados grupos de discussão com grupos fortemente envolvidos na exploração e transformação de produtos florestais, ou seja, transformadores de produtos florestais não lenhosos e dolotières .

As discussões com os responsáveis pelos recursos hídricos e florestais incidiram sobre o estado da gestão das reservas, com especial destaque para a aplicação da legislação florestal, as utilizações socioeconómicas dos produtos florestais e a evolução das formações vegetais.

Durante as entrevistas com os garimpeiros, foram abordados temas como as técnicas de prospeção, extração e transformação do minério, bem como a necessidade de aplicar o Código Florestal e de restaurar e proteger os recursos florestais.

---

[15] Mulheres a transformar sorgo em cerveja (dolo)

Com os caçadores, o objetivo era compreender o estado atual das reservas, as práticas de caça e o seu impacto sobre a fauna e as formações vegetais.

No que respeita aos pastores transumantes, as entrevistas centraram-se na utilização de recursos herbáceos e lenhosos na alimentação do gado, nos percursos de transumância e na aplicação da legislação florestal. As entrevistas com este grupo de intervenientes realizaram-se nas reservas onde estes permanecem. As suas posições foram primeiro ensaiadas por um guia e depois a equipa deslocou-se aos locais para se encontrar com eles.

Quanto aos grupos de discussão, foram organizados tendo em conta os seguintes determinantes sociais: sexo, idade e atividade económica. Isto permitiu visar :

- as mulheres que transformam o sorgo em cerveja, vulgarmente designadas por "dolo". Esta categoria de actores económicos é um elo muito importante a ter em conta na utilização dos recursos lenhosos das reservas. Uma vez que a lenha é o principal combustível deste comércio florescente na área de estudo, o objetivo era compreender a origem e o tipo de madeira (verde ou morta) utilizada para cozinhar esta cerveja local.

- Produtores e transformadores de produtos florestais não lenhosos: compreender o estado de disponibilidade destes produtos e as razões prováveis da sua escassez. Informar-se sobre a forma como os produtos são recolhidos. Será que cumprem a legislação aplicável? Por último, compreender o papel desta atividade na economia local.

A Tabela 6 mostra os vários intervenientes e os tipos de entrevistas efectuadas.

6Quadro: Repartição dos intervenientes por tipo de entrevista

Jogadores	**Locais de inquérito**	**Força de trabalho**	**Tipo de manutenção**
Silvicultores	Zambo	01	Semi-diretiva individual
	Djikologo	03	
	Diébougou	02	
Gestores de perseguição	Bontioli	2	Semi-diretiva individual
Panelas de ouro	Zambo	3	Semi-diretiva individual
	Djikologo	7	
	Zoolo	2	
Dolotières	Zambo	7	Grupos de discussão
	Djikologo	9	
	Zoolo	6	
	Bontioli	7	
Chefe do grupo de transformação de PFNL	Djikologo	1	Semi-diretiva
Transformadores de PFNL	Zambo	5	Grupos de discussão
	Djikologo	8	
	Bobra-Gogo	7	

Fonte: Dados de campo, 2020

Os dados qualitativos das entrevistas individuais semi-estruturadas e dos grupos de discussão foram agrupados em subtemas de acordo com as ideias principais desenvolvidas.

2.3.3. Análise estatística dos dados meteorológicos

Os dados climáticos são um fator determinante na análise da evolução das formações vegetais. O índice de precipitação normalizado (SPI) foi desenvolvido para quantificar os défices de precipitação em diferentes escalas temporais. Este índice é utilizado para identificar os períodos húmidos ou secos. O seu cálculo é efectuado através da seguinte fórmula:

ISP= (Xi-Xm) / Si

Xi é a precipitação acumulada para o ano i

Xm e Si são, respetivamente, a média e o desvio-padrão da precipitação anual observada para a série em questão.

O cálculo deste índice permite determinar o grau de humidade ou de secura do ambiente (Bergaoui & Alouini, 2001). Neste caso, foram utilizados 31 anos de dados (1987-2017).

Quando :

ISP>2, a humidade é classificada como extrema (HE);

<1<ISP 2, a humidade é elevada (HF);

0<ISP<1, a humidade é moderada (HM) ;

-1<ISP<0, a seca é moderada (SM);

-2<ISP<-1, a seca é grave (SF) ;

ISP<-2, a seca é classificada como extrema (SE).

O diagrama umbro-térmico foi concebido com base na fórmula P=2T, sendo P: precipitação mensal em milímetros e T: temperatura em graus Celsius, o que permitiu identificar o início e o fim da estação das chuvas (em média).

2.3.4. Inventário florístico

O inventário florestal é definido como a ação de contar as árvores existentes numa determinada superfície. É um método de avaliação que permite definir as informações essenciais para qualquer política de planeamento e gestão dos recursos naturais (Rouamba, 1997).

2.3.4.1. Escolha dos transectos

Foi efectuado um inventário florístico parcial nas reservas naturais de Bontioli. Uma vez que o objetivo geral deste estudo era analisar os vários parâmetros florísticos, era importante utilizar um método de amostragem adequado que permitisse extrapolar os resultados para todas as formações vegetais das reservas. Existem vários métodos de amostragem. De acordo com Hadef (2010), existem quatro métodos de investigação:

- Amostragem sistemática: consiste em dispor as amostras de forma repetitiva, que pode ser representada por uma rede de malhas, faixas ou transectos regulares, segmentos consecutivos, grelhas de pontos ou pontos de quadrícula alinhados. A localização dos inquéritos é organizada regularmente no espaço. Este tipo de amostragem apresenta um risco de sobreamostragem ou subamostragem das estações.

- amostragem aleatória: trata-se de recolher amostras aleatórias de diferentes estações a estudar.

- amostragem estratificada: este método envolve a divisão de uma população heterogénea em estratos mais homogéneos e, em seguida, a seleção de amostras independentes de cada estrato. O método de amostragem pode diferir de um estrato para outro.

- amostragem subjectiva: baseada unicamente na perceção do observador, que julga a homogeneidade e a representatividade.

Amostragem estratificada sistemática: trata-se de um método que combina os dois métodos (estratificado e sistemático) já estabelecidos. O primeiro passo consiste em dividir uma população heterogénea em estratos mais homogéneos e, em seguida, organizar regularmente a localização dos inquéritos em cada estrato.

Foi adotado o método de amostragem sistemática estratificada por transectos de comprimento variável, a fim de integrar o maior número possível de elementos envolvidos nas formações vegetais, com vista a satisfazer o critério de homogeneidade ecológica, neste caso a fisionomia da flora. A homogeneidade diz igualmente respeito ao tipo de solo, à topografia, à luz, à humidade do solo, etc. "Num determinado perímetro, as espécies vegetais distribuem-se segundo a influência de diferentes factores ecológicos (natureza geológica, substrato, solo, água, relevo, altitude, clima, acções humanas, etc.); consequentemente, a ambientes diferentes correspondem floras diferentes, e o levantamento de todos os ambientes do perímetro deve permitir encontrar todos os taxa presentes" (Descoings, 1970). Este método tem duas vantagens: é fiável, rápido e menos dispendioso (Jiagho & *al.*, 2016). Parece mais adequado para este estudo, uma vez que o objetivo é compreender a evolução e as caraterísticas de cada formação vegetal.

Para o efeito, as diferentes unidades topográficas, pedológicas e vegetais foram primeiramente identificadas com base em cartas morfopedológicas e de ordenamento do território (2018). As coordenadas geográficas das unidades em questão foram retiradas dos mapas e introduzidas no GPS, e três visitas guiadas às reservas foram utilizadas para as identificar.

Após este trabalho de investigação, foram estabelecidos três transectos (dois na reserva parcial e um na reserva total) de comprimentos variáveis, do ponto mais alto ao ponto mais baixo do relevo ou vice-versa, marcados por barras de ferro implantadas em ambas as extremidades dos transectos. As coordenadas geográficas (Latitudes, Longitudes, Altitudes) foram então registadas por GPS ao longo das diferentes unidades geomorfológicas presentes em cada transecto e das parcelas instaladas em cada formação vegetal. Os dados de campo foram depois exportados para o computador e catemas dos transectos foram criados utilizando o Google Earth (Figuras 1, 2 e 3).

1Figura: Transecto de Catema na RTFB (direção oeste-leste)

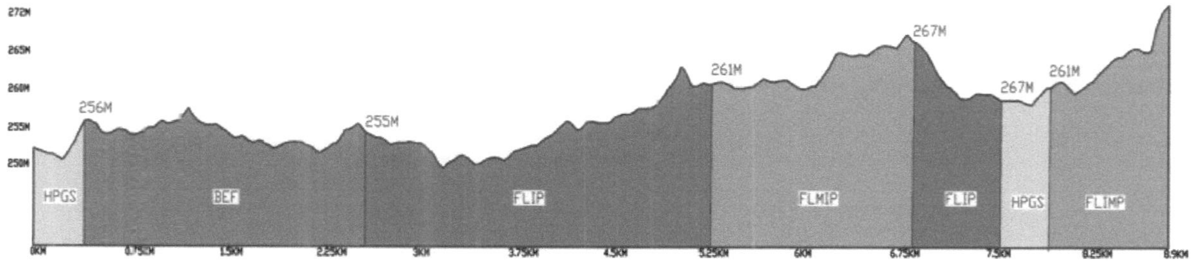

Fonte: Dados de campo (GPS lerver), dezembro de 2020

2Figura: Catema do transecto 1 na RPFB (direção sudoeste-noroeste)

de

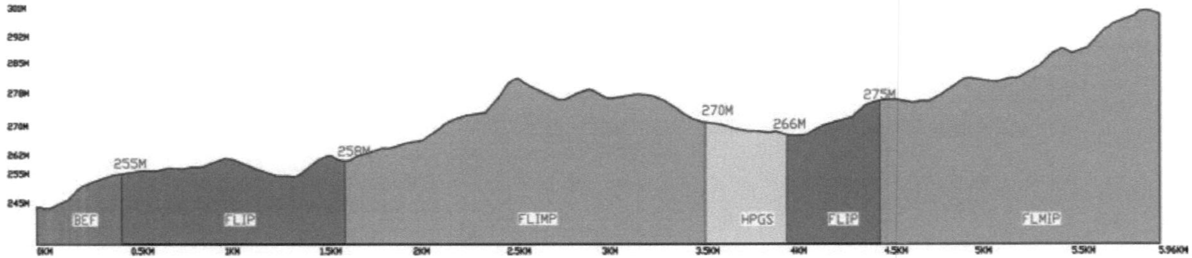

Fonte: Dados de campo (inquérito GPS), dezembro de 2020

3Figura: Catema do transecto 2 na RPFB (direção Sul-Norte)

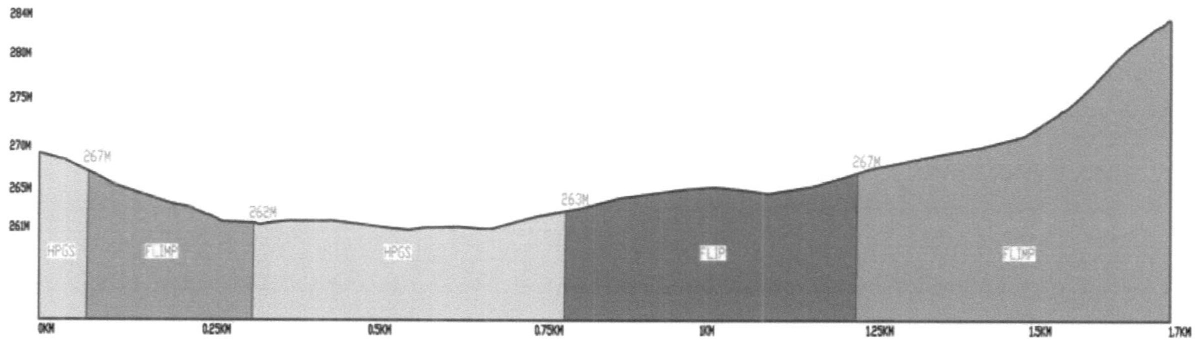

Fonte: Dados de campo (inquérito GPS), dezembro de 2020

BEF: Solo castanho eutrófico tropical ferruginoso

FLIP: Solo Tropical Ferruginoso Lixiviado e Indurado Profundo

FLIMP: Ferruginous Tropical Leached Indurated Medium Deep soil

HPGS: Solo hidromórfico com pseudogley de superfície

2.3.4.2. Determinação da área a amostrar, escolha das parcelas e do equipamento

A taxa de levantamento está relacionada com os objectivos do estudo. As áreas totais pesquisadas foram de 30.000 m² e 75.000 m² para as reservas total e parcial, respetivamente, correspondendo a 0,024% da área total da reserva total e 0,da área total da reserva parcial. Estas taxas foram determinadas utilizando a fórmula de Rondeux (1993):

$$F = SE \div ST \times 100\ ; \quad F \approx F \times \sqrt{1 - F}$$

F: taxa de sondagem ou fração sondada

SE: área amostrada (m²)

ST: superfície total (em m²)

A unidade de amostragem escolhida é retangular. De acordo com Jyrki & *al* (1998), as parcelas rectangulares permitem registar mais espécies do que outras formas. As parcelas têm uma dimensão de 40 m×25 m (1000 m²) e 62,5 m×40 m (2500 m²) e foram instaladas, respetivamente, nas formações mais densas (floresta de galeria e savanas arborizadas e arborizadas) e mais esparsas (savana arbustiva, parque agroflorestal e pousio). Essas áreas foram inspiradas nos valores mínimos de área de parcela para os diferentes tipos de vegetação propostos por Thiombiano & *al.* (2016). Para as savanas e florestas abertas, a área mínima é de 1000 m² para parcelas rectangulares. Muitos autores sugeriram esta superfície de base para estes tipos de formações vegetais, ou seja, savanas e florestas abertas (Ouédraogo & *al.,* 2006; Bougnounou & *al.*, 2009), mas esta superfície pode atingir 2500 m². No total, foram criadas 54 parcelas, 21 na reserva total e 33 na reserva parcial. A fim de manter a homogeneidade ecológica do inventário, as parcelas foram colocadas a uma equidistância de 175 metros em cada formação vegetal das duas reservasde modo a não se cruzarem com duas formações vegetais diferentes. Foram utilizados os seguintes equipamentos:

- um GPS (Global Positioning System) utilizado para registar as coordenadas dos pontos ao longo dos transectos e das parcelas;
- 400 metros de fio e 4 barras de ferro, cada uma com 1,5 metros de comprimento, para marcar as parcelas;
- um decâmetro para medir o perímetro das árvores à altura do peito;
- Folhas de levantamento florístico, lápis, caneta e bloco de notas;
- tesouras de podar para cortar os caules e os ramos folhosos;
- um saco para recolha de espécimes arbóreos ;
- papel de jornal e prensas para armazenar espécimes para secagem;
- uma câmara digital para tirar fotografias.

A equipa de inventário é composta por seis pessoas, incluindo um guia que é membro do grupo de autodefesa "dozo" e o funcionário da aldeia responsável pela proteção de toda a reserva. Dada a situação de segurança e o seu conhecimento do terreno, a sua principal tarefa era orientar a equipa.

Os cinco membros foram divididos em três grupos: uma pessoa foi responsável pelo registo de todas as informações relativas ao levantamento, enquanto os outros dois grupos mediram os vários parâmetros das plantas (nomes botânicos das espécies vegetais, circunferências, alturas, estado de saúde) e comunicaram-nos em voz alta. É de salientar que a presença de um silvicultor na equipa foi muito importante para determinar os nomes científicos das diferentes espécies vegetais durante o inventário. Não utilizámos o herbário, pois quase todas as árvores foram identificadas no local. Apenas duas espécies foram fotografadas para efeitos de identificação. O censo incidiu sobre os indivíduos adultos com uma circunferência maior ou igual a 30 cm (ou seja, um diâmetro maior ou igual a 9,55 cm) à altura do peito (1,30 m). A foto 1 mostra uma sessão de medição da circunferência de uma árvore à altura do peito.

1Foto: Sessão de medição da circunferência

Fotografia de campo (SOME Corentin, 28 de dezembro de 2020)

As árvores bifurcadas foram inventariadas de acordo com a posição da bifurcação. Se a bifurcação se situar a uma altura igual ou superior a 1,30 m, é contado um único indivíduo. Por outro lado, se a altura for inferior a 1,30 m, são contados todos os rebentos.

A altura das árvores foi medida com base numa estimativa. Dos dois elementos de cada subgrupo, um, cuja altura é conhecida, coloca-se de pé ao pé da árvore e pede-se ao seu colega que estime a altura total em relação à sua altura. O procedimento consiste em estimar o número de vezes que a altura da árvore é proporcional à altura do elemento aí colocado; esta proporção é depois multiplicada pela sua altura (em metros) para determinar a altura aproximada da árvore). Este processo foi aplicado para resolver o problema de equipamento (falta de clisímetros) para avaliar a altura das árvores. A altura de algumas árvores é tal que a utilização de varas graduadas não é viável.

2.3.4.3. Processamento de inquéritos florísticos

O estudo da dinâmica das formações vegetais requer a compreensão das suas estruturas horizontais e verticais. Os dados foram processados utilizando o Excel 2013. A Figura 4 mostra a distribuição das parcelas de acordo com as formações vegetais na reserva total de fauna Bontioli.

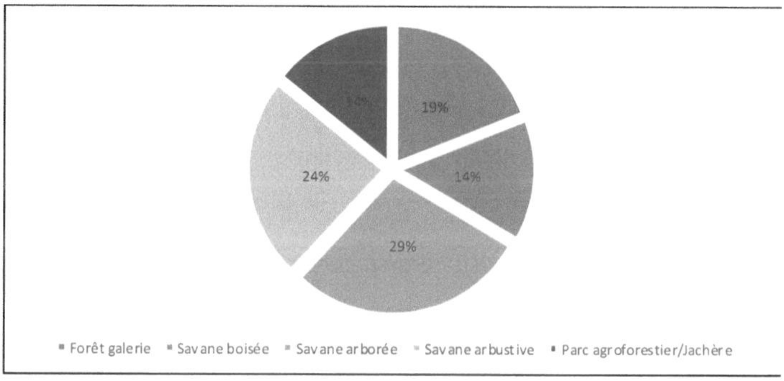

4Figura: Distribuição das parcelas de acordo com as unidades de formação vegetal na RPFB

Fonte: Dados do inventário florístico, dezembro de 2020

A figura 5 resume a distribuição das parcelas de acordo com as unidades de vegetação na reserva parcial de vida selvagem de Bontioli.

5Figura: Distribuição das parcelas de acordo com as unidades de formação vegetal na RTFB

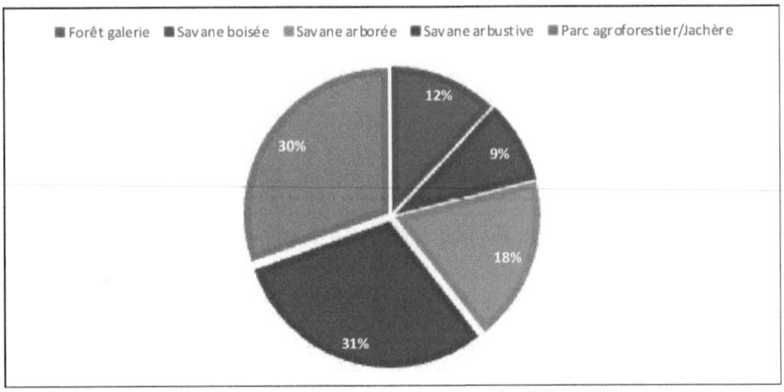

Fonte: Dados do inventário florístico, dezembro de 2020

De acordo com Cohen (2008), a elaboração de uma lista das espécies presentes nas duas reservas permitiu identificar as condições ecológicas e antropogénicas aí existentes e determinar a riqueza da flora. Vários índices foram então calculados e interpretados:

- a importância específica (SI) ou diversidade relativa para determinar as famílias mais dominantes na flora. É o rácio entre o número de espécies de uma família e o número total de espécies, multiplicado por 100. É expresso da seguinte forma IS=Número de espécies de uma família/Número total de espécies.

- o quociente específico (QS), que é a relação entre o número total de espécies identificadas numa unidade de vegetação e o número total de géneros. =É expresso como QS= S/Ge com S o número total de espécies na unidade de vegetação em consideração, Ge = o número de géneros na mesma unidade. Um valor elevado para este índice indica que o povoamento vegetal é rico em espécies e pobre em géneros. Por outro lado, o povoamento é rico em géneros e pobre em espécies quando o valor deste índice é baixo. A estabilidade é atingida quando o quociente específico é 1 ou muito próximo dele. Este índice é utilizado para caraterizar a vegetação (Lebrun, 1960).

- o índice de diversidade de Shannon-Weaver (SWDI) para medir a composição de espécies dos povoamentos e a sua abundância relativa. É utilizado para quantificar a heterogeneidade da diversidade das espécies (Gnoumou & *al.,* 2021). A sua expressão é :

$$H' = -\sum_{i=1}^{S} pi\ \ln pi$$

= pi ni/N, N = número total de indivíduos, ni = número total de indivíduos que representam a espécie i, pi = abundância relativa da espécie i. A base do logaritmo pode ser escolhida arbitrariamente.

Este índice varia de 0 a lnS ($0 \leq H' \leq \ln S$). É expresso em bits. Tende para 0 quando o povoamento é dominado por uma única espécie, enquanto o valor máximo é atingido quando os indivíduos de todas as espécies no povoamento estão uniformemente distribuídos.

- a densidade de plantas lenhosas (D): é expressa de acordo com a seguinte fórmula :

D– N/S

N – número de caules nas parcelas do ambiente em causa ;

S = superfície total das parcelas em hectares.

- área basal (G)

$G= \Sigma\ c^2/4\pi \times 1/SE$

G= área basal em m^2/ha

$=C^2$ circunferência à altura do peito (1,30 m) em m^2 e SE = área amostrada em hectare.

- Índice de equitabilidade ou índice de regularidade de Piélou :

$E = H'/Hmax$

H′ = índice de Shannon-Weaver; Hmax= ln(S); S= riqueza de espécies.

- O índice de equitabilidade de Piélou (E) situa-se entre 0 e 1. Se tende para 0, significa que a quase totalidade da população corresponde a uma única espécie no povoamento. Quando tende para 1, cada espécie é representada pelo mesmo número de indivíduos ou pela mesma cobertura. Pode ser utilizado para avaliar o peso de cada espécie na ocupação de uma parcela. Este peso pode depender, entre outros factores, das opções societais, das condições climáticas favoráveis ou desfavoráveis ao desenvolvimento de certas espécies e das condições morfopedológicas (tipo de solo e topografia) do terreno.

-Índice de Simpson (D), que mede a probabilidade de dois indivíduos extraídos aleatoriamente do povoamento pertencerem à mesma espécie. É um índice de dominância (Somé & *al.,* 2011) que combina a riqueza e a equitabilidade das espécies. É expresso como :

$D = \Sigma\ (Pi)^2$. O índice inverso de Simpson (1-D) também foi determinado.

Todos estes índices, que não exprimem a mesma sensibilidade, são utilizados para caraterizar a abundância e a diversidade das formações vegetais nas duas reservas. O índice de Shannon é mais sensível à ocorrência de espécies raras, enquanto o índice de Simpson é mais sensível ao efeito das espécies dominantes (Rondeux, 2021).

2.3.5. Tratamento digital de imagens de satélite

A interpretação das imagens de satélite é crucial para a análise da utilização dos solos e, por conseguinte, para o estudo da dinâmica dos ecossistemas florestais.

Foram selecionadas imagens de satélite Landsat's Thematic Mapper (TM), Enhanced Thematic Mapper Plus (ETM+) e Operational Land Imager-Thermal Infrarid Sensor (OLI-TIR) de 1986, 2002 e 2018, tendo em conta a data de registo e a qualidade das imagens, e também com o objetivo de ter um longo período para melhor compreensão das mudanças no uso do solo. As caraterísticas das imagens são apresentadas na Tabela 7. O ano de 1986 foi uma data crucial no desenvolvimento das políticas de gestão florestal porque foi o ano em que a gestão participativa dos recursos naturais, nomeadamente das florestas, foi implementada no Burkina Faso. Um ano antes, em 1985, o governo tinha adotado políticas importantes para proteger o ambiente, nomeadamente as "Três Lutas". Parece necessário avaliar o impacto desta abordagem a meio do percurso (16 anos) sobre a utilização dos solos em 2002. Este foi o ano em que a Base de Dados de Ocupação do Solo (BDOT) foi renovada. Entre 2002 e 2018, passaram-se 16 anos.

7Quadro: Caraterísticas das imagens de satélite

Satélites e sensores	Anos	Fonte	Referência	Data de aquisição

Landsat 5 (resolução de 30 m) Mapeador Temático (TM)	1986	Explorador da Terra (USGS)/ NASA	LT05_L1TP_196052_19860109_20170218_01_T1 LT05_L1TP_196053_19860109_20170218_01_T1	16 de julho de 2020, 12 :11 :57
Landsat 7 (resolução de 30 m) Mapeador Temático Avançado Plus (ETM+)	2002	Explorador da Terra (USGS)/ NASA	LE07_L1TP_196052_20021028_20170129_01_T1 LE07_L1TP_196053_20021028_20170127_01_T1	17 de julho de 2020, 11 :54 :12
Landsat 8 (resolução de 30 m) Imagem Operacional da Terra (OLI) / Sensor de Infravermelhos Térmicos (TIRS)	2018	Explorador da Terra (USGS)/ NASA	LC08_L1TP_196052_20180306_20180319_01_T1 LC08_L1TP_196053_20180306_20180319_01_T1	5 de agosto de 2020, 12 :39 :20

As diferentes etapas do tratamento da imagem são: pré-processamento, classificação, pós-processamento (suavização e homogeneização da imagem), vectorização e determinação da matriz de transição.

2.3.5.1. Pré-processamento de imagens de satélite

É essencial efetuar o pré-processamento das imagens de satélite antes de estas serem efetivamente processadas. O objetivo é aumentar a legibilidade dos dados e facilitar uma melhor extração da informação. Na prática, esta fase consistiu na correção radiométrica, incluindo a correção dos dados devido a irregularidades dos sensores, ruídos devidos aos sensores ou à atmosfera e correcções geométricas devidas a variações na geometria Terra-sensor. As imagens foram optimizadas para melhorar o seu aspeto e facilitar a interpretação e análise visual. Todo este tratamento preliminar foi efectuado com recurso ao software ENVI 5.3.

2.3.5.1.1. Melhoria da imagem

Pratt (1991) definiu o melhoramento de imagens como um conjunto de técnicas que visam melhorar o aspeto visual de uma imagem ou converter a imagem numa forma mais adequada para a análise humana ou mecânica. Para o melhoramento de imagens, tem sido necessário :

- escalar a amplitude e modificar o contraste ;
- modificar o histograma para o subdividir em modificações não-adaptativas e adaptativas e, em seguida, em limpeza linear e não-linear;
- Melhoramento do contorno com melhoramento linear e diferenciação estatística ;
- melhoramento de imagens a cores, incluindo o melhoramento de imagens a cores naturais, pseudo-cores e falsas cores;
- melhorar a imagem multi-espetral.

2.3.5.1.2. Correção radiométrica

Na teledeteção passiva do visível e do infravermelho próximo, a radiação é emitida pelo sol, atravessa a atmosfera e atinge a superfície da Terra. Esta radiação é então registada pelo sensor do satélite. Ao longo do percurso, ocorrem alterações à radiação original, devido aos efeitos da atmosfera e dos próprios elementos da Terra. O melhoramento radiométrico consiste em corrigir os efeitos dos vários artefactos que perturbam a medição radiométrica, nomeadamente os defeitos dos sensores e a neblina atmosférica. Trata-se de redistribuir os níveis de cinzento (ou cores) de modo a utilizar melhor a paleta disponível. Este processo é conhecido como *alongamento* do histograma.

2.3.5.1.3. Correção geométrica

As imagens de teledeteção requerem correcções das distorções espaciais, a fim de maximizar a sua utilidade para a extração de informação e posterior integração com outras fontes de informação, por exemplo, numa base de dados SIG. A correção geométrica envolve o reposicionamento dos pixels da imagem nas suas posições normais. Para o efeito, foi aplicado neste estudo o procedimento de reamostragem de pixéis. A reamostragem tem a vantagem de assegurar que as posições e comparações dos pixels estão corretas.

2.3.5.1.4. Composição cromática, mosaicos de cenas e extração da zona de estudo

O tratamento das imagens de satélite começou com a criação de uma composição de cores utilizando as bandas em questão, um mosaico das cenas, a extração da área de estudo e a recolha das coordenadas de determinados pontos da imagem (composição de cores) que foram utilizadas para criar camadas vectoriais dos locais de treino. Para facilitar a discriminação das unidades de uso do solo, foi efectuada uma combinação de três (03) bandas utilizando as três cores primárias (vermelho, verde e azul). Trata-se do infravermelho médio e do infravermelho próximo/vermelho (bandas 6/5/4) para as cenas Landsat 8 OLI-TIR e 5/4/3 para as cenas Landsat 7. A composição cromática

6/5/4 tem sido utilizada por vários autores para analisar a cobertura do solo e os ecossistemas florestais (Tiesse & *al.*, 2017; Cabala Kaleba & *al.*, 2017; Diallo & *al.*, 2020). E infravermelho médio, infravermelho próximo/vermelho (4/3/2 bandas) para as cenas ETM+ e TM. Estas composições foram escolhidas porque distinguem melhor a vegetação de outras unidades de ocupação.

Além disso, a leitura da composição colorida faz-se observando-a e deduzindo a correspondência das classes de vegetação ou de uso do solo que nela figuram (quadro 8), com base nos conhecimentos e nos dados de campo.

8Quadro: Chave de interpretação das imagens de satélite

Unidades	Cor de interpretação
Lago	Azul
Galeria florestal	Verde escuro
Savana arborizada	Verde
Savana arbustiva	Verde claro
Cultivo de sequeiro	Branco verde
Solo nu	Branco

As cenas foram mosaicadas porque a zona de estudo se estende por duas (02) cenas (196-052 e 196-053), ou seja, as cenas tiveram de ser combinadas antes de se poder extrair a zona de estudo. A mosaicagem é, portanto, necessária. A área de estudo foi recortada de toda a imagem mosaicada.

As camadas vectoriais dos locais de treino foram criadas tendo em conta todas as cores presentes em cada imagem de composição cromática da zona de estudo. De facto, foi explorada a imagem mais recente (de 2018) em composição de cores e foram identificadas todas as formas de utilização do solo. A deteção das diferentes unidades de uso do solo apenas a partir de imagens de satélite continua a ser difícil. Por este motivo, foi necessário recorrer a dados recolhidos no terreno. Esta deteção permitiu, por um lado, verificar o que correspondia exatamente às coordenadas que tinham sido retiradas da imagem (locais de treino) e, por outro lado, observar e levantar com GPS as coordenadas de certas unidades específicas de utilização do solo, que foram utilizadas para verificar as suas cores nas imagens de composição cromática. Uma vez feito isto, prosseguiu-se com a criação das camadas vectoriais dos sítios de treino. As camadas vectoriais dos locais de treino para as imagens de 1986 e 2002 foram, portanto, inspiradas nas da imagem de 2018 no que diz respeito à identificação das unidades de uso do solo de acordo com as diferentes cores.

2.3.5.2. Processamento de imagens propriamente dito

Esta fase subdivide-se em três sub-fases.

2.3.5.2.1. Classificação supervisionada e índice Kappa

As imagens de satélite foram depois processadas em três fases principais: classificação supervisionada, pós-classificação e vectorização.

Os tipos de classificação são muito diversos, mas podem ser divididos em duas categorias: a classificação supervisionada, que utiliza um conjunto de dados de treino para calibrar previamente o algoritmo, e a classificação não supervisionada, que produz grupos de píxeis que serão rotulados a posteriori como uma classe de cobertura do solo com base em dados in situ ou informações auxiliares (Defourny, 2017).

Trata-se de uma classificação baseada no valor radiométrico das unidades de ocupação a classificar. A classificação é supervisionada ou dirigida e o método baseia-se no algoritmo da máxima verosimilhança, que se caracteriza por uma distribuição dos pixéis por classe. O pixel é atribuído à classe para a qual a probabilidade é mais elevada. O pixel é atribuído à classe com a probabilidade mais elevada. Este método classifica todos os pixéis, exceto se for aplicado um limiar de probabilidade (abaixo do qual os pixéis com uma probabilidade muito baixa não serão classificados) (Ouédraogo, 2015). Após esta classificação, foi gerada a matriz de confusão. A classificação é avaliada por esta matriz e pelo índice Kappa. A matriz de confusão permite identificar os erros de omissão ao nível de cada unidade de uso do solo durante a interpretação e outros erros devidos à confusão entre unidades de uso do solo (Yanogo, 2013). Esta matriz é utilizada para calcular o coeficiente Kappa ou índice Kappa (número total de píxeis bem classificados na sua classe/número total de pixeis da classe no terreno). Trata-se de um indicador da qualidade da classificação. Situa-se entre 0 e 1. Quando o seu valor tende para 1, as imagens estão relativamente bem classificadas. Por outro lado, a classificação não é satisfatória se este índice tender para 0. Os resultados obtidos são apresentados na Tabela 9.

9Quadro: Exatidão global e índice Kappa

Anos	Exatidão global	Índice Kappa
1986	300/321	93,45%
2002	278/371	74,93%
2018	500/543	92,08%

Fonte: Imagens de satélite de 1986, 2002 e 2018

As exactidões relativamente elevadas resultantes da classificação das diferentes imagens estão ligadas à redução do número de classes temáticas (5). A savana arborizada foi incluída na savana arbórea porque estas duas formações vegetais têm a mesma reflectância. Têm também o mesmo nível de cobertura vegetal (30 a 60%). A floresta aberta quase desapareceu da área e, em alguns locais, é semelhante à floresta de galeria.

2.3.5.2.2. Pós-classificação e vectorização

Para o efeito, as classes foram primeiro combinadas utilizando a ferramenta "combinar classe", depois os pixels isolados foram eliminados utilizando a ferramenta "seive". Além disso, a ferramenta "clump class" foi utilizada para homogeneizar as classes e a ferramenta "Majority/Minority analysis" foi utilizada para as suavizar.

Após a pós-classificação, a imagem classificada foi vectorizada e transferida para o software ArcGis10.3 para processamento e análise cartográfica. O habitat será posteriormente digitalizado utilizando o software ArcGis10.3.

A matriz de transição foi criada com recurso ao Excel 2013. Trata-se de uma tabela dinâmica de dupla entrada utilizada para analisar as várias mudanças nas classes de uso do solo em duas datas distintas. A matriz de transição fornece uma descrição condensada, sob a forma de uma matriz quadrada, das alterações e afectações do uso do solo durante o intervalo de tempo considerado (Scholaepfer, 2003 citado por Ouoba, 2013).

Na matriz, as linhas representam as unidades de uso do solo no tempo t0 e as colunas as unidades de uso do solo no tempo t1. As mutações das áreas ocorrem de uma classe i no tempo t0 correspondente à área inicial para uma classe j representando a área final no tempo t1. A área total da área de estudo corresponde a ΣΣ a(i,j) enquanto Eit0= Σ a(i,j) é a soma da linha i correspondente à área total da unidade de uso do solo i no tempo t0. A soma Ejt1= Σ a(i,j) da coluna j representa a área total da unidade de uso do solo j no tempo t1 (Yanogo, 2013). Os elementos fora da diagonal representam mudanças no uso do solo (Bamba, 2010). A Tabela 10 mostra um exemplo de uma matriz de transição entre duas datas t0 e t1.

10Quadro: Exemplo de uma matriz de transição entre as datas t0 e t1

		Unidades de utilização do solo j no momento t1			
		Unidade 1 (j=1)	Unidade 2 (j=2)	Unidade 3 (d=3)	Soma das linhas Eit0
Unidades de utilização do solo i no momento t0	Unidade 1(i=1)	a(1,1)	a(1,2)	a(1,3)	E1t0= Σ a(1,j)
	Unidade 2 (i=2)	a(2,1)	a(2,2)	a(2,3)	E2t0= Σ a(2,j)
	Unidade 3 (i=3)	a(3,1)	a(3,2)	a(3,3)	E3t0= Σ a(3,j)
	Soma das colunas Ejt1	E1t1= Σ a(i,1)	E2t1= Σ a(i,2)	E3t1= Σ a(i,3)	ΣΣ a(i,j)

A matriz de transição é caracterizada por três fases principais:

- a fase de estabilidade corresponde às áreas localizadas na diagonal ;

- a fase de ganho, cujas áreas de superfície podem ser vistas abaixo da diagonal;

- a fase de perda, com áreas na parte superior da diagonal.

A Figura 6 resume as várias fases do processamento de imagens de satélite.

6Figura: Resumo das principais etapas do processamento de imagens de satélite

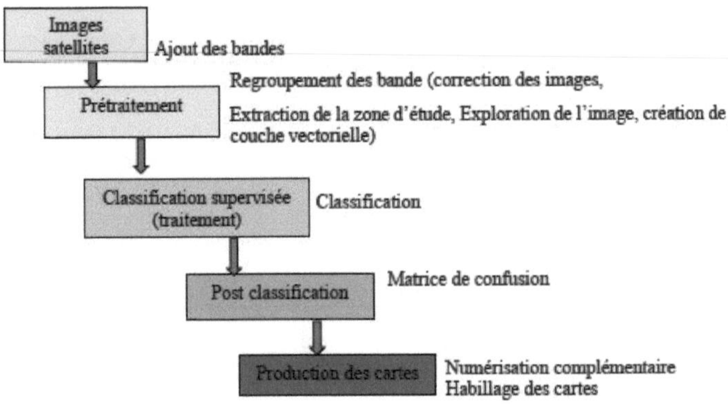

2.3.6. Observações diretas no terreno

As observações consistiram numa visita de campo às duas reservas, independentemente do inventário florístico e de outros trabalhos de campo. O objetivo era fazer o ponto da situação das queimadas associadas à presença do homem e das suas actividades nas reservas, bem como à influência dos parâmetros climáticos no ambiente. Para o efeito, foi elaborada uma ficha de observação. Esta tem a forma de um quadro que contém as seguintes rubricas: corte, período de visita e observações. As observações permitiram identificar os elementos seguintes:

- foram observadas actividades agrícolas no interior das reservas (campos, novas clareiras e a presença de espécies exóticas, neste caso *Tectona grandis*);

- actividades pastoris (presença de animais domésticos, seus excrementos, pisoteio de arbustos, compactação do solo em torno dos rios Mouhoun e Bougouriba pelos rebanhos);

- outras actividades humanas (incêndios florestais, árvores podadas ou completamente cortadas, árvores descascadas, presença de habitações ou ruínas de casas nas reservas, buracos de garimpo, etc.).

O impacto dos factores naturais na vegetação (árvores arrancadas pelo vento, árvores mortas devido à secagem, etc.).

- foram observadas algumas das acções do Programa de Investimento Florestal (PIF) nas reservas, ou seja, uma área retirada da reserva total, rodeada de vedações para evitar intrusões de rebanhos.

A visita ao terreno constituiu uma oportunidade para testar os instrumentos de recolha de dados, ou seja, o questionário e os guias de entrevista, a fim de identificar e corrigir eventuais deficiências antes da sua administração.

Para esta investigação, foram escolhidas as abordagens sistémica e hipotético-dedutiva. Para tal, foram utilizados diversos instrumentos e técnicas, nomeadamente estudos qualitativos (guiões de entrevistas semi-diretivas e de grupos de reflexão, observação no terreno), estudos quantitativos (inquérito por questionário), técnicas de estudo florístico e análise de parâmetros climáticos e de ordenamento do território. Foram apresentados os métodos de tratamento dos dados estatísticos recolhidos no terreno, ou seja, dados meteorológicos, imagens de satélite e dados do inventário florístico.

Conclusão parcial

Esta parte da tese, dedicada ao enquadramento teórico e à abordagem metodológica, permitiu justificar o estudo e formular as hipóteses, os objectivos e as variáveis. A análise do estado do conhecimento sobre o assunto revelou que, globalmente, um vasto leque de factores influencia a dinâmica das formações vegetais. No entanto, na literatura científica destacam-se os factores antropogénicos, neste caso a agricultura, a pecuária e a silvicultura, e os parâmetros naturais, nomeadamente a variabilidade climática. Com o objetivo de orientar o estudo num quadro epistemológico bem definido, foram expostas e analisadas teorias relativas à demografia e à evolução dos recursos naturais e da biogeografia.

A recolha, o tratamento, a análise e a interpretação dos dados basearam-se em métodos quantitativos e qualitativos, na análise digital de imagens de satélite e na cartografia.

SEGUNDA PARTE: INFLUÊNCIA DO AMBIENTE BIOFÍSICO E HUMANO NAS FORMAÇÕES VEGETAIS

Esta secção está dividida em três capítulos:

- ✓ Capítulo 3: O ambiente biofísico e humano. Aborda, por um lado, as caraterísticas físicas e a organização política e religiosa das populações ribeirinhas e, por outro, as dinâmicas demográficas.

- ✓ Capítulo 4: Utilização do solo e caraterização das formações vegetais nas reservas. O estado do uso do solo e a dinâmica evolutiva das formações vegetais em 1986, 2002 e 2018 foram revistos. A riqueza e a diversidade da flora e os parâmetros estruturais das formações vegetais foram igualmente analisados.

- ✓ Capítulo 5: Os efeitos das alterações climáticas nas formações vegetais das reservas. As alterações nos principais parâmetros climáticos, ou seja, precipitação, ETP, temperatura, vento e insolação ao longo da série 1987-2017, foram analisadas em relação às alterações nas formações vegetais.

CAPÍTULO 3: O AMBIENTE BIOFÍSICO E HUMANO

Este capítulo apresenta as caraterísticas biofísicas das reservas naturais de Bontioli, ou seja, a vegetação, os aspectos morfológicos e edáficos. A nível humano, a análise das dinâmicas demográficas e da organização sociopolítica permitiu-nos observar as actividades desenvolvidas pelas populações locais.

3.1. Localização geográfica e caraterísticas físicas da zona de estudo

Esta secção analisa a localização exacta da área de estudo, examinando as suas caraterísticas físicas.

3.1.1 Localização geográfica da região do Sudoeste

A região administrativa do Sudoeste foi criada pela Lei n.º 2001-013/AN, de 2 de julho de 2001, relativa à criação das regiões. É constituída por quatro províncias: a província de Bougouriba, cuja capital é Diébougou, a província de Ioba, cuja capital é Dano, a província de Noumbiel, cuja capital é Batié, e a província de Poni, cuja capital é Gaoua. Faz fronteira a leste com a República do Gana e a região Centro-Oeste, a oeste com a região de Cascades, a sul com a República da Costa do Marfim e a norte com as regiões de Hauts-Bassins e Boucle du Mouhoun. Ocupa do território nacional, ou seja, 16.318 km². Devido à sua posição geográfica, no sul do domínio sudanês, a região Sudoeste possui um potencial agrícola significativo, incluindo terras baixas que podem ser desenvolvidas, potencial florestal, como florestas classificadas, reservas e florestas protegidas, potencial de pesca (reservatórios de água e cursos de água naturais) e potencial pastoral (forragens para o gado).

A região é relativamente pouco povoada, com uma população total de 620.767 habitantes em 2006, a maioria dos quais vive em zonas rurais (550.553) (RGPH, 2006) e, por conseguinte, desenvolve actividades rurais, sendo a agricultura a principal delas. De acordo com os resultados do RGPH 2006, a densidade populacional média da região (38,0 habitantes/km^2) continua a ser inferior à média nacional de 51,8 habitantes/km^2. O mesmo se aplica à taxa de crescimento de 2,, em comparação com a taxa nacional de 3,na mesma data. As projecções para 2015 indicam taxas ligeiramente mais elevadas do que os índices indicados.

Nesta área geográfica e administrativa coabitam vários grupos étnicos. Mas os mais representativos em termos numéricos são os Lobi, os Dagara, os Birifor, os Djan, os Gan, os Pougli e os Mossi.

3.1.2 Localização dos sítios de estudo

As reservas naturais total e parcial Bontioli, criadas respetivamente pelo Decreto n.º 3147/SE/EF, de 23 de março de 1957, que delimita e classifica a reserva total de fauna bravia (RTFB), com uma superfície de 12.700 ha, e pelo Decreto n.º 3417/SE/EF, de 29 de março de 1957, que delimita e estabelece o regime da reserva parcial de fauna bravia (RPFB), com uma superfície de 29.500 ha, situam-se entre as latitudes 10°40' e 10°56' Norte e as longitudes 2°53' e 3°09' Oeste, na região Sudoeste (ver Mapa 1). Abrangendo uma superfície total de 42.200 ha, estas zonas estão situadas nas províncias de Ioba, Bougouriba e Poni e estendem-se pelas comunas de Zambo, Diébougou, Tiankoura, Nako e

Dissin. Estão localizadas em mais de 90% da superfície da comuna do Zambo (MEEVCC, 2017).

1Mapa: Área e localização dos sítios de estudo

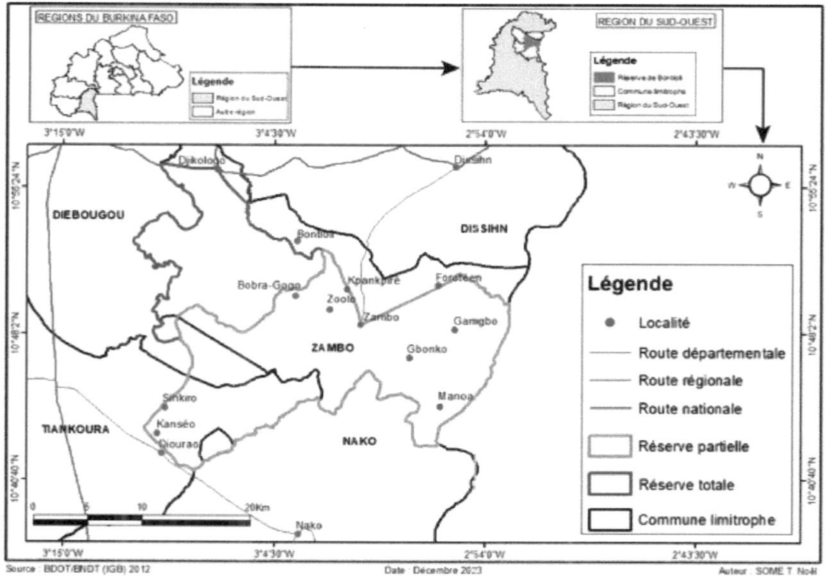

3.2. O ambiente biofísico

O conhecimento do ambiente biofísico é necessário para analisar a dinâmica das formações vegetais.

3.2.1. Caraterísticas morfopedológicas e hidrográficas das reservas

3.2.1.1. A topografia

A área da reserva de vida selvagem de Bontioli não é muito acidentada. As altitudes médias situam-se entre 200 e 350 m para a reserva total e entre 200 e 450 m para a reserva parcial. Apesar desta topografia geralmente plana, a área é pontilhada por colinas, colinas blindadas, vales pouco profundos e ravinas. Dada a planura do conjunto da paisagem, a água destes vales corre rente ao solo. Secam rapidamente na estação seca e têm um aspeto sinuoso. Os socalcos aluvionares encontram-se nas margens dos rios.

3.2.1.2. Unidades morfo-sedológicas

Os solos da reserva natural de Bontioli estão ligados à topografia, à formação geológica subjacente e ao clima (mapa 2). Com base na classificação dos solos efectuada pelo CPCS (1967), foi elaborado um esboço da tipologia dos solos em relação à topografia da área:

- Litossolos rochosos: cobrem 0,da superfície das reservas (71,16 ha) e encontram-se em colinas rochosas. São solos pouco profundos, com pouco ou nenhum valor agronómico.

- Os litossolos de couraça encontram-se em colinas e planaltos revestidos de couraça. Cobrem 2,37% da superfície das reservas (1 098,63 ha). Tal como os solos precedentes, são pouco profundos e de baixo valor agronómico. Estes solos são impróprios para o cultivo.

Nestes dois tipos de solo, desenvolveu-se essencialmente uma formação vegetal de tipo savana arbustiva, devido à extensão dos afloramentos rochosos. As espécies vegetais são arbustos atrofiados.

- Os solos lixiviados ferruginosos indurados pouco profundos estão muito pouco representados numa superfície total de 8,75 ha, ou seja, 0,02%. Estão situados nos planaltos e têm uma aptidão agrícola baixa a média.

- Os solos ferruginosos lixiviados de profundidade média cobrem 14.790,7 ha, ou seja, 31,91% da superfície das reservas. Trata-se de um dos tipos de solos mais importantes em termos de superfície. Têm um valor agronómico médio. Formam-se nos glaciares de declive médio, no topo dos glaciares e nos planaltos.

- solos lixiviados ferruginosos endurecidos profundos: ocupam as vertentes inferiores do glaciar e as vertentes médias do glaciar, cobrindo uma superfície de 20.129,1 ha ou 43,da superfície das reservas. Têm um valor agronómico médio a bom.

Estes dois tipos de solo são utilizados para a agricultura devido ao seu elevado valor agronómico. Nestes solos, desenvolveram-se formações vegetais densas do tipo savana arbórea. A densidade das plantas lenhosas aumenta nos solos profundos e mais bem drenados (Fournier, 1991).

- Solos castanhos eutróficos tropicais ferruginosos: cobrem 2.877,47 ou 6,21% e encontram-se em terraços aluviais. Têm um bom valor agronómico.

- Solos tropicais hidromórficos verticais castanhos eutróficos e solos tropicais hidromórficos castanhos eutróficos: são os menos representados nas reservas, com uma superfície muito reduzida em relação aos outros tipos de solos: 3,69 ha ou 0,01%. Cobrem as encostas mais baixas do glaciar.

- Solos pouco desenvolvidos de depósitos aluviais, hidromórficos: são identificados nas margens dos cursos de água. Cobrem 79,26 ha, ou seja, uma superfície total de reserva de 0,17%.

- solos hidromórficos com baixo teor de húmus e superfície pseudo-gley: estão localizados em áreas baixas e zonas propensas a inundações. Estes solos cobrem uma superfície de 7.075 ha, ou seja, 15,da superfície das reservas. Uma parte da floresta de galeria instalou-se aqui, com espécies vegetais higrófilas como a *Mitragyna inermis*. Estes solos têm um elevado valor agronómico e são utilizados para a produção de arroz e para a horticultura durante os períodos de escassez de água.

2Mapa : Unidades morfo-sedológicas das reservas de vida selvagem de Bontioli

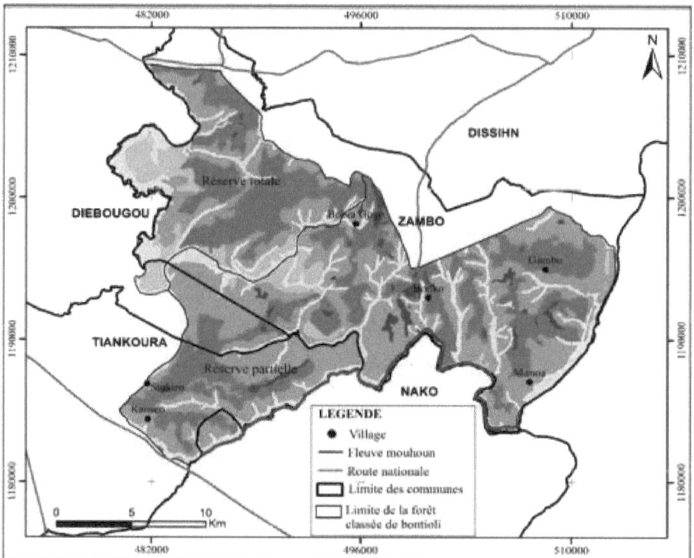

Unité	Type de sol	Géomorphologie	Superficie	
			Ha	%
	Lithosols sur roche	Butte rocheuse	71,16	0,15
	Lithosols sur cuirasse	-Butte cuirassée -Plateau cuirassé	1098,63	2,37
	Ferrigineux tropicaux lessivés indurés superficiels	Plateau	8,75	0,02
	Ferrigineux tropicaux lessivés indurés moyennement profond	-Glacis pente moyenne -Haut de pente du glacis -Plateau	14790,7	31,91
	Ferrigineux tropicaux lessivés indurés profond	-Bas de pente de glacis -Moyenne pente de glacis	20129,1	43,43
	Bruns eutrophes tropicaux ferruginisés	Terasse alluviale	2877,47	6,21
	-Bruns eutrophes tropicaux hydromorphes vertiques -Bruns eutrophes tropicaux hydromorphes	Glacis bas de pente	3,69	0,01
	Peu évolués d'apport alluvial, hydromorphes	Bourrelet de berge	79,26	0,17
	Hydromorphes peu humifères à pseudo gley de surface	-Bas-fond -Zone inondable	7075	15,27
	Plan d'eau	-	210,5	0,45
			46344,26	100

Source: BUNASOLS; Mars 2020

3.2.1.3 A rede hidrográfica

As reservas naturais de Bontioli beneficiam de uma rede hidrográfica abundante (ver mapa 3). São drenadas por dois grandes rios, o Mouhoun e o seu afluente, o Bougouriba. Estão situadas na bacia hidrográfica do

Bougouriba. O Mouhoun, o principal rio do Burkina Faso, constitui o limite natural da reserva parcial com o Gana, enquanto o Bougouriba drena o seu curso entre as duas reservas. Para além destes cursos de água principais, existem numerosos pântanos e rios dispersos nas reservas e em torno delas. Com exceção do Mouhoun, que tem um regime permanente, os outros são cursos de água temporários que secam total ou parcialmente, dando origem a uma série de charcos (Bougouriba) na estação seca. Esta situação leva a uma migração dos paquidermes em direção ao Mouhoun.

Este sistema fluvial é de importância vital para as reservas e para as aldeias situadas nas suas margens. A disponibilidade de água nestes rios, nomeadamente no Mouhoun, contribui para a manutenção da vida selvagem nas reservas e atrai mesmo certas espécies migratórias, como as aves. Estas albufeiras são também um recurso importante para a produção agrícola (horticultura), pastoril e piscícola nas aldeias ribeirinhas. Por último, têm um efeito positivo sobre as formações vegetais, pois abrigam florestas de galeria.

3Mapa: Rede hidrográfica das reservas de vida selvagem de Bontioli

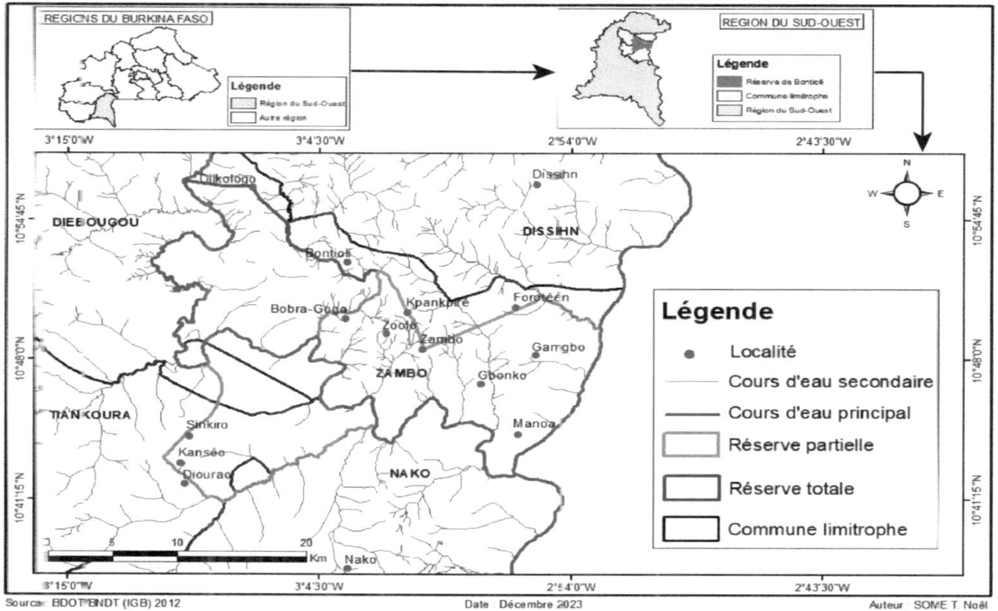

3.2.2. O clima

O clima é um fator essencial na distribuição espacial e no crescimento das plantas nas zonas tropicais.

3.2.2.1. O mecanismo climático no Burkina Faso

O clima da África Ocidental, e por extensão o do Burkina Faso, é influenciado por ventos dominantes provenientes de três zonas de alta pressão: a Alta de Santa Helena, a Alta do Sara e a Alta dos Açores. Estes ventos convergem numa zona denominada Zona de Convergência Intertropical (ZCIT) ou Convergência Intertropical (CIT). [16]A posição da ZCIT à superfície situa-se nas zonas de baixa pressão ou de descontinuidade dos ventos convergentes. É uma zona de passagem dos ventos alísios marítimos que sopram na direção sudoeste-noroeste: a monção. Tem origem na Alta de Santa Helena no Oceano Atlântico e situa-se a cerca de 10°W. À medida que se desloca para norte, torna-se mais quente e húmido (Isnard, 1952) e o harmattan, um vento alísio continental seco, originário da baixa do Sara a sul da Líbia, apanha areia e poeira ao atravessar o deserto em direção ao Golfo da Guiné. Aspira os ventos alísios frios e húmidos do anticiclone dos Açores sobre o Oceano Atlântico a 35°N em janeiro e a 40°W em julho, enquanto em altitude se situa a 15°N em janeiro e a 27°N em julho (Vissin, 2007). Trata-se de um vento seco, quente durante o dia e frio durante a noite, que sopra de nordeste para sudoeste. Estes dois ventos, que circulam nas camadas inferiores da troposfera, determinam o mecanismo das chuvas na África Ocidental. Geram a maior parte da precipitação no

[16] Meteo-area.blogspot.com consultado em 2/5/2021.

Sahel, que resulta de trovoadas convectivas isoladas organizadas em linhas de tempestades (Hountondji, 2008). Vischel, T. & *al.* (2015) observam que a precipitação no Sahel é produzida por sistemas de trovoadas de grande escala que se propagam de leste para oeste a dezenas de quilómetros por hora, conhecidos como sistemas convectivos de mesoescala (MCS). A sua posição latitudinal varia com as estações do ano em função da declinação do sol. A ZCIT, sobre o continente, está posicionada a cerca de 10°N em julho, onde a energia disponível para a convecção é máxima. Em agosto, a ZCIT atinge a sua posição mais a norte sobre o continente, a cerca de 19°N, no verão boreal (julho/agosto).

A área é coberta por fortes chuvas. Em setembro, inicia uma migração inversa para invernar sobre o oceano perto do equador (Karam, 2008). Estes movimentos estão associados ao movimento norte/sul do jato da África Oriental sobre a África Ocidental (Ouoba, 2013). É um vento forte de leste cuja intensidade média varia entre 10-15 $m.s^{-1}$ no verão e que se estende entre 30°E e 30°W e a sua posição latitudinal varia entre 12 e 15°N entre junho e setembro (Poan, 2013).

Os movimentos alternados para norte e para sul da convergência intertropical determinam a orientação das zonas climáticas e das zonas de vegetação na África Ocidental de acordo com as faixas de latitude (Dykstra & *al.*, 1996).

Dada a sua localização meridional, a região do Sudoeste é uma das mais húmidas do Burkina Faso. Beneficia de um clima sul-sudanês, limitado a norte pela isoieta de 900 mm.

3.2.2.2. Zonas climáticas do Burkina Faso

O Burkina Faso está subdividido em três grandes zonas climáticas em função da precipitação no espaço e no tempo:

- a zona do Sahel, limitada a sul a 14°N e pela isoieta de 600 mm. A estação das chuvas dura apenas cerca de três meses (de junho a setembro). As temperaturas e as amplitudes térmicas são elevadas. Este é o domínio das estepes arbustivas.

Sudão do Norte: situado entre 11°30' e 14°N, com isoietas de 600 mm e 900 mm respetivamente a norte e a sul, a estação de inverno estende-se de junho a outubro, durando cerca de cinco (5) meses. As temperaturas são relativamente elevadas, sobretudo na parte norte da zona, assim como as variações térmicas. A vegetação é constituída por uma associação de formações vegetais de tipo saheliano no norte (estepe arbustiva) e de tipo sudaniano no centro e no sul (savana arbustiva, herbácea, arbórea e florestal).

- Sul do Sudão: situado a sul do paralelo 11°30' e limitado a norte pela isoieta de 900 mm. É a zona mais húmida do país. A estação das chuvas dura entre 6 e 7 meses, de abril-maio a outubro. As temperaturas são mais baixas do que nas duas zonas acima mencionadas. As variações de temperatura diárias e mensais são relativamente baixas. A vegetação é constituída por um mosaico de savanas (herbáceas, arbustivas, arborizadas) e galerias florestais nas margens dos cursos de água.

3.2.3. Vegetação

As reservas de vida selvagem de Bontioli estão situadas no clima do sul do Sudão, especificamente no domínio fitogeográfico do sul do Sudão, no distrito ocidental de Volta-Noire (Mouhoun) (Guinko, 1984), onde a vegetação beneficia de uma precipitação bastante abundante. A precipitação média para a série estudada (1987-2017) com base nos dados da Agence Nationale de la Météorologie (estação de Gaoua) é de 1081 mm.

O coberto vegetal é constituído por um mosaico de formações vegetais composto por parques agro-florestais com *Vitellaria paradoxa*, *Parkia biglobosa*, *Faidherbia albida* e *Adansonia digitata,* savanas arbustivas dominadas *por Acacia dudgeoni, Acacia senegal, Acacia seyal, Acacia ehrenbergiana, Acacia laeta e Acacia goumaensis, Combretum glutinosum, Combretum molle, Combretum fragrans, Lannea microcarpa e Detarium microcapum,* savanas arborizadas e matas de galeria com *Anogeissus leiocarpus, Diospyros mespiliformis, Mitragyna inermis, Daniellia oliveri* e *Balanites aegyptiaca* nas margens do rio e outros cursos de água. As unidades fisionómicas do coberto vegetal estão organizadas em função da topografia e do tipo de solo. A savana arbustiva encontra-se geralmente em litossolos situados em planaltos e montes de terra, pouco ricos em nutrientes, enquanto a savana arborizada e a floresta de galeria se encontram em depressões e nas margens dos cursos de água, onde o solo é mais rico e retém a humidade durante um longo período. Encontra-se aqui uma diversidade de espécies vegetais, que serão analisadas na secção que apresenta os resultados do inventário florístico. O mapa 4 apresenta as zonas fitogeográficas do Burkina Faso.

4Mapa : Regiões fitogeográficas do Burkina Faso

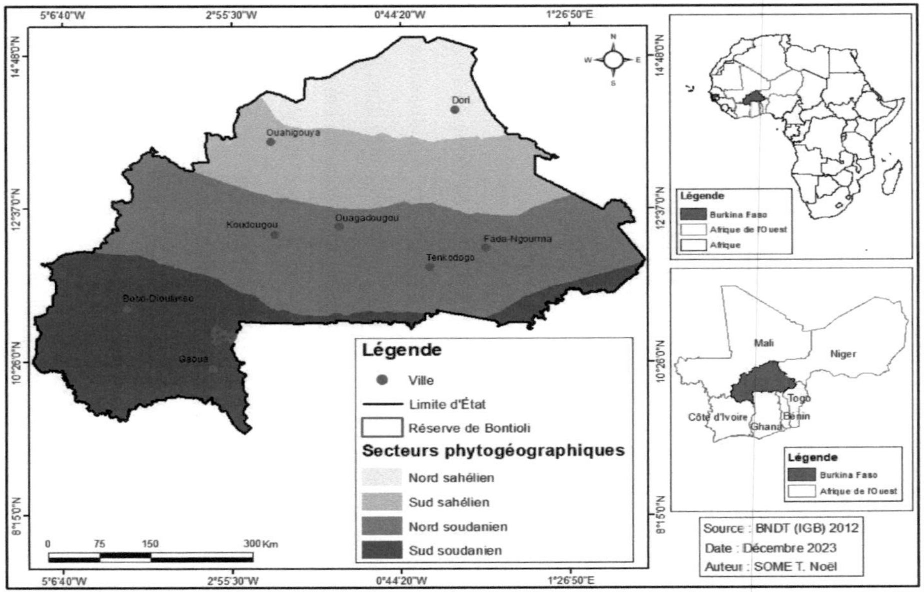

3.3. O ambiente humano

A este respeito, parece oportuno analisar as dinâmicas demográficas e a organização social existentes, a fim de melhor compreender os seus efeitos na evolução dos recursos florestais.

3.3.1. Dinâmica demográfica e organização social

A análise da dinâmica demográfica e das actividades humanas é essencial para compreender a evolução atual e futura das paisagens das reservas. A interação entre as duas componentes do ambiente (homem e vegetação) continua a ser indissociável. As acções do homem influenciam o ambiente. O homem molda o ambiente de acordo com o seu modo de vida, as suas aspirações culturais e espirituais - em suma, a sua conceção do mundo. Por outro lado, a natureza oferece uma série de oportunidades de desenvolvimento para os seres humanos, que fazem as suas escolhas com base na tecnologia à sua disposição e na sua capacidade de adaptação e inovação. Nesta perspetiva, uma abordagem da geografia considera o espaço como uma multiplicidade de possibilidades abertas ao homem. É de notar que a escolha de uma sociedade é um fator decisivo para a conservação do recurso de que depende.

3.3.1.1. Evolução da população nas províncias que acolhem as reservas

Os censos gerais da população de 1985, 1996 e 2006 mostram mudanças nos números e densidades populacionais nas províncias onde as reservas de vida selvagem Bontioli estão localizadas. As densidades populacionais aumentaram de 23,1 habitantes/km² para Bougouriba em 1985 para 27,1 habitantes/km² em 1996 e depois para 36 habitantes/km² em 2006, um aumento de 4,1 habitantes/km² em 11 anos. Entre 1985 e 2006, a densidade populacional da província de Bougouriba aumentou em 10,9 habitantes/km². A província de Ioba é a mais densamente povoada da região Sudoeste. A sua densidade populacional passou de 43,1 habitantes/km² para 49,7 habitantes/km² em 1996 e depois para 59,2 habitantes/km² em 2006. Isso representa um aumento de 6,6 habitantes/km² entre 1985 e 1996, ou seja, 11 anos. Durante a década de 1996-2006, a população da província de Ioba cresceu ainda mais. A taxa de crescimento foi de 9,5 habitantes/km². Finalmente, a província de Poni também registou um aumento da densidade populacional. As estatísticas mostram aumentos de 2,2 habitantes/km² e 8,4 habitantes/km² respetivamente entre os períodos 1985 - 1996 e 1996 - 2006 (tabela 11).

Tendo em conta a projeção estabelecida pelo INSD em 2015, a evolução das populações das três províncias que fazem fronteira com as reservas é bastante significativa.

Globalmente, as densidades populacionais das várias províncias da região aumentaram significativamente entre 1985 e 2006. Este crescimento foi de 12,9 habitantes/km², 16,1 habitantes/km² e 8,9 habitantes/km² respetivamente para as províncias de Bougouriba, Ioba e Poni. Em comparação com a densidade média nacional em 2006, que era de 51 habitantes/km², e com exceção da província de Ioba, as outras províncias da região eram ainda escassamente povoadas.

11Quadro: Evolução da população nas províncias de Bougouriba, Ioba e Poni em 1985, 1996, 2006 e 2015

	Populações	Densidades

Anos	1985	1996	2006	2015	198 5	199 6	200 6	201 5
Bougouri ba	6509 3	7649 8	1014 79	1317 48	23, 1	27, 2	36	46,8
Ioba	1402 50	1614 84	1923 21	2398 01	43, 1	49, 7	59, 2	73,7 6
Poni	1917 54	1959 00	2569 31	3321 69	26, 1	26, 6	35	45,1 9

Fontes: INSD, recenseamentos gerais da população 1985, 1996 e 2006, projeção 2015

3.3.1.2. Evolução da população nas aldeias ribeirinhas

De acordo com os resultados do RGPH 2006, a população total das trinta e uma (31) aldeias limítrofes das reservas era de 21.387 habitantes (INSD, 2006). Espera-se que esta população aumente substancialmente até 2020, de acordo com uma projeção do Institut National de la Statistique et de la Démographie, que estima a população em 30.730, um aumento de 43,em 14 anos.

O crescimento da população está ligado às migrações agrícolas, pastoris e de garimpeiros e, sobretudo, à persistência de uma elevada taxa de natalidade na localidade. Nos locais inquiridos, o número médio de filhos por chefe de família era de 6. No entanto, 87,dos inquiridos tinham menos de 10 filhos e 10,tinham entre 10 e 20 filhos. O aumento da população notificada na zona implica uma maior necessidade de lenha, de novas terras de cultivo, de pastagens, etc. Os sistemas de produção agrícola e pastoril devem, por conseguinte, ser tidos em conta na compreensão do impacto do crescimento demográfico sobre os recursos naturais em geral e sobre as formações vegetais em particular.

A dimensão do agregado familiar, que determina o número de bocas a alimentar, deve ter um efeito positivo na utilização dos PFNL e, por conseguinte, na dependência dos PFNL (Ouédraogo & *al.*, 2013), porque nas zonas rurais, os agregados familiares que dependem dos produtos florestais são geralmente os mais vulneráveis. Todas estas necessidades são satisfeitas à custa das zonas florestais (Achard & Blasco, 1990). A satisfação destas necessidades é também regida por regras inerentes à organização sociopolítica e religiosa das sociedades que aí vivem.

3.3.2. Organização sociopolítica e religiosa

Os povos que se instalaram no sudoeste do Burkina Faso, vindos do Gana em vagas sucessivas entre o século XVIII e a primeira metade do século XIX, desenvolveram uma organização sociopolítica não centralizada, mas muito presente a nível familiar. Entre os Dagara, em particular, esta organização baseia-se num sistema de linhagem. A unidade de referência é a família alargada, constituída por pais descendentes do mesmo antepassado que fundou a linhagem patrilinear. Os descendentes da linhagem partilham o mesmo apelido (Somé, 2015). Aplica-se assim o princípio da dupla descendência parental. O chefe de família, também conhecido por "yirsob" na língua Dagara, é o chefe do agregado familiar. Ele é responsável por todos os membros que estão ao seu cuidado. É no seio da família que a continuidade do clã é assegurada através de casamentos que seguem as normas prescritas pela sociedade. As uniões são geralmente endogâmicas entre indivíduos de famílias diferentes, com o objetivo de preservar os valores culturais da sociedade (língua, práticas religiosas) e do grupo étnico. As uniões entre membros do mesmo clã ou da mesma família alargada são proibidas, pois são consideradas incestuosas. A poligamia é a forma de casamento mais comum na localidade, devido ao carácter enraizado da religião tradicional. Entre os Lobi, por outro lado, a descendência é matrilinear.

No entanto, ao nível das aldeias, há chefes que desempenham funções meramente administrativas. Muitas vezes designados por "delegados", os Comités de Desenvolvimento das Aldeias (CDV) são auxiliares das administrações territoriais descentralizadas. Com exceção destas últimas, a autoridade religiosa é exercida pelos chefes de terra ou "têngan-sôb" na língua nacional Dagara. Estes executam todos os ritos relacionados com a gestão tradicional da terra como meio de produção, a manutenção da ordem social e a proteção do ambiente. A autoridade do chefe de terra pode estender-se a várias aldeias. O seu território de influência corresponde, na maioria das vezes, ao território conquistado pelos primeiros ocupantes, geralmente uma família ou um clã. Este poder é transmitido aos descendentes segundo uma ordem hierárquica, de irmão para irmão (do mais velho para o mais novo), depois para os filhos, do mais velho para o mais novo. Só é transmitido aos homens. O chefe da terra gere o seu poder em colaboração com outros chefes tradicionais, incluindo o 'koumbè-sob'.

Em termos religiosos, as populações do Sudoeste estão muito ligadas ao culto dos antepassados. Os sacrifícios rituais são organizados periodicamente, de acordo com 63,1% das pessoas inquiridas nos locais de estudo. Trata-se de pedidos de várias coisas: boas épocas de chuva, saúde, prosperidade, paz, fertilidade, etc., ou de agradecimentos aos espíritos dos antepassados ou a divindades intermediárias. Estas práticas rituais têm lugar em espaços sagrados (bosques, árvores, rios, colinas, etc.). No país Dagara, o clã está sempre associado a um animal totémico, geralmente selvagem, que parece assegurar a sua proteção. Esta organização social contribui para a proteção da vida selvagem. No entanto, pode também ter efeitos perversos na biodiversidade da fauna selvagem, na medida em que, se um clã estiver muito bem representado numa localidade, o seu animal totémico será extremamente protegido em detrimento de todas as outras espécies de animais selvagens. São igualmente organizadas cerimónias de iniciação: o "Bawr" entre os Dagara e o "Djoro" entre os Lobi. O objetivo destas iniciações é a formação do ser humano no seu todo (formação física, moral, espiritual e intelectual).

O catolicismo (17,) é a segunda religião mais representada na região, seguido do islamismo (12,), de acordo com o RGPH 2006 (ver quadro 12). O catolicismo e o islamismo são mais praticados nos centros urbanos, enquanto o animismo é dominante nas zonas rurais. No entanto, a prática destas religiões está frequentemente associada à dos ritos tradicionais.

12Quadro: Repartição (em %) da população por província e religião

Província de residência em 2006	**Animista**	**Muçulmano**	**Católico**	**Protestante**	**Outros**	**Sem religião**	**Total**
Bougouriba	61,8	22,3	11	3,8	0,6	0,5	100
Poni	74,8	14	5,5	4,5	0,7	0,7	100
Ioba	50,5	6,9	40,3	1,1	0,5	0,7	100

Noumbiel	72,5	12,3	10,5	3,9	0,2	0,7	10 0
Embalage m	64,9	12,9	17,7	3,3	0,6	0,7	10 0

Fonte: Monographie de la région du Sud-Ouest, 2006

3.3.3. Movimentos migratórios

Apesar do seu potencial agro-pastoril, a região Sudoeste permaneceu durante muito tempo "vazia" por diversas razões. A causa sanitária da baixa ocupação humana dos vales do Volta foi evidenciada e levou à implementação do programa de oncocercose com o objetivo de desenvolver estes vales para a produção agrícola. Segundo Cambrezy & Sangli (2011), a recuperação das zonas endémicas de oncocercose, iniciada em 1973, permitiu a fixação de populações do centro e do norte do país graças à implementação de uma política de desenvolvimento hidroagrícola pelas autoridades. Esta política tinha por objetivo a instalação de famílias em locais urbanizados, a fim de resolver o problema da degradação dos recursos naturais (terra) nas zonas mais densamente povoadas do país. No entanto, o afluxo a esta zona atractiva em termos de potencial agro-pastoril conduzirá a outros movimentos migratórios descontrolados que acelerarão a degradação dos recursos naturais dos sítios urbanizados e não urbanizados devido à diversidade das práticas agro-pastoris. Segundo Palé (2015), os migrantes espontâneos dirigiam-se para as aldeias tradicionalmente situadas na orla das zonas urbanizadas porque o acesso às terras das aldeias da Autorité de l'Aménagement des Vallées des Voltas (AVV) era estritamente limitado. As práticas agrícolas dos migrantes, caracterizadas pela abertura de vastos campos, têm muitas vezes um efeito de arrastamento sobre as populações autóctones, que praticavam essencialmente uma agricultura de subsistência. Estas práticas agrícolas conduzem à destruição sistemática das zonas florestais.

Os fluxos migratórios para a região sudoeste continuaram e intensificaram-se na sequência das grandes secas de 1973-1974 e 1983-1984 no Sahel, que agravaram as condições de produção agro-pastoril nas regiões centro e norte do país. Por outro lado, a crise marfinense de 2000 e 2011, que se desenvolveu e agravou num contexto de conflitos fundiários e étnicos (Hema & *al.*, 2018), provocou um regresso maciço de burquinenses da Costa do Marfim, que se instalaram nas regiões oeste e sudoeste do país para aproveitar as condições climáticas favoráveis à produção agrícola.

O boom do sector mineiro no início dos anos 2000 produziu outro tipo de mobilidade interna (Dabiré, 2016). A descoberta de ouro nas reservas de vida selvagem de Bontioli atraiu jovens de antigos locais de extração de ouro e de várias partes do país em busca do metal precioso.

As migrações da zona de estudo dirigem-se principalmente para os principais centros urbanos do país (Ouagadougou e Bobo-Dioulasso) e para os países vizinhos (Gana e Costa do Marfim). Segundo o chefe da aldeia de Manoa, a expulsão das populações que viviam na reserva parcial provocou a migração temporária e permanente de jovens para o vizinho Gana, onde foram acolhidos.

O êxodo rural afecta principalmente os jovens (homens e mulheres), cujas razões se prendem com os problemas de desenvolvimento das zonas rurais e com o desemprego técnico. Nestas zonas, a atividade agrícola dura apenas cinco a seis meses durante a estação das chuvas.

A falta de planícies desenvolvidas, evocada por quase todos os entrevistados, pode constituir um obstáculo importante à permanência dos jovens nas suas terras durante a época baixa. Por último, existem razões sociais que levam os jovens a emigrar para escapar aos encargos socioculturais que pesam sobre eles. O êxodo rural é, portanto, um fenómeno que rouba ao meio rural a sua força vital (UICN, 2009).

O impacto do aumento gradual da população dos locais de estudo sobre as formações vegetais é a fragmentação das reservas através da pressão agrícola, pastoril e da extração de ouro. De facto, estas áreas protegidas tornaram-se os locais preferidos para diversas actividades humanas. Foram criadas aldeias em reservas parciais, com consequências nefastas para a diversidade biológica. Esta observação é corroborada por um estudo realizado por Kaboré & *al* (2019), que revela a existência de uma correlação positiva entre as densidades populacionais e o estado de fragmentação florestal. Quanto maior a pressão demográfica, maior a degradação por fragmentação.

As caraterísticas biofísicas e humanas das reservas naturais parciais e totais de Bontioli foram analisadas neste capítulo. São as seguintes: O relevo é geralmente plano, com descontinuidades em locais marcados por colinas e pequenos vales que orientam o fluxo de água para os rios principais (o Mouhoun e o Bougouriba). A estrutura do solo está ligada à topografia do terreno. A vegetação é constituída por um mosaico de savanas, caracterizado por savanas arbustivas degradadas nas colinas e nos planaltos blindados, savanas arborizadas nos solos de valor agronómico médio a elevado e florestas de galeria nas margens dos cursos de água.

A população, maioritariamente agrícola, estabeleceu uma estrutura social não centralizada, baseada no clã e na família. São muito ligados à espiritualidade. As densidades populacionais aumentaram nas últimas décadas devido à intensificação da migração para as minas de ouro e ao aumento da taxa de natalidade.

CAPÍTULO 4: CARACTERIZAÇÃO DA UTILIZAÇÃO DOS SOLOS E DA VEGETAÇÃO

O estudo do uso do solo baseou-se na interpretação de imagens de satélite de várias datas: 1986, 2002 e 2018. O objetivo era avaliar o estado de ocupação do solo nas duas reservas ao longo das três escalas temporais, bem como avaliar e analisar as alterações ocorridas em cada uma das reservas ao longo dos diferentes períodos. A caraterização da vegetação foi efectuada com base nos resultados do inventário florístico. Trata-se de descrever e analisar a riqueza e a diversidade da flora e os parâmetros estruturais das formações vegetais das reservas.

4.1. Utilização das terras nas reservas em 1986, 2002 e 2018

As unidades de utilização do solo variam de ano para ano em função do estado da zona protegida.

4.1.1. Estado de utilização das terras da reserva total em 1986

Em 1986, a reserva total era principalmente ocupada por campos e pousios e savanas arbustivas. Estas unidades representavam 60,e 31,da sua superfície total, respetivamente. Os campos e os pousios estavam espalhados por toda a reserva. A floresta de galeria cobria 4,18%. Fazia fronteira com vários cursos de água a norte, nordeste e sudeste. A savana arborizada, por sua vez, estava dispersa por toda a reserva e ocupava apenas 3,da mesma. O solo nu é quase inexistente.

4.1.2. Estado de utilização das terras da reserva total em 2002

A savana arbustiva e a savana arborizada eram as unidades mais representativas em termos de superfície do total da reserva em 2002. Dispersas por toda a reserva, as savanas arbustivas ocupavam 52,30 %

e as savanas arborizadas, muito presentes nas partes oeste, sudoeste e sul, ocupavam 39,da superfície total da reserva. Os campos e os pousios situavam-se principalmente a norte e a oeste, nos limites da reserva, na savana arborizada. Ocupavam 3,86% da reserva. A floresta de galeria estava presente nas zonas norte, nordeste e sudeste, ao longo de alguns cursos de água. Cobria uma superfície de 4,da reserva.

4.1.3. Estado de utilização das terras da reserva total em 2018

Em 2018, a reserva total caracterizava-se principalmente por savana arbustiva (74,85%), savana arborizada (17,) e solo nu (5,) da superfície total da reserva. A floresta de galeria representava apenas 2,26% e os campos e pousios 0,. O mapa 1 mostra as unidades de uso do solo da reserva total em 1986, 2002 e 2018.

1Mapa: Unidades de utilização do solo da RTFB em 1986, 2002 e 2018

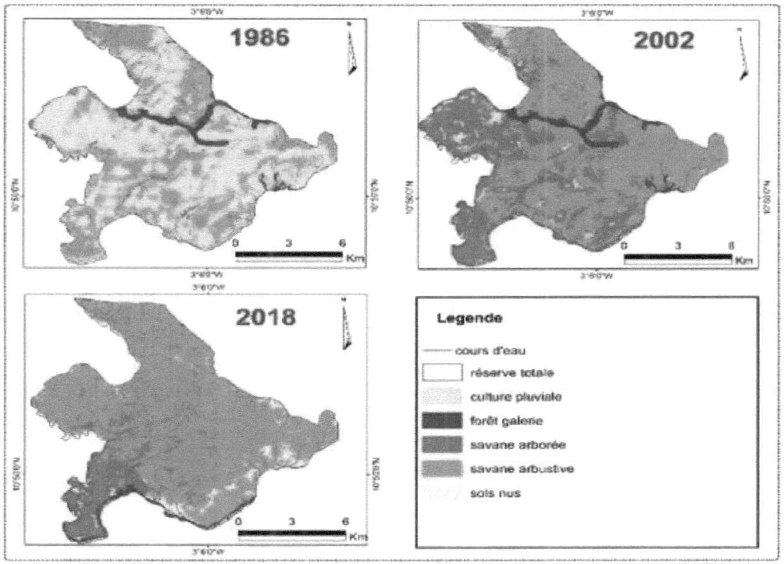

Source: IGB/BNDT 2012/Images Landsat Fevrier 2024 SOME N

4.1.4. Utilização do solo na reserva parcial em 1986

Em 1986, a reserva parcial era dominada por campos e pousios (63,) e savana arbustiva (29,97%). Estas duas unidades estavam disseminadas por toda a reserva. A floresta de galeria ao longo dos principais cursos de água cobria 4,90% da reserva. A savana arborizada é rara (1,74%). Localiza-se a noroeste e nordeste. O solo nu é muito reduzido.

4.1.5. Utilização do solo na reserva parcial em 2002

Em 2002, a reserva parcial era dominada por savana arbustiva, que cobria 52,70%, savana arborizada (25,93%) e campos e pousios (16,44%). Os campos e os pousios situam-se principalmente nas zonas de contacto entre a reserva e as aldeias ribeirinhas. A floresta de galeria, que representa 4,92%, situa-se principalmente nos leitos de certos cursos de água. Os solos nus são quase inexistentes.

4.1.6. Estado de utilização das terras da reserva parcial em 2018

A reserva parcial em 2018 era dominada por savana arbustiva, que cobria 53,04% da área total, solo nu cobrindo 26,, e campos e pousios ocupando 10,. A savana arborizada cobria 4,78%; as outras unidades, floresta de galeria e habitat, representavam 3,e 1,64%, respetivamente, da área total da reserva. O Mapa 2 mostra as unidades de uso do solo da reserva parcial em 1986, 2002 e 2018.

2Mapa: unidades de uso do solo da RPFB em 1986, 2002 e 2018

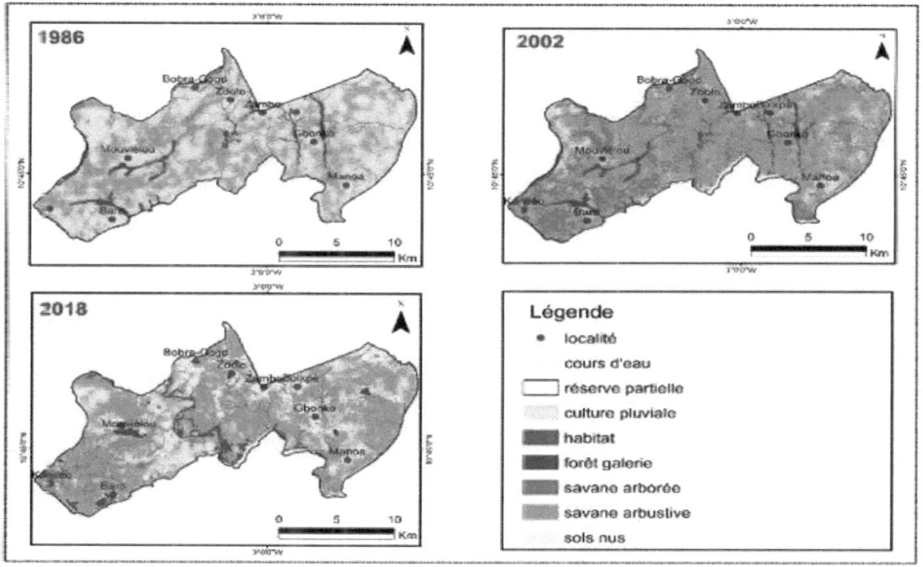

Source: IGB/BNDT 2012/Images Landsat Février 2024 SOME N

Em 1986, as duas reservas foram invadidas por campos e pousios, apesar dos seus estatutos diferentes. Na reserva parcial, os direitos de usufruto são concedidos à população local. O artigo 6.º do decreto n.º 3417 SE/EF que cria esta reserva estipulava que aos autóctones dos cantões do Zambo e de Bapla, no interior da reserva parcial, são reconhecidos direitos consuetudinários de desbravar terras, cultivar culturas, cortar madeira para uso pessoal, pastorear rebanhos, pescar, colher frutos e plantas alimentares, medicinais e tintoriais, desde que cumpram os regulamentos em vigor (MEECCV, 2017). Estes direitos não abrem, portanto, a porta à depredação do recurso, na medida em que o decreto de classificação enquadra a sua exploração.

No entanto, as regras são muito rigorosas no que respeita à totalidade da reserva. Qualquer exploração madeireira é proibida, apesar de a maior parte desta reserva estar ocupada por campos. Há várias razões para a existência de tantos campos nestas reservas na altura. Além disso, nos anos 70, o Programa de Desenvolvimento dos Vales do Volta, gerido pelo Estado em colaboração com a OMS, que contribuiu para a libertação das zonas da mosca tsé-tsé, trouxe migrantes agrícolas para o vale desenvolvido de Bougouriba, contíguo à reserva total. Esta situação levou à instalação de migrantes agrícolas ilegais no mesmo vale, mas fora da área gerida, durante as secas de 1983 e 1984, o que provocou intensos fluxos migratórios do norte e centro do país para estas localidades, ideais para actividades agrícolas. O país ainda não dispunha de um Código Florestal. No entanto, desde 1981 que existe uma política nacional de gestão das florestas classificadas, o que poderia constituir um baluarte para a proteção destas reservas, mas estas nunca foram geridas.

A figura 7 mostra as superfícies das unidades de uso do solo da reserva total em 1986, 2002 e 2018. Mostra que todas as de uso do solo desta reserva sofreram alterações progressivas e/ou regressivas mais ou menos significativas ao longo dos períodos 1986-2002, 2002-2018 e 1986-2018.

7Figura: Áreas das unidades de uso do solo da RTFB em 1986, 2002 e 2018

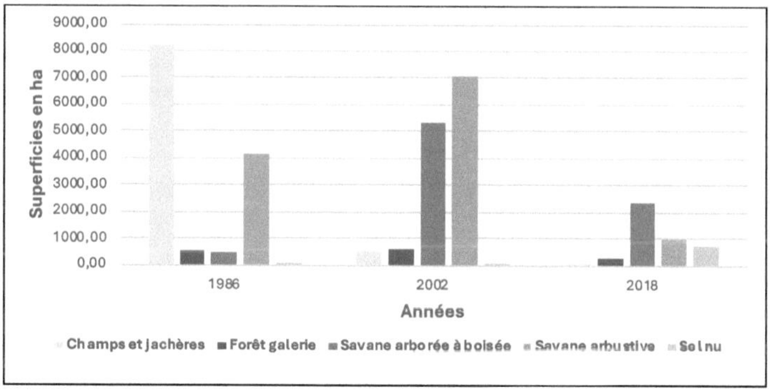

Fonte: Imagens Landsat 1986, 2002 e 2018

O gráfico mostra uma predominância de campos e pousios, savana arborizada e savana arbustiva na reserva total em 1986, 2002 e 2018, respetivamente.

A tendência da reserva parcial é semelhante à da reserva total. Os campos e os pousios eram a unidade mais dominante em 1986. No entanto, em 2002 e 2018, a savana arbustiva dominava a área desta reserva (Figura 8).

8Figura: Áreas das unidades de uso do solo da RPFB em 1986, 2002 e 2018

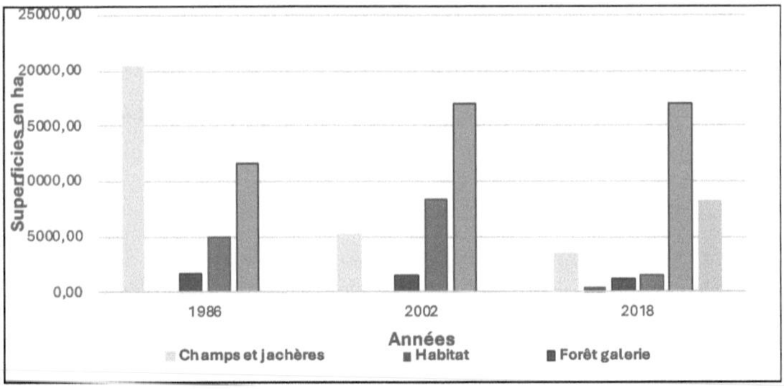

Fonte: Imagens Landsat 1986, 2002 e 2018

4.2. Alterações na utilização do solo nas reservas totais e parciais

A evolução das unidades de uso do solo das duas reservas está intimamente ligada às condições naturais e humanas. A dinâmica das unidades de uso do solo, analisada em três datas significativas, 1986, 2002 e 2018, permitiu-nos observar grandes transformações. Foram registados ganhos e perdas de unidades ao longo dos diferentes períodos.

4.2.1. Evolução da utilização das terras na reserva total entre 1986 e 2002

Os campos e os pousios diminuíram 57,11% entre 1986 e 2002, passando de 60,para 3,. Estes foram convertidos em savana arborizada (23,47%). Por outro lado, durante o mesmo período, a área de savana arborizada aumentou 35,. A savana arbustiva aumentou 21,, em detrimento dos campos e pousios (-34,) e da savana arborizada (-1,11%). A floresta de galeria registou um ligeiro aumento de 0, em detrimento dos campos e pousios (-0,). O quadro 13 apresenta a matriz de ocupação do solo da reserva total em termos percentuais de 1986 a 2002.

13Quadro: Matriz de transição de uso do solo da RTFB de 1986 a 2002

TC	C/J	FG	SA/B	Sa	Sn	Total 1986
PC	2,63	0,17	23,47	34,70	0,002	60,97
FG	0,00	4,20	0,00	0,00	0,00	4,20
SA/B	0,25	0	2,42	1,11	0,00	3,78
Sa	0,98	0,0005	13,58	16,49	0,00	31,05
Sn	0,00	0	0,002	0,0006	0,00	0,003
Total 2002	3,86	4,37	39,47	52,30	0,002	100

CT: Classe temática, C/J: Campos e pousios, FG: Galeria florestal, SA/B: Savana arborizada, Sa: Savana arbustiva, Sn: Solo nu

Fonte: Imagens Landsat de 1986 e 2002

4.2.2. Alterações da utilização das terras na reserva parcial entre 1986 e 2002

Algumas das unidades de utilização das terras na reserva parcial diminuíram e outras aumentaram entre 1986 e 2002 (ver Quadro 14). Os campos e os pousios passaram de 63,60% da superfície total da reserva em 1986 para 16,44%, ou seja, uma diminuição de 47,. Foram essencialmente transformados em savana arborizada (15,) e savana arbustiva (36,). A savana arbustiva passou de 29,82% em 1986 para 52,em 2002, ou seja, um aumento total de 22,88% a uma taxa anual de 1,. Este aumento foi efectuado à custa da savana arborizada (-0,52%), da floresta de galeria (-0,) e dos campos e pousios (-36,). A savana arborizada registou um aumento de 24,, ou seja, uma taxa anual de 1,.

O aumento da superfície foi efectuado em detrimento dos campos e pousios (-15,50%) e da floresta de galeria (-0,). A floresta de galeria evoluiu muito pouco durante este período. Aumentou apenas 0,.

14Quadro: Matriz de transição de uso do solo para a RPFB de 1986 a 2002

TC	C/J	FG	SA/B	Sa	Sn	Total 1986
PC	11,93	0,07	15,50	36,10	0,003	63,60
FG	0,001	4,83	0,03	0,03	0	4,90
SA/B	0,4	0	0,8	0,52	0	1,68
Sa	4,14	0,03	9,60	16,04	0,001	29,82
Sn	0,001	0	0,0005	0,0006	0	0,002
Total 2002	16,44	4,92	25,93	52,70	0,004	100

CT: Classe temática, C/J: Campos e pousios, FG: Galeria florestal, SA/B: Savana arborizada, Sa: Savana arbustiva, Sn: Solo nu

Fonte: Imagens Landsat de 1986 e 2002

4.2.3. Análise e discussão das mudanças nas unidades de uso do solo nas duas reservas entre 1986 e 2002

A perda da superfície dos campos e dos pousios nas duas reservas explica-se pelas acções políticas a favor da conservação destas áreas protegidas. A aplicação dos compromissos políticos a favor do ambiente assumidos pelo governo do Burkina Faso em 22 de abril de 1985, conhecidos como as "Três Lutas", ou seja, a luta contra o abate abusivo de árvores, a luta contra a itinerância dos animais e a luta contra os incêndios florestais, justifica a redução considerável dos campos e a sua conversão em savana arbustiva e a conversão da savana arbustiva em savana arborizada. Além disso, em 1996, o Estado expulsou a população ilegalmente instalada nestes enclaves florestais e prosseguiu e reforçou as acções de recuperação do coberto vegetal através de acções de reflorestação, de vigilância e de sensibilização da opinião pública que vinham sendo desenvolvidas desde há muito tempo. A presença de grandes áreas de savana arborizada na reserva total é a prova de que a atividade humana é menor no seu interior (Somé, 2013). Para além destas medidas de proteção, segundo vários autores, a pluviosidade retomou após as secas de 1983, 1984 e 1985 no Sahel e, por extensão, no Burkina Faso, sobretudo a partir dos anos 90 (Ouoba, 2013; Nouaceur, 2020). Esta observação é também confirmada por Koné & *al* (2007), que mostram que a década de 1990 a 1999 foi marcada por uma ligeira recuperação da precipitação, acompanhada de uma recuperação do coberto vegetal na savana sudanesa da Costa do Marfim, o que teria tido um impacto favorável no desenvolvimento da vegetação. A conjugação destes dois factores levou ao abandono dos campos nas reservas e ao regresso de alguns migrantes às suas zonas de partida, bem como a uma retoma do crescimento da vegetação, favorecendo a mutação de certas formações vegetais.

4.2.4. Alterações na utilização do solo na reserva total entre 2002 e 2018

A savana arbustiva aumentou em área (22,54%), passando de 52,32% em 2002 para 74,em 2018. A taxa de aumento anual é de 1,41%. Este aumento foi efectuado à custa da savana arborizada (-26,28%), da floresta de galeria (-3,79%) e dos campos e pousios (-2,98%). A superfície de solo nu registou um crescimento espetacular; de quase nada em 2002 (0,002%), passou para 5,28% em 2018, o que corresponde a uma taxa anual de 32,94%. O solo nu aumentou à custa de outras unidades, nomeadamente a savana arbustiva (-3,33%), a savana arborizada (-1,), a floresta de galeria (-0,) e os campos e pousios (-0,).

Outras unidades também diminuíram no mesmo período. É o caso da savana arborizada, cuja superfície passou de 39,46% em 2002 para 17,em 2018, o que representa uma diminuição de -22,. Esta unidade registou um decréscimo anual de -1,39% em benefício da savana arbustiva (6,44%). A floresta de galeria perdeu 2,da sua superfície a favor da savana arborizada (1,63%) e da savana arbustiva (0,). Os campos e os pousios registaram uma diminuição de 3,(uma diminuição de 0,por ano). Foram convertidos em savana arbustiva (0,17%) e savana arborizada (0,15%). A Tabela 15 mostra a percentagem da matriz de uso do solo da reserva total de 2002 a 2018.

15Quadro: Matriz de transição de uso do solo da RTFB de 2002 a 2018

TC	C/J	FG	SA/B	Sa	Sn	Total 2002
PC	0,03	0,05	0,52	2,98	0,27	3,86
FG	0,005	0,00	0,24	3,79	0,34	4,37
SA/B	0,15	1,63	10,06	26,28	1,34	39,46
Sa	0,17	0,58	6,44	41,79	3,33	52,31
Sn	0,00	0,00	0,00	0,001	0,0006	0,002
Total 2018	0,36	2,26	17,25	74,85	5,28	100

CT: Classe temática, C/J: Campos e pousios, FG: Galeria florestal, SA/B: Savana arborizada, Sa: Savana arbustiva, Sn: Solo nu
Fonte: Imagens Landsat de 2002 e 2018

4.2.5. Alterações na utilização do solo na reserva parcial entre 2002 e 2018

A matriz de transição de uso da terra para a reserva parcial de 2002 a 2018 revela grandes mudanças nas unidades (ver Tabela 16). A savana arborizada diminuiu em -21,. Em contrapartida, o solo nu, que era praticamente inexistente (0,002%) em 2002, aumentou . A savana arbustiva (16,09%), a savana arborizada (4,), os campos e pousios (4,) e a floresta de galeria (1,31%) foram convertidos em solo nu. Estes diminuíram em -5,. O habitat ocupou 1,64% em 2018. A floresta de galeria e a savana arbustiva registaram um ligeiro decréscimo de -1,19% e -0,34%, respetivamente.

16Quadro : Matriz de transição de uso do solo para a RPFB de 2002 a 2018

TC	C/J	FG	Hab	SA/ B	Sa	Sn	Total 2002
PC	3,90	0,28	0,38	0,40	7,08	4,39	16,45
FG	0,24	0,10	0,03	0,27	2,96	1,31	4,92
SA/B	2,61	1,96	0,44	2,45	14,25	4,22	25,93
Sa	4,04	1,39	0,79	1,66	28,74	16,09	52,70
Sn	0,00 1	0,00 07	0,00	0,00 02	0,001	0,0008	0,002
Total 2018	10,8 0	3,73	1,64	4,78	53,04	26,01	100

TC: Classe temática, C/J: Campos e pousios, FG: Galeria florestal, SA/B: Savana arborizada, Sa: Savana arbustiva, Sn: Solo nu, Hab: Habitat
Fonte: Imagens Landsat de 2002 e 2018

4.2.6. Análise e discussão das mudanças nas unidades de uso da terra nas duas reservas entre 2002 e 2018

A redução da savana arborizada e da mata de galeria deve-se a actividades humanas clandestinas, neste caso o corte de madeira verde, a garimpagem de ouro e a criação de gado. A consequência da antropização da mata de galeria é a erosão das margens dos rios. O aumento da área de solo descoberto pode ser atribuído a estas actividades. De facto, o garimpo de ouro desenvolveu-se nestas reservas nas duas últimas décadas, pelo que o seu impacto nas formações vegetais só poderá ser muito notório nos últimos anos. No terreno, o cenário é de desolação (buracos dispersos). As práticas pastoris são igualmente destrutivas para as formações vegetais. As árvores de grande porte, cujas folhas são apreciadas pelo gado, são podadas. É o caso da *Afzelia africana*, do *Pterocarpus erinaceus* e da *Khaya senegalensis*. Os arbustos são invadidos pelos animais, especialmente em redor dos charcos, criando auréolas de solo nu nessas áreas. A madeira é o principal combustível utilizado pelos agregados familiares locais (99,1%) e as reservas representam uma reserva de combustível lenhoso para 56,9% dos inquiridos. O abate abusivo de árvores contribui para o aumento das zonas nuas. O corolário é a exposição do solo nu à erosão e ao escoamento superficial. Estes fenómenos desnudam a camada superficial e empobrecem o solo (Yaméogo & *al.*, 2009). Por último, a diminuição da superfície das culturas de sequeiro pode ser explicada pelas medidas de proteção tomadas pelo Estado e pelos seus serviços descentralizados.

Na reserva parcial, a progressão exacerbada do solo nu justifica-se por várias razões:

- o sistema de produção agrícola, dominado pela agricultura de queimada de tipo mineiro, expõe o solo a um empobrecimento rápido seguido de uma degradação acelerada. O mesmo acontece com as práticas agrícolas de alguns migrantes, que consistem em eliminar completamente os arbustos e as árvores, incluindo as árvores alimentares.

- o desenvolvimento espetacular de práticas pastoris nefastas. Os criadores instalam-se nas reservas durante todo o ano. A consequência imediata destas zonas nuas pode ser o aparecimento a aceleração de fenómenos de erosão hídrica e eólica. O solo nu pode também caraterizar savanas herbáceas queimadas e afloramentos rochosos (Koné & *al.*, 2007).

o desenvolvimento espetacular da prospeção de ouro nestas reservas.

4.2.7. Mudanças no uso da terra na reserva total entre 1986 e 2018

De 1986 a 2018, as unidades de utilização do solo da reserva total sofreram profundas alterações. Foram registadas perdas e ganhos de superfície a todos os níveis. O solo nu aumentou em superfície (5,27%). Os campos e pousios, a savana arbustiva e a floresta de galeria foram convertidos nesta unidade, representando 3,, 1,e 0,, respetivamente. A savana arbustiva é a principal unidade em termos de cobertura de superfície em 2018, com 74,84%. A sua superfície aumentou 43,80% em 32 anos, representando um crescimento médio anual de 1,37%. A expansão desta formação vegetal deu-se à custa dos campos e pousios (-46,), da mata de galeria (-3,) e da savana arborizada (2,). A área de savana arborizada registou um aumento de 13,, para uma taxa anual de 0,. As perdas de área foram registadas nos campos e pousios (-60,61%), que passaram de 60,97% em 1986 para 0,em 2018, o que representa uma diminuição anual de -1,89%. O declínio foi em benefício da savana arborizada (8,68%), da savana arbustiva (46,74%), do solo nu (3,74%) e da floresta de galeria (1,56%). Finalmente, a floresta de galeria perdeu 1,94% da sua superfície para a savana arbustiva (0,64%) e para a savana arborizada (0,). A Tabela 17 mostra a porcentagem da matriz de transição de uso do solo da reserva total de 1986 a 2018.

17Quadro : Matriz de transição de uso do solo da RTFB de 1986 a 2018

TC	C/J	FG	SA/B	Sa	Sn	Total 1986
PC	0,25	1,56	8,68	46,74	3,74	60,97
FG	0,005	0,00	0,24	3,65	0,31	4,20
SA/B	0,003	0,06	0,85	2,80	0,05	3,77
Sa	0,11	0,64	7,47	21,65	1,17	31,04
Sn	0,00	0,00	0,002	0,0006	0,00	0,002
Total 2018	0,36	2,26	17,24	74,84	5,28	100

CT: Classe temática, C/J: Campos e pousios, FG: Galeria florestal, SA/B: Savana arborizada, Sa: Savana arbustiva, Sn: Solo nu
Fonte: Imagens Landsat de 1986 e 2018

4.2.8. Mudanças no uso da terra na reserva parcial entre 1986 e 2018

A matriz de transição de uso do solo para a reserva parcial de 1986 a 2018 mostra mudanças notáveis nas várias unidades. Os campos e os pousios, que ocupavam 63, da superfície da reserva em 1986, diminuíram para 10,80 em 2018. Diminuíram 52,, numa proporção anual de -1,. A área perdida para campos e pousios foi convertida em 31,96% de savana arbustiva, 18,12% de solo nu, 2,33% de savana arborizada e 2,de floresta de galeria. A savana arbustiva (23,22%) recuperou a um ritmo de 0,por ano, em detrimento da floresta de galeria (-3%) e da savana arborizada (-1,11%). A savana arborizada aumentou 3,09%, enquanto 2,desta formação vegetal foi convertida em savana arbustiva. A floresta de galeria registou um decréscimo global de 1,. Por outro lado, ganhou 1,e 0,à custa de savana arbustiva (-1,45%) e de savana arborizada a arborizada (-0,13%). A extensão de solo nu deu-se à custa de campos e pousios (-18,), savana arbustiva (-6,) e floresta de galeria (-1,27%). A Tabela 18 apresenta a matriz de transição de uso do solo para a reserva parcial em termos percentuais entre 1986 e 2018.

18Tabela : Matriz de transição de uso do solo para a RPFB de 1986 a 2018

TC	C/J	FG	Hab	SA/B	Sa	Sn	Total 1986
PC	7,84	2,05	1,30	2,33	31,96	18,12	63,60
FG	0,23	0,10	0,03	0,27	3,00	1,27	4,90
SA/B	0,10	0,13	0,006	0,14	1,11	0,20	1,69
Sa	2,63	1,45	0,31	2,04	16,96	6,42	29,81
Sn	0,00	0,0001	0,00	0,00	0,001	0,0005	0,002
Total 2018	10,80	3,73	1,64	4,78	53,03	26,01	100

CT: Classe temática, C/J: Campos e pousios, FG: Galeria florestal, Hab: Habitat, SA/B: Savana arborizada a arborizada, Sa: Savana arbustiva, Sn: Solo nu

Fonte: Imagens Landsat de 1986 e 2018

4.2.9. Análise e discussão das mudanças nas unidades de uso da terra nas duas reservas entre 1986 e 2018

Em ambas as reservas, o solo nu é a unidade que mais aumentou, enquanto os campos e os pousios são os que mais diminuíram.

Os solos nus apareceram principalmente em zonas vulneráveis à degradação, nomeadamente nas zonas cultivadas e nas savanas arbustivas. A baixa cobertura vegetal, combinada com várias pressões humanas, explica a transformação de áreas arborizadas em solo nu. Nas zonas áridas ou semi-áridas, as zonas onde as árvores foram abatidas podem estar sujeitas a condições térmicas extremas, favorecendo o desenvolvimento de espécies xéricas ou a extensão de zonas nuas e crostosas (Sawadogo, 2009). Estes solos nus estão expostos ao impacto da erosão hídrica e eólica (Ouoba & *al.,* 2014). Por outro lado, o crescimento da área de savana arbustiva justifica-se pelo facto de uma área agrícola abandonada ao longo de algumas décadas, mas sujeita a outras pressões antropogénicas, se transformar numa formação arbustiva.

Em última análise, a evolução das formações vegetais nas duas reservas está ligada à incoordenação das acções de proteção e de exploração dos recursos destas áreas protegidas. Além disso, quando as medidas de proteção a nível estatal são reforçadas através de projectos e programas a seu favor, a consequência é que as formações vegetais evoluem para unidades mais arborizadas e vice-versa quando essas medidas terminam.

4.3. Caraterísticas das formações vegetais das reservas

As caraterísticas das formações vegetais das reservas são analisadas em termos de composição florística, vitalidade das árvores, diversidade florística e parâmetros estruturais.

4.3.1. Riqueza florística

O termo riqueza florística refere-se a uma série de conceitos, incluindo a riqueza de espécies, a riqueza genérica e a abundância relativa.

4.3.1.1. Riqueza florística da reserva total

4.3.1.1.1. Riqueza específica

A flora da Reserva Faunística Total Bontioli, de acordo com os resultados do inventário florístico, é constituída por 49 espécies, agrupadas em 36 géneros e 18 famílias, das quais as mais representativas, por ordem numérica, são Combretaceae (25,44%), Fabaceae (14,69%), Sapotaceae (12,93%), Rubiaceae (11,54%), Ebenaceae (11,54%), Cesalpiniaceae (7,89%), Anacardiaceae (6,), Mimosaceae (4,49%), Annonaceae (2,72%) e Meliaceae (2,). As famílias menos representadas ou raras são Bombacaceae, Balanitaceae, Loganiaceae, Ulmaceae, Apocynaceae, Olacaceae, Sterculiaceae e Verbenaceae. A figura 9 mostra o espetro sistemático desta reserva.

9Figura: Espectro sistemático de RTFB

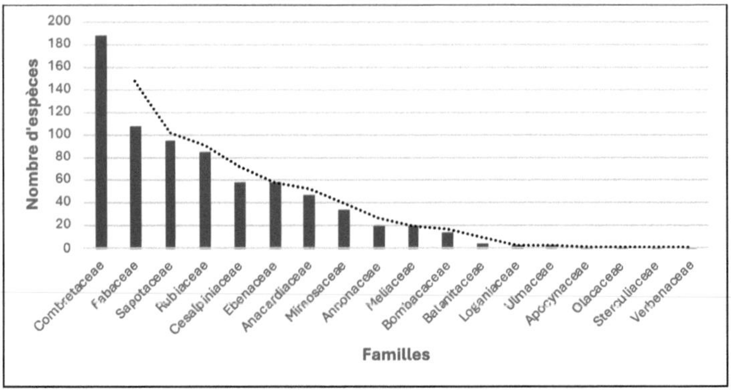

Fonte: Dados do inventário florístico, dezembro de 2020

4.3.1.1.2. Factores de distribuição das famílias

A distribuição das famílias por unidade de formação vegetal mostra que a floresta de galeria é a mais rica, com 16 famílias, em comparação com 8 famílias para o parque agroflorestal/pousio, que é a formação vegetal menos rica. Para as outras formações, ou seja, savana arborizada, savana arbórea e savana arbustiva, havia 12, 10 e 13 famílias, respetivamente. A pobreza do parque agroflorestal/pousio é justificada pela pressão humana a que foi sujeito. Neste sistema de cultivo, o desbravamento e o cultivo significam poupar principalmente espécies vegetais "utilitárias", o que leva à destruição deliberada de certas espécies vegetais e, por sua vez, das suas famílias. O quadro 19 mostra a repartição das parcelas, o número de indivíduos, de espécies, de géneros e de famílias segundo as formações vegetais da reserva total.

19Tabela : Distribuição das parcelas, número de indivíduos, espécies, géneros e famílias segundo as unidades de vegetação da RTFB.

Formação de plantas	Número de parcelas	Número de indivíduos	Número de espécies	Número de tipos	Número de famílias
Galeria florestal	4	188	27	26	16
Savana arborizada	3	135	24	21	12
Savana arborizada	6	210	27	20	10
Savana arbustiva	5	124	24	21	13
Parque agroflorestal / Pousio	3	78	13	11	8
Reserva total	21	735	49	36	18

Fonte: Dados do inventário florístico, dezembro de 2020

A mata de galeria é dominada por Combretaceae (35,64%), Ebenaceae (27,13%) e Fabaceae (16,). Na savana arborizada, as famílias mais importantes são Fabaceae (22,34%), Sapotaceae (21,28%) e Cesalpiniaceae (7,). A savana arbórea é composta principalmente por Rubiaceae (24,76%), Combretaceae (21,43%), Cesalpiniaceae (15,24%), Fabaceae (9,05%), Mimosaceae e Anacardiaceae (7,). Quanto à savana arbustiva, as famílias mais representadas são Combretaceae (30,65%), Anacardiaceae (20,16%), Rubiaceae (14,52%) e Annonaceae (11,). Finalmente, no parque agroflorestal/pousio, Combretaceae e Sapotaceae (35,), Fabaceae (15,) e Mimosaceae (5,) são as mais representativas.

As estatísticas mostram que nenhuma família é absolutamente dominante em todas as formações vegetais desta reserva. No entanto, Combretaceae continua a ser a família mais representada em quase todas as formações vegetais.

4.3.1.1.3. Riqueza genérica

Os quocientes específicos são baixos para todas as formações vegetais da reserva total: 1,14 para as savanas arborizadas e arbustivas, 1,04, 1,35 e 1,18 para a floresta de galeria, a savana arborizada e o parque agroflorestal/pousio. O quociente específico global (QE) da reserva é de 1,36. Isto indica que as várias formações vegetais da reserva estão a caminhar para a estabilidade.

4.3.1.1.4. Abundância relativa

As espécies vegetais mais abundantes no total da reserva são, por ordem de importância, *Anogeissus leiocarpus* (17,55%), *Vitellaria paradoxa* (12,93%), *Crossopteryx febrifuga* (10,), *Diospyros mespiliformis* e *Pterocarpus erinaceus* (7,). Nas diferentes formações vegetais da reserva, distribuem-se de acordo com a tabela 20, que resume algumas das espécies mais abundantes. As espécies mais abundantes por tipo de formação vegetal são *Anogeissus leiocarpus* (44,68%), *Crossopteryx febrifuga* (23,33%), *Vitellaria paradoxa* (29,23%), *Lannea microcarpa* (17,74%) *e Vitellaria paradoxa* (35,) para a floresta de galeria, savana arborizada, savana arbórea, savana arbustiva e parque agroflorestal/pousio, respetivamente.

20Tabela : Distribuição das espécies mais abundantes segundo as formações vegetais na RTFB

Formações vegetais	Espécies	Abundância relativa (%)
Galeria florestal	*Anogeissus leiocarpus*	44,68
	Diospyros mespiliformis	27,13

	Pterocarpus erinaceus	5,32
Savana arborizada	*Crossopteryx febrifuga*	23,33
	Detarium microcarpum	11,90
	Terminalia avicennioides	8,57
	Vitellaria paradoxa	8,57
	Combretum fragrans	6,67
	Lannea microcarpa	5,71
Savana arborizada	*Vitellaria paradoxa*	29,63
	Pterocarpus erinaceus	17,78
	Anogeissus leiocarpus	13,33
Savana arbustiva	*Lannea microcarpa*	17,74
	Combretum glutinosum	12,10
	Crossopteryx febrifuga	12,10
	Hexalobus monopetalus	11,29
	Terminalia macroptera	8,87
Agro-sondagem/ pousio	*Vitellaria paradoxa*	35,90
	Anogeissus leiocarpus	24,36
	Pterocarpus erinaceus	15,38
	Combretum fragrans	7,69

Fonte: Dados do inventário florístico, dezembro de 2020

4.3.1.2. Riqueza florística da reserva parcial

4.3.1.2.1. Riqueza específica

A flora da reserva parcial é relativamente mais diversificada do que a da reserva total. Compreende 59 espécies, agrupadas em 42 géneros e 20 famílias, de acordo com os resultados do inventário florístico. As famílias mais importantes em termos numéricos são Combretaceae (21,01%), Anacardiaceae (15,21%), Mimosaceae (12,94%) e Sapotaceae (11,68%), Rubiaceae (8,74%), Ebenaceae (6,89%), Cesalpiniaceae (5,38%), Annonaceae (5,29%), Meliaceae (3,78%), Balanitaceae (2,29%) e Fabaceae (2,). A Figura 10 mostra o espetro sistemático da reserva parcial.

10Figura: Espectro sistemático de RPFB

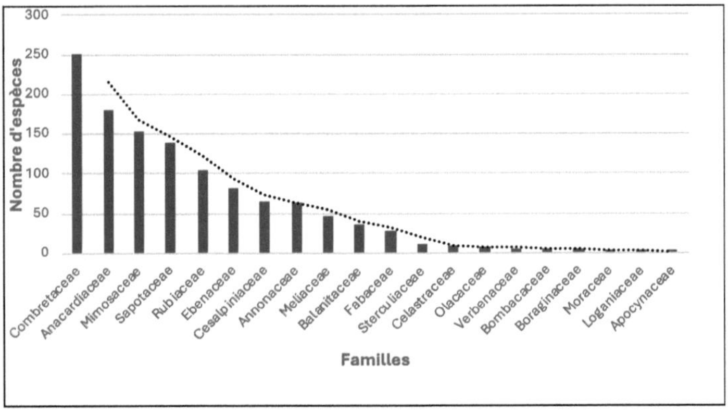

Fonte: Dados do inventário florístico, dezembro de 2020

A análise da composição florística das diferentes unidades de formação vegetal apresentada no Quadro 21 mostra que a unidade mais rica é a savana arbustiva (16 famílias) e a mais pobre é a floresta de galeria (12 famílias). A degradação das margens do Bougouriba por actividades pastoris (abeberamento de rebanhos, poda de árvores), jardinagem e corte de lenha e madeira são alguns dos factores responsáveis por esta situação. A savana arbustiva e o parque agroflorestal/pousio, que são as unidades mais representadas em termos de ocupação do solo na reserva, apresentam a flora mais diversificada, com 36 espécies, 16 e 14 famílias respetivamente. O quadro seguinte mostra a distribuição das parcelas, o número de indivíduos, as espécies, os géneros e as famílias segundo as formações vegetais da reserva.

21Tabela : Distribuição das parcelas, número de indivíduos, espécies, géneros e famílias segundo as unidades de vegetação da RPFB

Formações vegetais	Número de parcelas	Número de indivíduos	Número de espécies	Número de tipos	Número de famílias
Galeria florestal	4	171	22	18	12
Savana arborizada	3	193	28	21	13
Savana arborizada	6	295	30	20	13
Savana arbustiva	10	308	36	25	16
Parque agroflorestal / Pousio	10	223	36	26	14
Reserva parcial	33	1190	59	42	20

Fonte: Dados do inventário florístico, dezembro de 2020

Na mata de galeria, as famílias mais importantes são Ebenaceae (27,49%), Combretaceae (20,), Balanitaceae (12,28%), Mimosaceae (10,53%), Rubiaceae (9,94%) e Meliaceae (5,). Rubiaceae (22,), Anacardiaceae (22,), Combretaceae (17,) e Sapotaceae (13,) são as famílias mais importantes na savana arborizada. Na savana arborizada, destacam-se as Combretaceae (29,), as Anacardiaceae (21,69%), as Annonaceae (16,) e as Mimosaceae (12,). Em termos de importância específica, a savana arbustiva é constituída, respetivamente, por Anacardiaceae (16,88%), Combretaceae e Mimosaceae (15,91%), Sapotaceae (12,34%), Cesalpiniaceae (9,42%), Meliaceae (8,12%), Rubiaceae (6,82%) e Ebenaceae (5,19%). Por fim, a plantação agroflorestal/pousio é composta principalmente por Sapotaceae (29,15%), Combretaceae (19,73%), Mimosaceae (18,), Anacardiaceae (7,) e Rubiaceae (7,62%).

4.3.1.2.2. Factores de distribuição das famílias

As formações vegetais da reserva parcial são constituídas por várias famílias. As famílias bastante bem representadas são comuns a todas as formações vegetais. As condições climáticas e edáficas praticamente homogéneas que conduziram ao seu estabelecimento e desenvolvimento são várias as razões que explicam este facto. Como os levantamentos foram efectuados em transectos de alguns quilómetros de comprimento, as condições do solo são um pouco semelhantes, embora tenham sido tomadas precauções para minimizar este facto. A modificação dos espaços florestais pelas populações locais, com o aparecimento de unidades como os parques agro-florestais e certas savanas arbustivas, que constituem uma reconstituição da vegetação após a exploração humana.

A família Combretaceae é a mais importante e está representada em todas as formações vegetais da reserva parcial. As espécies desta família estão sujeitas a uma menor pressão de pastoreio porque são geralmente menos palatáveis (Bognounou, 2004). Outro facto importante é o predomínio de Sapotaceae e Mimosaceae no parque agroflorestal/pousio. Nesta formação vegetal, estas famílias são dominadas respetivamente por *Vitellaria paradoxa* (Sapotaceae), *Parkia biglobosa* e *Faidherbia Albida* (Mimosaceae). Estas espécies são geralmente poupadas quando as terras são limpas devido à sua utilidade para fins alimentares, económicos, pastoris e agrícolas. Os agricultores preferem espécies como a *Faidherbia albida* porque fixam o azoto do ar e ajudam a fertilizar o solo, sendo também muito apreciadas pelos animais (Savadogo & *al.,* 2015). Estas mesmas observações sobre o reconhecimento pelos agricultores de certas espécies, neste caso *a Faidherbia albida*, na melhoria da fertilidade dos solos foram efectuadas no departamento de Mayahi no Níger (Boubacar, 2010) e no Centro-Oeste do Burkina Faso na comuna rural de Imasgo por Kaboré (2018). O desejo das populações locais de manter *Parkia biglobosa*, *Vitellaria paradoxa* e *Tamarindus indica* nos seus sistemas agrícolas foi claramente destacado no norte do Benim por Sounon Bouko & *al.* (2007) e na região de Tandjilé-Ouest no Chade por Avana-Tientcheu & *al.* (2019).

4.3.1.2.3. Riqueza genérica

Os quocientes específicos são baixos para todas as formações vegetais, tanto nas reservas parciais como nas totais. Por ordem de importância, são respetivamente 1,22, 1,33, 1,38, 1,44 e 1,50 para a floresta de galeria, a savana arborizada, o parque agroflorestal/pousio, a savana arbustiva e a savana arbórea. O quociente específico global da reserva parcial é de 1,40.

As formações vegetais das duas reservas apresentam quocientes específicos com valores próximos de 1, caraterísticos de povoamentos antigos.

4.3.1.2.4. Abundância relativa

A reserva parcial contém uma diversidade de espécies vegetais, mas as mais abundantes são *Lannea microcarpa* (13,28%), *Vitellaria paradoxa* (11,34%), *Anogeissus leiocarpus* (8,49%), *Crossopteryx febrifuga* (6,64%), *Diospyros mespiliformis* (6,55%) e *Hexalobus monopetalus* (5,).

Entretanto, em termos de formações vegetais, os táxons mais abundantes na mata de galeria são *Diospyros mespiliformis* (27,49%), *Anogeissus leiocarpus* (19,), *Balanites aegyptiaca* (12,28%) e *Mitragyna inermis* (8,19%); os da savana arborizada são *Crossopteryx febrifuga* (22,80%), *Lannea microcarpa* (20,73%), *Vitellaria paradoxa* (9,84%) e *Anogeissus leiocarpus* (7,). Para a savana arbórea, há *Hexalobus monopetalus* (16,), *Lannea microcarpa* (16,), *Anogeissus leiocarpus* (13,) e *Entada africana* (11,19%). Na savana arbustiva, as espécies mais abundantes são *Lannea microcarpa* (15,26%), *Vitellaria paradoxa* (13,31%), *Pseudocedrela kotschyi* (7,14%), *Acacia senegal* (6,49%), *Crossopteryx febrifuga* (6,17%), *Piliostigma thonningii* (6,17%) e *Diospyros mespiliformis* (5,52%). Por último, *Vitellaria paradoxa* (29,15%), *Lannea microcarpa* (7,17%) e *Acacia macrostachya* (6,) são as espécies mais abundantes no parque agroflorestal/pousio. A Tabela 22 mostra a distribuição das espécies mais abundantes de acordo com as formações vegetais na reserva parcial.

22Tabela : Distribuição das espécies mais abundantes de acordo com as formações vegetais na RPFB

Formações vegetais	Espécies vegetais	Abundância relativa (%)
Galeria florestal	*Diospyros mespiliformis*	27,49
	Anogeissus leiocarpus	19,30
	Balanites aegyptiaca	12,28
	Mitragyna inermis	8,19
Savana arborizada	*Crossopteryx febrifuga*	22,80
	Lannea microcarpa	20,73
	Vitellaria paradoxa	9,84
	Anogeissus leiocarpus	7,25
Savana arborizada	*Hexalobus monopetalus*	16,95
	Lannea microcarpa	16,95
	Anogeissus leiocarpus	13,22
	Entrada africana	11,19
Savana arbustiva	*Lannea microcarpa*	15,26
	Vitellaria paradoxa	13,31
	Pseudocedrela kotschyi	7,14
	Acácia senegal	6,49
	Crossopteryx febrifuga	6,17
	Piliostigma thonningii	6,17
	Diospyros mespiliformis	5,52
Parque agroflorestal e pousio	*Vitellaria paradoxa*	29,15
	Lannea microcarpa	7,17
	Acácia macrostachya	6,69

Fonte: Dados do inventário florístico, dezembro de 2020

As espécies de frutos para consumo humano são geralmente poupadas ao abate para a agricultura. É o caso da *Vitellaria paradoxa*, uma espécie vegetal protegida pelos agricultores. É abundante no parque agroflorestal/pousio devido à sua utilidade económica, na medida em que o seu fruto é consumido e proporciona rendimentos às famílias rurais.

A análise dos espectros sistemáticos das duas reservas indica que a reserva parcial tem uma flora mais diversificada do que a reserva total, tanto em termos de componentes específicos como genéricos. No entanto, a família Combrétacées continua a ser dominante nas duas reservas. Para além das Combrétacées, a reserva parcial é caracterizada por Anacardiaceae, Mimosaceae, Sapotaceae e Rubiaceae. Por outro lado, Fabaceae, Sapotaceae e Rubiaceae caracterizam a reserva total.

4.3.2. A vitalidade das plantas lenhosas

A vitalidade ou o estado de saúde de uma planta depende de uma série de factores que são complexos de identificar e medir. A avaliação da vitalidade de uma árvore deve obviamente envolver as três partes principais: o sistema radicular, o tronco e a copa. Trata-se de um conceito ecologicamente ambíguo, na medida em que a saúde não é uma propriedade da árvore individual, do povoamento ou da floresta (Landmann, 1988). Neste estudo, foram identificados cinco critérios de mau estado de saúde das árvores: cortadas, queimadas, furadas, semi-secas e mortas em pé. Qualquer material lenhoso que não satisfaça nenhum destes critérios é considerado saudável.

As formações vegetais na reserva total, incluindo floresta de galeria, savana arborizada, savana arborizada, savana arbustiva e parque agroflorestal/pousio, contêm 82,45%, 95,56%, 88,5%, 77,4% e 70,51% de espécies lenhosas saudáveis, respetivamente. Na mesma ordem,

2,48%, 0%, 2,, 4,e 15,da floresta foi cortada. A madeira queimada é encontrada na savana arbórea (0,48%) e na savana arbustiva (5,). Por ordem de frequência, as plantas lenhosas com furos foram encontradas na mata de galeria (4,26%), savana arborizada (2,), savana arbustiva (1,), savana arborizada (1,) e parque agroflorestal (1,28%). Por outro lado, as plantas lenhosas semi-secas encontram-se em todas as formações vegetais em proporções variáveis. A savana arbustiva, a floresta de galeria e a savana arborizada apresentam as taxas mais elevadas, com 11,29%, 10,e 5,, respetivamente. A savana arborizada e o parque agroflorestal/pousio contêm 2,22% e 3,de indivíduos semi-secos. As plantas lenhosas mortas em pé foram encontradas no parque agroflorestal/pousio (8,87%) e na mata de galeria (0,). O quadro 23 resume estes dados.

23Quadro: Vitalidade das plantas lenhosas nas formações vegetais da RTFB

Vitalidade	Formações vegetais									
	Galeria florestal		Savana arborizada		Savana arborizada		Savana arbustiva		Parque agroflorestal/ pousio	
	Nb/ind	%	Nb/ind	%	Nb/ind	%	Nb/ind	%	Nb/ind	%
1*	155	82,45	129	95,56	186	88,57	96	77,42	55	70,51
2	5	2,66	0	0	5	2,38	5	4,03	12	15,38
3	0	0	0	0	1	0,48	7	5,65	0	0
4	8	4,26	2	1,48	6	2,86	2	1,61	1	1,28
5	20	10,64	3	2,22	12	5,71	14	11,29	3	3,85
6	0	0	1	0,74	0	0	0	0	7	8,97

Tota l	18 8	10 0	135	10 0	210	100	124	100	78	100

*1= Sólido, 2= Abanado, 3= Queimado, 4= Aborrecido, 5= Semi-seco, 6= Morto no chão

Fonte: Dados do inventário florístico, dezembro de 2020

A análise do quadro revela uma proporção elevada de árvores desgalhadas e mortas no parque agroflorestal (15,38% e 8,respetivamente) e praticamente nenhuma árvore morta nas outras formações vegetais. O parque agroflorestal/pousio apresenta igualmente a proporção mais baixa de árvores sãs (70,51%). Estes números mostram o impacto negativo da atividade humana sobre a vegetação. Além disso, são utilizadas técnicas pouco saudáveis para matar as árvores em pé. Estas incluem o descasque de toda a circunferência do tronco, desde a base até ao meio, impedindo assim que a seiva flua das raízes para os ramos e depois para as folhas. Outra técnica, no âmbito da preparação do campo, consiste em amontoar os resíduos de culturas (caules, folhas, etc.) e cortar os arbustos à volta do tronco e das raízes da árvore problemática. Estes resíduos são depois incinerados.

Nas práticas agrícolas dos locais de estudo, muitas árvores são mutiladas para limpar os campos, de modo a que as plântulas possam ter acesso à luz para o seu crescimento. Os residentes também podam as árvores nos seus campos para fins utilitários, como o fabrico de cabos de daba, escadas e lenha. Existe também uma elevada proporção de árvores semi-secas na savana arbustiva (11,29%), na floresta de galeria (10,) e na savana arbórea (5,71%). Este fenómeno está ligado aos ataques de parasitas e à variabilidade climática (aumento da temperatura e diminuição da pluviosidade), que podem levar a uma proliferação de insectos prejudiciais às plantas. A estrutura coriácea ou pouco profunda do solo em que se instala a savana arbustiva, combinada com os factores climáticos acima referidos, pode também ser uma das razões.

Dentro da reserva parcial, as árvores saudáveis estão distribuídas de acordo com a importância numérica, ou seja, savana arborizada (87,45%), savana arbustiva (86,37%), floresta de galeria (87,), savana arborizada (82,) e parque agroflorestal (77,58%). As árvores desgalhadas encontram-se no parque agroflorestal/pousio (15,), na floresta de galeria (9,38%), na savana arborizada (8,29%), na savana arborizada (5,) e na savana arbustiva (4,). As espécies lenhosas queimadas não são muito representativas, com taxas que variam entre 0,58% para a floresta de galeria e 1,para a savana arbustiva. Em termos de plantas lenhosas com orifícios, foram registados 5,18%, 3,, 2,, 1,e 1,na savana arborizada, savana arbustiva, savana arborizada, parque agroflorestal/pousio e floresta de galeria. As árvores lenhosas semi-secas foram classificadas por ordem decrescente segundo a formação vegetal em causa: savana arborizada (4,41%), parque agroflorestal/pousio (4,04%), savana arbustiva (3,), savana arborizada (2,07%) e floresta de galeria (1,17%). Finalmente, as árvores mortas em pé são muito raras em todas as formações vegetais desta reserva: floresta de galeria (0,) e parque agroflorestal/pousio (0,45%) (ver quadro 24).

24Quadro: Vitalidade das plantas lenhosas nas formações vegetais da RPFB

	Formações vegetais

Vitalidade	Galeria florestal		Savana arborizada		Savana arborizada		Savana arbustiva		Parque agroflorestal/ pousio	
	Nb/ind	%	Nb/ind.	%	Nb/ind.	%	Nb/ind.	%	Nb/ind.	%
1*	149	87,13	160	82,90	258	87,45	269	87,34	173	77,58
2	16	9,38	16	8,29	16	5,42	13	4,22	34	15,25
3	1	0,58	2	1,04	2	0,68	6	1,95	2	0,90
4	3	1,75	10	5,18	6	2,03	10	3,25	4	1,79
5	2	1,17	4	2,07	13	4,41	10	3,25	9	4,04
6	1	0,58	0	0	0	0	0	0	1	0,45
Total	171	100	193	100	295	100	308	100	223	100

*1= Sólido, 2= Abanado, 3= Queimado, 4= Aborrecido, 5= Semi-seco, 6= Morto no chão

Fonte: Dados do inventário florístico, dezembro de 2020

O quadro mostra proporções mais elevadas de indivíduos saudáveis em todas as formações vegetais na reserva parcial do que na reserva total. Esta observação pode ser justificada pelo facto de esta reserva ser mais acessível às pessoas que aí cortam madeira. A madeira morta, semi-seca e queimada é cortada prioritariamente. Durante os grupos de discussão, os dolotières do Zambo disseram: "(...) procuramos primeiro a madeira morta nas margens do rio e na floresta (...)". Em termos de árvores cortadas, as proporções são mais elevadas na floresta de galeria (9,38%), na savana arborizada (8,) e na savana arbustiva (5,) do que nas mesmas formações vegetais na reserva total. Isto significa que o corte de madeira verde é uma realidade em todas as formações vegetais da reserva. Como as pessoas cortam madeira ilegalmente, as árvores de grande porte são podadas. Os pastores também podam as árvores para melhorar a alimentação do seu gado.

Com base nos critérios de vitalidade acima enumerados e nos resultados das amostras recolhidas nas duas reservas, a reserva total e a reserva parcial apresentavam 84,49% e 84,79% de espécies lenhosas saudáveis, respetivamente. Por outro lado, a reserva total registou mais madeira desgalhada (7,98%) do que a reserva parcial (3,). A taxa de madeira queimada foi a mesma nas duas reservas (1,09%). A madeira com furos, a madeira semi-seca e a madeira morta representaram 2,59%, 7,e 1,do total de plantas lenhosas inventariadas na reserva total e 2,77%, 3,e 0,das inventariadas na reserva parcial. A Tabela 25 mostra a vitalidade das plantas lenhosas nas duas reservas.

25Quadro: Vitalidade das plantas lenhosas nas duas reservas

Estado de saúde das plantas lenhosas	Reserva total		Reserva parcial	
	Número de espécies	Frequência (%)	Número de espécies	Frequênci a (%)
Saudável	621	84,49	1009	84,79
Abalado	27	3,67	95	7,98
Queimado	8	1,09	13	1,09
Buraco	19	2,59	33	2,77
Semi-seco	52	7,07	38	3,19
Mortos-vivos	8	1,09	2	0,17
Total	735	100	1190	100

Fonte: Dados do inventário florístico, dezembro de 2020

Tendo em conta as estatísticas apresentadas no quadro, a vitalidade das árvores em ambas as reservas é relativamente boa. No entanto, 14,42% e 15,das árvores das reservas total e parcial, respetivamente, têm uma vitalidade baixa e, por conseguinte, um crescimento reduzido. A existência de árvores lenhosas desalojadas na reserva total e a sua taxa relativamente elevada na reserva parcial é um mau indicador da ação humana sobre as formações vegetais destas áreas protegidas. A presença de resíduos lenhosos queimados indica a existência de incêndios tardios nestes enclaves florestais. Os factores abióticos (temperaturas elevadas e stress hídrico), a idade e os ataques de agentes bióticos (parasitas) são considerados responsáveis por algumas das árvores mortas, semi-secas e com buracos. A morte das árvores é também um processo natural da dinâmica florestal (Etzold & *al.*, 2016).

4.3.3. Diversidade específica

A diversidade tem em conta o número de espécies e a distribuição dos indivíduos dentro dessas espécies. Foi avaliada através de vários índices.

Os índices de Shannon, Simpson e de regularidade (equitabilidade) são práticos para comparar e caraterizar as formações vegetais (Somé & *al.*, 2011). Para Frontier & Pichod-Viale (1991), a diversidade é baixa quando H'<3 bits, média se H' estiver entre 3 e 4 bits, e alta quando H'≥4 bits. Na reserva total, a mata de galeria e o parque agroflorestal/pousio são as formações vegetais menos diversas, com índices de Shannon baixos, de 1,78 bits e 1,84 bits, respetivamente. As savanas têm uma diversidade média em comparação com outras formações vegetais, mas as savanas arbustivas são as mais diversas (2,68 bits), seguidas das savanas arbóreas (2,63 bits) e das savanas arborizadas (2,20 bits). Nas escalas Frontier e Pichod-Viale, todas as formações vegetais da reserva total têm uma diversidade baixa. De facto, a diversidade máxima situa-se entre 2,56 bits (parque agroflorestal) e 3,30 bits (floresta de galeria e savana arborizada). No que diz respeito ao índice de equitabilidade de Piélou (E), que mede o peso de cada espécie no povoamento, os indivíduos de cada espécie nas savanas arbustivas e arbóreas estão quase uniformemente distribuídos, sendo os valores deste índice de 0,84 e 0,80 respetivamente; os das savanas arborizadas e do parque agroflorestal/floresta de sequeiro estão moderadamente distribuídos (0,69 e 0,72). Por outro lado, os indivíduos das várias espécies da floresta de galeria são mal distribuídos, com um índice de equitabilidade de 0,54. O índice de Simpson varia de 0,09 a 0,28, indicando uma dominância relativamente baixa de uma espécie em todas as formações vegetais desta reserva. No entanto, essa baixa dominância é ainda mais acentuada nas formações savânicas, onde o índice está entre 0,09 e 0,15, do que no parque agroflorestal e na mata de galeria, onde está entre 0,22 e 0,28. Finalmente, o índice de Simpson inverso é congruente com os outros índices de diversidade (ver Quadro 26).

26Quadro : Distribuição dos índices de diversidade e de equitabilidade para as formações vegetais da RTFB

Formações vegetais	Índice de diversidade de Shannon (H′)	Diversidade máxima (H'max)	Índice de equitabilidade de Piélou (E)	Índice de Simpson (D)	Índice inverso de Simpson (1-D)
Galeria florestal	1,78	3,30	0,54	0,28	0,72
Savana arborizada	2,20	3,18	0,69	0,15	0,85
Savana arborizada	2,63	3,30	0,80	0,10	0,90

Savana arbustiva	2,68	3,18	0,84	0,09	0,91
Parque agroflorestal/ Pousio	1,84	2,56	0,72	0,22	0,78

Fonte: Dados do inventário florístico, dezembro de 2020

Os baixos índices de diversidade observados na mata de galeria e no parque agroflorestal/pousio indicam a importância de poucas espécies nestas formações vegetais. *Anogeissus leiocarpus* e *Diospyros mespiliformis* representam 44,e 27,, respetivamente, do número total de indivíduos registados nesta formação vegetal. No parque agroflorestal/pousio, *Vitellaria paradoxa*, *Anogeissus leiocarpus* e *Pterocarpus erinaceus* são as espécies com maior número de indivíduos (35,, 24,e 15,respetivamente). Estas espécies dominantes desempenham um papel importante no funcionamento do ecossistema, controlando o fluxo de energia, mas são as espécies raras que determinam a diversidade do povoamento (Rouamba, 1997). A ausência de vegetação rasteira na floresta de galeria, ligada à competição pela luz, poderia também explicar a baixa diversidade desta formação vegetal.

No que diz respeito ao índice de diversidade de Shannon, os nossos resultados são próximos dos obtidos por Djego & *al.* (2012) na formação de savana da floresta da comunidade Kaodji no Benim, cujo valor é de 2,33 bits.

Na reserva parcial, o índice de Shannon varia de 2,40 a 2,99 bits, dependendo da formação vegetal: mata de galeria (2,40 bits), savana arbórea (2,61 bits), savana arborizada (2,63 bits), parque agroflorestal/pousio (2,94 bits) e savana arbustiva (2,99 bits). Tal como na reserva total, todas as formações vegetais apresentam uma diversidade baixa nas escalas de Frontier e de Pichod-Viale, com exceção da savana arbustiva, que apresenta um índice de diversidade de cerca de 3 bits. Os índices máximos de diversidade variam entre 3,09 bits (floresta de galeria) e 3,58 bits (savana arbustiva e parque agroflorestal). O índice de equitabilidade é médio para a savana arborizada (0,77), a floresta de galeria (0,78) e a savana arborizada (0,79); é elevado para o parque agroflorestal (0,82) e a savana arbustiva (0,83). Na escala de Piélou, a savana arbórea, a floresta de galeria e a savana arborizada têm uma distribuição média das espécies com índices de 0,77, 0,78 e 0,79, respetivamente. Quanto ao parque agroflorestal/pousio e à savana arbustiva, as espécies presentes nestas formações vegetais estão quase igualmente distribuídas, com índices de equitabilidade de 0,82 e 0,83. O índice de Simpson varia de 0,07 a 0,14. Os valores deste índice indicam uma fraca dominância de uma ou poucas espécies em todas as formações vegetais da reserva parcial. No entanto, a savana arbustiva é a unidade vegetal em que as espécies se distribuem quase equitativamente, com um índice de 0,07. Em última análise, o índice inverso de Simpson confirma a diversidade das diferentes formações vegetais nesta reserva. A Tabela 27 mostra a distribuição dos índices de diversidade e de equitabilidade para as formações vegetais da reserva parcial.

27Tabela : Distribuição dos índices de diversidade e equitabilidade para as formações vegetais da RPFB

Formações vegetais	Índice de diversidade de Shannon (H')	Diversidade máxima (H'max)	Índice de equitabilidade de Piélou(E)	Índice de Simpson (D)	Índice inverso de Simpson (1-D)

Galeria florestal	2,40	3,09	0,78	0,14	0,86
Savana arborizada	2,63	3,33	0,79	0,12	0,88
Savana arborizada	2,61	3,40	0,77	0,10	0,90
Savana arbustiva	2,99	3,58	0,83	0,07	0,93
Parque agroflorestal / Pousio	2,94	3,58	0,82	0,11	0,89

Fonte: Dados do inventário florístico, dezembro de 2020

A análise dos índices confirma que a savana arbustiva é a mais diversificada e a floresta de galeria a menos diversificada. Todas as formações vegetais da reserva parcial são moderadamente diversificadas em comparação com as da reserva total, onde a floresta de galeria e o parque agroflorestal/pousio são pouco diversificados. Em ambas as reservas, a savana arbustiva é a mais diversificada e a floresta de galeria a menos diversificada. Pensa-se que a primeira se deve à presença regular de animais domésticos nesta unidade vegetal. Este facto pode levar à disseminação e germinação de várias espécies de plantas pelos animais (zoocoria). Os solos em que se desenvolve a savana arbustiva são, em geral, solos relativamente pouco desenvolvidos, situados em encostas glaciares elevadas; são solos cascalhentos e montículos armados. Estes solos são propícios ao desenvolvimento de muitas espécies xerófilas. A disponibilidade de luz nas formações de savana favorece igualmente o desenvolvimento de muitas espécies vegetais.

No entanto, a baixa diversidade da floresta de galeria pode estar ligada à degradação das margens dos cursos de água, neste caso o Bougouriba, em resultado de várias pressões humanas. Por outro lado, a importância numérica de algumas espécies como *Diospyros mespiliformis* (27,49%), *Anogeissus leiocarpus* (19,), *Balanites aegyptiaca* (12,) e *Mitragyna inermis* (8,19%) implica um ambiente propício ao desenvolvimento destas espécies vegetais ou que estas espécies têm uma propensão para colonizar o espaço onde crescem. As condições do solo, os padrões de distribuição e a plasticidade ecológica de certas espécies influenciam fortemente a densidade de indivíduos no grupo (Mbayngone & *al.*, 2008).

4.3.4. Parâmetros estruturais do povoamento

Os parâmetros estruturais referem-se a todos os elementos que permitem avaliar o crescimento espacial (altura) e horizontal de um povoamento vegetal.

4.3.4.1. A estrutura horizontal

A estrutura horizontal tem em conta a densidade do povoamento, a área basal e a distribuição por classes de circunferência.

4.3.4.1.1. Densidade do povoamento e área basal

A densidade observada é um dos indicadores utilizados para caraterizar a dinâmica da estrutura horizontal de um povoamento vegetal. Varia em função da topografia, do solo, da exposição, dos estádios silvigenéticos, etc. (Pascal, 2003). O inventário florístico mostra que a reserva total (245 indivíduos/ha) é mais densa do que a reserva parcial (159 indivíduos/ha).

Por ordem de densidade, as formações vegetais na reserva total são classificadas como floresta de galeria (470 indivíduos/ha), savana arborizada (450 indivíduos/ha), savana arborizada (350 indivíduos/ha), savana arbustiva (131 indivíduos/ha) e parque agroflorestal/pousio (104 indivíduos/ha).

Quanto à reserva parcial, as formações vegetais por ordem de importância da densidade lenhosa são: floresta de galeria (245 indivíduos/ha), savana arborizada (258 indivíduos/ha), savana arborizada (246 indivíduos/ha), savana arbustiva (132 indivíduos/ha) e parque agroflorestal/pousio (90 indivíduos/ha). Todas as densidades de povoamento das formações vegetais estão resumidas no quadro 28.

28Tabela : Distribuição das densidades observadas nas formações vegetais das reservas

Formações vegetais	Densidades observadas (indivíduos/ha)	
	Reserva total	Reservas parciais
Galeria florestal	470	245
Savana arborizada	450	258
Savana arborizada	350	246
Savana arbustiva	131	132
Parque agroflorestal / Pousio	104	90
Reservas	245	159

Fonte: Dados do inventário florístico, dezembro de 2020

O quadro mostra que quase todas as formações vegetais da reserva total, com exceção da savana arbustiva, são mais densas do que as da reserva parcial. As diferenças de densidade são muito grandes. Vão de 220 indivíduos/ha para a floresta de galeria a 14 indivíduos/ha para o parque agroflorestal/pousio.

A principal razão para estas diferenças na densidade das formações vegetais observadas nas duas reservas reside fundamentalmente no seu estatuto. Na reserva total, todas as actividades humanas são proibidas, pelo que as medidas de proteção são rigorosas. Em contrapartida, como a presença humana é autorizada na reserva parcial através da utilização de direitos de usufruto e da presença de aldeias administrativas no seu interior, as medidas de proteção são frequentemente ineficazes. A extração de madeira para usos diversos (lenha e madeira) é muito elevada, tal como o desmatamento para a agricultura, devido à proximidade geográfica e à acessibilidade do recurso às populações locais. Este facto justifica também as densidades mais baixas observadas na savana arbustiva e no parque agroflorestal/pousio nas duas reservas. Esta constatação corrobora o resultado de um estudo realizado por Diedhiou & *al.* (2018) em duas aldeias do Senegal (Keur Birame e Saré Yorobana), que mostrou que as densidades reais de vegetação mais baixas são observadas nas unidades cultivadas devido à limpeza do terreno e às más práticas agrícolas.

As áreas basais são baixas em quase todas as formações vegetais nas duas reservas, com exceção da floresta de galeria na reserva total, que tem uma área basal de 23 m²/ha, relativamente próxima da norma sugerida por alguns autores para florestas tropicais secas. As áreas basais mais baixas foram registadas na savana arbustiva, com 3 e 2,76 m²/ha respetivamente nas reservas total e parcial (ver quadro 29).

29Quadro: Distribuição das superfícies das formações vegetais das reservas

Formações vegetais	Área de terra (m²/ha)	
	Reserva total	Reserva parcial
Galeria florestal	23	10,45
Savana arborizada	8,91	9,53
Savana arborizada	8,87	6,55
Savana arbustiva	3	2,76
Parque agroflorestal / Pousio	6,26	6,18
Reservas	8,21	4,85

Fonte: Dados do inventário florístico, dezembro de 2020

A área basal está ligada à densidade do povoamento e à circunferência média do tronco. Quanto mais densa for a formação e quanto maior for a circunferência média, maior será a área basal. No entanto, a área basal é baixa em povoamentos pouco densos e com caules de pequena circunferência. Neste estudo, verificámos que a reserva parcial tinha uma densidade baixa (159 caules/ha) com uma área basal baixa (4,85 m^2/ha) em comparação com a reserva total (250 caules/ha) com uma área basal de 8,24 m^2/ha). Estas áreas basais baixas são indicativas de um povoamento dominado por indivíduos jovens ou de um povoamento claro. Os resultados são coerentes com os obtidos na bacia do Sota, no norte do Benim, caracterizada por uma escassez de árvores de grande porte por Moumouni & *al.* (2019). De facto, as condições ecológicas semelhantes destes dois ambientes ecológicos localizados no domínio do sul do Sudão podem explicar estes resultados. É o caso das savanas arbustivas dominadas por caules de circunferência muito pequena, associados a baixas densidades. Por outro lado, nos parques agroflorestais/pousios, as densidades são relativamente mais baixas do que nas savanas arbustivas, apesar de cobrirem áreas maiores do que estas últimas.

Este facto deve-se ao número relativamente elevado de caules de grande circunferência de espécies como *Parkia biglobosa, Vitellaria paradoxa, Adansonia digitata e Faidherbia albida*, que são protegidas pela população local. A reserva total, mais bem protegida e com um número suficiente de espécies de grande circunferência, como o *Anogeissus leiocarpus*, tem uma área basal mais elevada do que a reserva parcial. Este resultado confirma o obtido por Mbayngone & *al* (2008) na reserva de Pama, no sudeste do Burkina Faso. Ambas as reservas são áreas protegidas e estão localizadas na mesma região fitogeográfica.

Tendo em conta estes resultados, a gestão destas reservas para a exploração comercial da madeira não seria uma opção pertinente, na medida em que o potencial madeireiro explorável é relativamente baixo e não favoreceria uma boa rentabilidade financeira, uma vez que a superfície basal é, segundo Zida & Ouadba (1998), o reflexo da capacidade de produção do povoamento. Em contrapartida, uma grande reflorestação com espécies locais e a proteção das reservas melhorariam este índice.

4.3.4.1.2. Distribuição das espécies lenhosas por classe de circunferência

4.3.4.1.2.1. Distribuição das espécies lenhosas por classe de circunferência da reserva total

A distribuição das plantas lenhosas por classe de circunferência é unimodal para todas as formações vegetais nas duas reservas. As plantas lenhosas foram agrupadas por classes de circunferência de 20 cm de amplitude. Na reserva total, os indivíduos estão concentrados em classes de circunferência pequenas em todas as formações vegetais. Além disso, 35,64% das árvores da mata de galeria estão concentradas na classe [30-50[, 23,na classe [50-70[, 21,81% na classe [70-90[, 10,11% na classe [90-110[e 4,na classe [110-130[. As classes de grande circunferência estão muito pouco representadas nesta unidade.

A savana arborizada é representada por 60,74% das espécies vegetais na classe [30-50[, 29,na classe [50-70[e 8,na classe [70-90[. As outras são quase inexistentes.

Na savana arborizada, as classes de circunferência com maior número de árvores são [30-50[, [50-70[e [70-90[, com 69,52%, 17,e 5,dos indivíduos do povoamento, respetivamente. Tal como na savana arborizada, os indivíduos das classes média e grande estão muito pouco representados.

A savana arbustiva é ocupada por 69,35%, 18,, 5,e 4,de árvores com classes de circunferência de [30-50[, [50-70[, [70-90[e [90-110[, respetivamente. Praticamente não há árvores nas classes de circunferência maiores.

Por fim, no parque agroflorestal/pousio 28,21% dos indivíduos pertenciam à classe [30-50[, 35,estavam concentrados na classe [50-70[, e 23,08% e 8,nas classes [70-90[e [90-110[, respetivamente. Por outro lado, a presença de indivíduos pertencentes à classe ≥210 cm foi observada apenas na mata de galeria (1,06%) e no parque agroflorestal (1,28%).

As estatísticas revelam um predomínio de indivíduos pertencentes às classes de pequeno perímetro, nomeadamente [30-50[e [50-70[. As diferentes formações vegetais da reserva total estão, portanto, cobertas de árvores jovens, encontrando-se a reserva numa fase de regeneração. No entanto, esta observação pode ser explicada pela influência negativa das actividades humanas sobre as formações vegetais desta reserva no passado, o que não teria favorecido a existência notável de indivíduos velhos com grandes circunferências atualmente. A este respeito, a interpretação da imagem de satélite de 1986 mostra que 63, da superfície desta reserva era ocupada por campos e pousios. As medidas de proteção empreendidas pelo Estado favoreceram a conversão destas antigas áreas cultivadas em savanas arbustivas e arbóreas.

4.3.4.1.2.2. Distribuição das espécies lenhosas por classe de circunferência da reserva parcial

Na reserva parcial, as classes dominantes são as de pequena circunferência. Na mata de galeria, as classes mais representativas são [30-50[, [50-70[, [70-90[e [90-110[, com 35,, 30,, 16,e 8,espécies lenhosas, respetivamente. Estas mesmas classes são dominantes na savana arborizada, com 46,63%, 22,, 16,e 7,espécies lenhosas. A savana arbórea é representada por 61,, 22,37%, 8,e 5,de árvores para as classes [30-50[, [50-70[, [70-90[e [90-110[. Quanto à savana arbustiva, três classes - [30-50[, [50-70[e [70-90[- contêm 66,, 22,e 7,de caules, respetivamente. Finalmente, as classes mais representativas do povoamento agroflorestal/pousio são [30-50[, [50-70[, [70-90[, [90-110[e [110-130[, com 30,94%, 21,52%, 17,94%, 11,e 9,87% de caules.

As estatísticas mostram que todas as formações vegetais da reserva parcial são ocupadas principalmente por árvores de pequena circunferência; as árvores de grande circunferência são praticamente inexistentes nas savanas arbóreas e arbustivas e estão muito pouco representadas no parque agroflorestal/pousio. Tal como a reserva total, as formações vegetais da reserva parcial encontram-se, portanto, numa fase de regeneração. Esta situação deve-se aos efeitos das actividades agrícolas através do sistema de desmatamento e de queimadas. Com base na imagem de satélite de 1986, que é a mais antiga da série de imagens de satélite utilizadas, a superfície total desta reserva era ocupada por 63,39% de campos e pousios, que foram posteriormente convertidos em savana arbustiva e depois em savana arborizada.

A distribuição das espécies lenhosas por classe de circunferência nas duas reservas é unimodal. As árvores estão muito concentradas nas classes de circunferência pequena, pouco concentradas nas classes de circunferência média e muito pouco presentes nas classes de circunferência grande. No entanto, a reserva total apresenta a maior frequência (54,83%) de árvores lenhosas pertencentes à classe de menor circunferência [30-50[em comparação com a reserva parcial, que apresenta uma frequência de 50,para a mesma classe. Para as outras classes, bastante bem representadas, nomeadamente as de [50-70[, [70-90[e [90-110[, a reserva parcial é ligeiramente dominante, com 23,45% contra 23,27%, 12,contra 12,e 6,contra 5,para a reserva total (Figura 11).

11Figura: Distribuição das plantas lenhosas da RTFB e RPFB por classe de circunferência

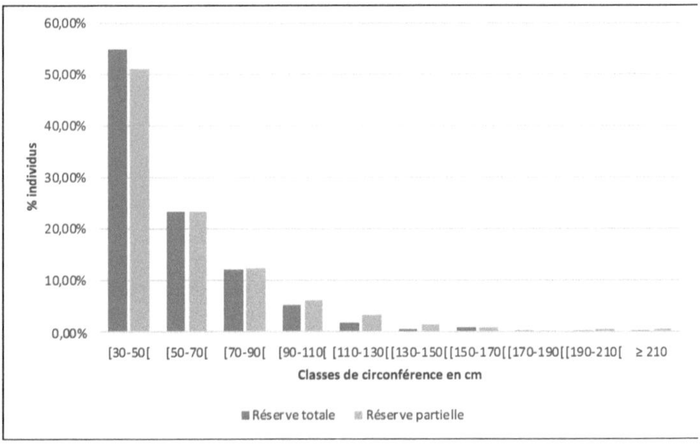

Fonte: Dados do inventário florístico, dezembro de 2020

As árvores de grande circunferência são muito raras nas formações vegetais das duas reservas, enquanto as árvores jovens de pequena circunferência são muito numerosas. A preponderância de indivíduos jovens, como mencionado acima, pode estar ligada ao sistema agrícola de queimadas. As mesmas observações foram efectuadas na floresta classificada de Tiogo, no centro-oeste do Burkina Faso, por Tankoano & *al.* (2016), e no distrito fitogeográfico de Nord-Borgou, no Benim, por Moumouni & *al.* (2017), que estabeleceram uma relação entre a limpeza das culturas e a preponderância de árvores de pequena circunferência.

4.3.4.2. A estrutura vertical

A estrutura vertical refere-se à organização do povoamento de plantas lenhosas em estratos. É utilizada para identificar as árvores dos arbustos e dos rebentos.

4.3.4.2.1. Distribuição das classes de altura das formações vegetais na reserva total

A distribuição por classe de altura mostra uma baixa proporção de indivíduos na primeira classe [2-4[para a floresta de galeria (2,13%), savana arborizada (1,48%) e savana arborizada (7,14%). No entanto, a mesma classe está bem representada na savana arbustiva (23,39%) e no parque agroflorestal/pousio (11,54%). Com exceção desta classe, não há grande diferença na proporção de indivíduos entre as outras classes na floresta de galeria. As classes [4-6[, [6-8[, [8-10[, [10-12[, [12-14[, [14-16[e ≥16 são representadas por 9,57%, 15,43%, 14,36%, 17,, 19,, 9,e 12,dos indivíduos, respetivamente. Por outro lado, na savana arborizada, as classes [4-6[, [6-8[, [8-10[e [10-12[são as mais representativas, com 9,63%, 37,04%, 30,e 15,de plantas lenhosas. As classes de altura alta estão pouco representadas nesta formação vegetal, bem como na savana arbórea, savana arbustiva e parque agroflorestal/pousio. Na savana arbórea, as classes dominantes em termos de proporção de indivíduos são [4-6[, [6-8[e [8-10[para 30,47%, 37,e 17,das árvores. Quanto à savana arbustiva, as classes [4-6[, [6-8[e [8-10[representam, respetivamente, 45,, 19,e 7,26% dos indivíduos.

No parque agroflorestal/pousio, as classes [2-4[, [4-6[, [6-8[, [8-10[, [10-12[e [12-14[são representadas por 11,54%, 15,38%, 26,, 19,23%, 8,e 10,de plantas lenhosas.

A análise da estrutura vertical permite-nos caraterizar as formações vegetais. Para além disso, verifica-se uma preponderância de plantas lenhosas de pequeno porte (menos de 7 metros de altura) nas savanas arbustivas e arbóreas. Estes indivíduos são minoritários na floresta de galeria e na savana arborizada. A floresta de galeria é a formação vegetal com a maior proporção de árvores de grande porte.

4.3.4.2.2. Distribuição das classes de altura das formações vegetais na reserva parcial

A distribuição por classe de altura mostra proporções relativamente altas de indivíduos pequenos em todas as formações vegetais da reserva parcial. As classes [2-4[e [4-6[representam, respetivamente, 7,e 21,05% dos indivíduos na mata de galeria, 11,e 21, na savana arborizada, 15,93% e 38,na savana arbórea, 26,e 38,na savana arbustiva e 12,e 17,no parque agroflorestal. Relativamente às classes [6-8[, [8-

10[e [10-12[, são mencionados 23,, 23,e 15,de indivíduos para a floresta de galeria, e 29,, 21,e 13,para a savana arborizada, respetivamente, 26,, 13,e 4,para a savana arbórea, 21,43%, e 2,para a savana arbustiva, e 24,66%, 18,e 19,de árvores no parque agroflorestal/pousio. A classe [12-14[está mal representada na floresta de galeria (7,02%) e no parque agroflorestal/pousio (6,2%). Está muito mal representada na savana arborizada (1,55%), na savana arborizada (1,69%) e na savana arbustiva (0,). Nas classes [14-16[e ≥ 16 m, praticamente não há proproção de indivíduos nas savanas arborizadas, arborizadas e arbustivas e taxas muito baixas na mata de galeria (0,58% e 1,78%) e no parque agroflorestal/ pousio (4,93%).

A análise dos dados acima revela uma presença significativa de indivíduos arbustivos em todas as formações vegetais da reserva parcial. Trata-se de um sinal de abrandamento do crescimento da vegetação. Este facto pode ser explicado pela forte pressão animal e humana sobre as árvores. O inquérito aos agregados familiares mostrou que os animais domésticos de criação sedentária e transumante são alimentados exclusivamente com resíduos de culturas e forragens selvagens. O pastoreio regular e o pisoteio das árvores pelos rebanhos e outros animais domésticos, combinados com o corte de madeira e a ação dos incêndios tardios, têm, portanto, um efeito prejudicial no crescimento sazonal e mesmo interanual da vegetação, criando formações vegetais predominantemente arbustivas. A presença de espécies arbustivas em proporções relativamente elevadas está também ligada à conversão dos campos em savana arbustiva, que se encontra dispersa em pequenas manchas por toda a reserva.

4.3.4.2.3. Distribuição das classes de altura das plantas lenhosas nas duas reservas

Se observarmos a distribuição global por classe de altura das árvores nas duas reservas, verificamos que predominam os indivíduos das classes pequena e média. Além disso, as classes [2-4[, [4-6[, [6-8[e [8-10[representam, respetivamente, 8,03%, 22,, 27,e 17,dos indivíduos da reserva total e 16,, 29,, 24,e 16,30 dos da reserva parcial. Em todo o caso, e tendo em conta as elevadas proporções de indivíduos de pequena circunferência acima referidas, a vegetação destas reservas iniciou uma fase de regeneração com preponderância de indivíduos jovens. A figura 12 mostra a distribuição por classe de altura das plantas lenhosas nas reservas de vida selvagem total e parcial de Bontioli.

12Figura: Distribuição das classes de altura das plantas lenhosas RTFB e RPFB

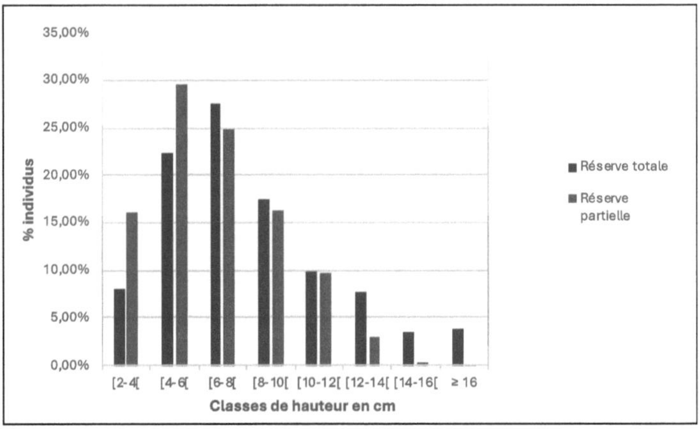

Fonte: Dados do inventário florístico, dezembro de 2020

A utilização do solo nas reservas de vida selvagem de Bontioli foi marcada por um aumento da presença humana em 1986; mais de metade destas áreas protegidas estavam ocupadas por campos e pousios. As outras unidades estavam distribuídas por pequenas áreas. Como resultado das medidas de proteção tomadas pelos serviços ambientais, observou-se uma conversão substancial de culturas de sequeiro em savana arbustiva entre 1986 e 2002. Após este período, registou-se um aumento acentuado da instalação de campos entre 2002 e 2018. Em suma, as formações vegetais destas reservas são constantemente perturbadas pela atividade humana.

A análise das caraterísticas das formações vegetais revela uma riqueza e uma diversidade florística relativamente baixas. Os parâmetros estruturais indicam uma preponderância de indivíduos juvenis, um sinal de que o futuro é possível se forem implementadas fortes medidas de proteção e conservação.

CAPÍTULO 5: EFEITOS DA VARIABILIDADE CLIMÁTICA NAS FORMAÇÕES VEGETAIS

As alterações climáticas têm atraído a atenção das instituições científicas e políticas de todo o mundo. Os países com ecossistemas frágeis, neste caso os do Sahel, são particularmente vulneráveis aos efeitos da variabilidade climática sobre os recursos hídricos, que são a principal componente do crescimento da vegetação e essenciais para a prática de muitas actividades humanas nas zonas rurais, nomeadamente a agricultura e a pecuária. O objetivo deste capítulo é identificar os principais parâmetros climáticos susceptíveis de variar e analisar os seus possíveis impactos no ecossistema florestal das reservas naturais de Bontioli.

5.1. A pluviosidade e a dinâmica das formações vegetais nas reservas

A água é um fator essencial para o crescimento e a reprodução das plantas. A análise da evolução das formações vegetais requer, por conseguinte, um conhecimento prévio da dinâmica espacial e temporal da precipitação.

5.1.1. Dinâmica temporal da precipitação

Foram considerados os dados da estação meteorológica de Gaoua, cujo raio de ação abrange as reservas de vida selvagem de Bontioli e todas as suas aldeias vizinhas, porque não existe nenhuma estação meteorológica na área de estudo. A curva de tendência da precipitação para a estação de Gaoua na série estudada (1987-2017) (ver Figura 13) mostra irregularidades entre anos, com um padrão em dente de serra.

Em 1991, a estação registou a maior quantidade de água da série, ou seja, 1435,6 mm de água, em comparação com 900,8 mm de água em 2007, correspondendo ao nível de água mais baixo da série. O valor médio da série é de 1081 mm de água. A linha de tendência indica uma ligeira diminuição da precipitação nesta zona. A diminuição da pluviosidade observada nos últimos trinta e um anos da série (1987-2017) confirma a diminuição global da pluviosidade na África Ocidental. De acordo com Allies (2018), esta região do mundo é uma das mais afectadas pelas alterações climáticas actuais e previstas.

13Figura: Variação interanual da precipitação (1987-2017)

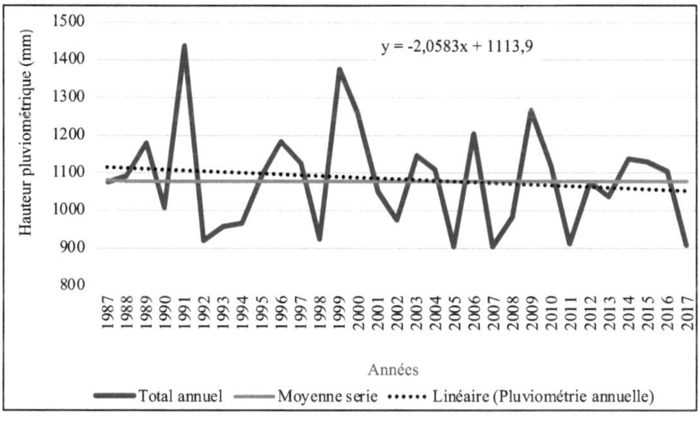

Fonte: Agence Nationale de la Météorologie, estação de Gaoua, 2019

Estas irregularidades interanuais da precipitação causam enormes dificuldades no sistema ecológico e na produção agro-pastoril e florestal. O sucesso do calendário agrícola pelos actores tornou-se uma lotaria num sistema de cultivo predominantemente de sequeiro. Devido à sua grande variabilidade temporal, a chuva é o principal fator climático que influencia os rendimentos agrícolas (Tinyar, 2003). Os baixos rendimentos, que se devem em parte à irregularidade das chuvas, estão a levar alguns agricultores a limpar as margens dos rios para a produção agrícola.

5.1.2. Precipitação média mensal (1987-2017)

O diagrama umbro-térmico (Figura 14) mostra que a estação das chuvas começa em abril e termina em outubro, ou seja, seis (6) meses. Durante este período, a monção varre a região trazendo chuva. Os meses mais húmidos são julho, agosto e setembro, com um pico em agosto de 240 mm em média. Os meses menos chuvosos coincidem com o início e o fim da estação das chuvas, ou seja, abril e outubro. Por último, os meses de janeiro, fevereiro, março, novembro e dezembro são considerados meses secos, uma vez que os níveis de água são inferiores às respectivas temperaturas médias. Esta constatação está de acordo com a teoria de Henri Gaussen, segundo a qual um período é considerado árido quando P< 2T. Por outro lado, é húmido quando P> 2T (P representa a quantidade total de precipitação em milímetros durante o período em questão e T a temperatura média em °C durante o mesmo período).

O gráfico esconde numerosos contrastes de pluviosidade, na medida em que se observam bolsas de seca durante a estação húmida. Estas são um duro golpe para a agricultura, sobretudo quando ocorrem no início da estação. Os agricultores são assim obrigados a semear duas ou três vezes os mesmos campos. A cessação precoce das chuvas reduz a produtividade agrícola, uma vez que as espigas de painço, sorgo e milho ficam frequentemente sem sementes. O início da estação das chuvas nesta zona é caracterizado por aguaceiros violentos, como acontece em toda a zona intertropical. Estas chuvas são portanto muito agressivas, pois caem sobre solos nus e ressequidos (Hauchart, 2005). São, por conseguinte, uma fonte de erosão hídrica, que arranca o horizonte superficial do solo e o faz escorrer, expondo as raízes das árvores aos raios solares e aos ventos violentos.

Além disso, a duração da estação das chuvas, as quantidades de água precipitadas e o ritmo das chuvas são indicadores importantes a ter em conta na análise da dinâmica vegetal. Trata-se de uma observação regional. Na África Ocidental, a duração respectiva das estações seca e húmida determina o tipo de vegetação e a quantidade de biomassa.

As temperaturas médias mensais variam apenas ligeiramente. Existem dois períodos frios: de julho a setembro e de dezembro a janeiro. As temperaturas mais baixas do ano ocorrem em dezembro, com uma média de 25,7°C. °Em contrapartida, as temperaturas mais elevadas registam-se em abril, com uma média de 31,23°C . Por fim, há dois períodos quentes: um período pós-húmido de outubro a novembro e um período pré-húmido de fevereiro a abril.

14Figura: Diagrama umbro-térmico (1987-2017)

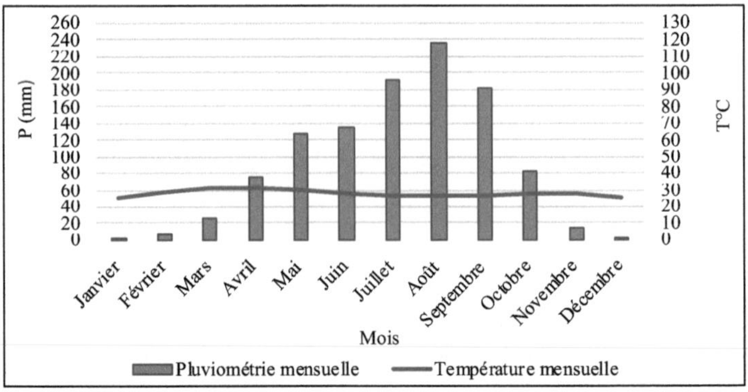

Fonte: Agence Nationale de la Météorologie, estação de Gaoua, 2019

5.1.3. O ISP e a determinação dos períodos secos

A Tabela 30 resume as diferentes situações de precipitação na série (1987-2017) de acordo com o valor do PSI. A Figura 15 mostra um padrão de precipitação caracterizado por anos húmidos e secos.

30Quadro : Valor do SPI em função do número de anos

Valor do ISP	**ISP <-2**	**- 2<ISP <-1**	**- 1<ISP< 0**	**0<ISP< 1**	**1<IS P<2**	**ISP >2**	**Tot al**
Anos em causa	-	1992 1998 2005 2007 2011 2017	1987 ; 1990 1993; 1994 2001; 2002 2008; 2012 2013	1998; 1989 1995; 1996 1997; 2003 2004; 2006 2010; 2014 2015 ; 2016	2000 2009	199 1 199 9	-
Número de anos	0	6	9	12	2	2	31
Frequênc ia (%)	0 %	19,35 %	29,03 %	38,71 %	6,45 %	6,45 %	100

Fonte: Agence Nationale de la Météorologie, estação de Gaoua, 2019

Dos 31 anos da série estudada, 9 (29,03%) foram anos de stress hídrico moderado e 6 (19,) foram anos de seca severa. Por outro lado, 38,71%, ou seja, 12 anos da série, são classificados como anos de humidade moderada, enquanto os anos de humidade elevada e extrema são 6,(2 anos) e 6,(2 anos), respetivamente. No entanto, ao longo de toda a série, foi registado um total de 16 anos húmidos, representando 51,61%, e 15 anos secos, ou 48,. De acordo com estas estatísticas, a precipitação na zona é relativamente estável. O quadro mostra que não houve anos de seca extrema e 2 anos de humidade extrema em 1991 e 1999. No entanto, em termos de tendências, registou-se uma ligeira diminuição da precipitação, como mostra a linha de tendência.

15Figura: Variação do ISP (1987-2017)

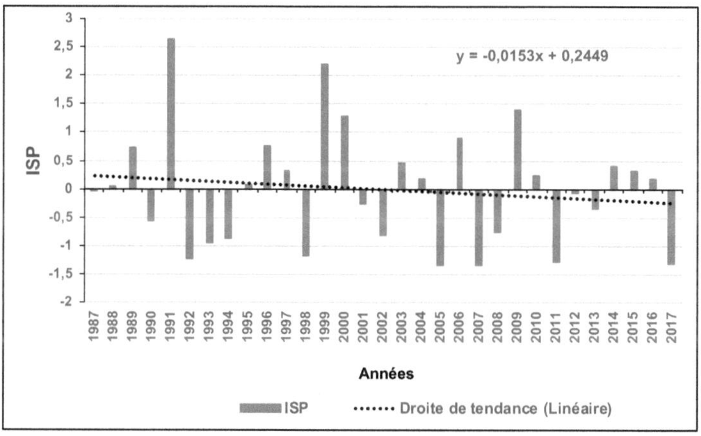

Fonte: Agence Nationale de la Météorologie, estação de Gaoua, 2019

5.1.4. O impacto da frequência dos anos secos nas formações vegetais

A análise do gráfico mostra a evolução das formações vegetais durante este período. O impacto da seca na vegetação dos países do Sahel está bem documentado. Segundo Sarr (2008), uma seca persistente durante vários anos provoca desequilíbrios ecológicos e económicos. O stress hídrico provoca o encolhimento dos troncos das árvores, com um impacto negativo na produtividade do povoamento. Este fenómeno foi claramente descrito nas savanas do Burkina Faso ocidental por Devineau (1997). Na sua opinião, um stress hídrico elevado é suscetível de influenciar o curso de vários processos vitais. As árvores submetidas a um stress hídrico prolongado ficam desidratadas e a sua produção é reduzida.

Os períodos de défice hídrico são muitas vezes o resultado do aumento da limpeza das margens dos rios pelos agricultores, cuja consequência direta é a redução da área das formações ribeirinhas e das florestas de galeria. Nas reservas de vida selvagem de Bontioli, as florestas de galeria foram progressivamente substituídas por campos durante o período de 1986 a 2018. Este facto deve-se, em parte, à diminuição da pluviosidade, que favorece o desbravamento das margens dos cursos de água devido à escassez de terras aráveis, mas também devido à sua fertilidade. O desenvolvimento das formações vegetais depende não só da quantidade de precipitação, mas também da sua distribuição temporal (Koné & *al.*, 2007). Um estudo realizado por Diello & *al.* (2005) na bacia hidrográfica de Nakambé, no Burkina Faso, apoia a existência de um máximo de atividade clorofiliana nas plantas no coração da estação das chuvas, seguido de um declínio gradual dos valores do índice de vegetação a partir do fim da estação das chuvas, que se tornam progressivamente mais baixos com o início da estação seca. Noutros locais do Senegal, Solly & al (2020) mostraram que as variações da pluviosidade provocaram a mortalidade das árvores devido ao stress hídrico, o encurtamento do ciclo vegetativo, a redução do crescimento de certas espécies conhecidas pela sua altura (*Khaya senegalensis*, *Ceiba pentandra*, *Afzelia africana*, *pterocarpus erinaceus*) e a escassez de certos produtos florestais. Segundo Traoré (2021), o défice de pluviosidade que afecta os países do Sahel desde o final dos anos 60 tem um impacto duradouro nos principais sectores económicos e na biodiversidade.

Por outro lado, Zorom & *al* (2022), num estudo intitulado "relações entre a pluviosidade e a produção vegetal durante o período 1999-2019 no Burkina Faso", mostraram uma fraca correlação entre a pluviosidade e o índice de vegetação (FAPAR) em zonas com uma elevada proporção de áreas de conservação e florestas classificadas com uma maior abundância de espécies lenhosas e outras espécies plurianuais. As formações vegetais das reservas de vida selvagem de Bontioli parecem obedecer a este princípio. Além disso, apesar da existência de anos de seca severa e moderada ao longo da série estudada (1987-2017), registou-se um aumento da superfície de certas formações vegetais, nomeadamente da savana arbustiva e da savana arborizada. Isto também pode ser explicado pelo facto de a diminuição da precipitação não ser muito significativa durante o período em questão e de os anos secos serem alternados com anos húmidos; não houve, portanto, um longo período de stress hídrico contínuo nesta série que pudesse ter um impacto negativo significativo no desenvolvimento destas formações vegetais. Além disso, mais de metade dos anos da série são húmidos, enquanto os períodos de humidade moderada e elevada são certamente períodos de crescimento para as formações vegetais.

5.2. Caraterísticas térmicas das reservas

A temperatura é uma das principais componentes do clima. Influencia a fenologia das espécies vegetais através da evaporação e da transpiração, meios pelos quais as plantas libertam para a atmosfera parte da água que acumularam. As folhas das espécies de folha caduca são renovadas desta forma. Por último, os frutos de certas árvores secam sob a ação do calor.

5.2.1. Temperaturas máximas médias interanuais

A curva da temperatura máxima média (Figura 16) para a série apresenta variações inter-anuais muito acentuadas. A sua forma de dente de serra é um indicador deste facto. 1998 é o ano mais quente da série, com uma temperatura máxima média de 34,. A temperatura máxima média mais baixa foi registada em 2012, com 33,. O valor médio da série é de 34,19° C.

16Figura: Variação interanual das temperaturas máximas médias (1987-2017)

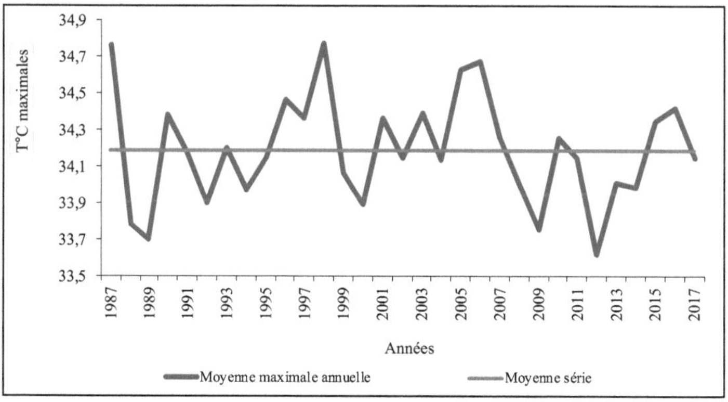

Fonte: Agence Nationale de la Météorologie, estação de Gaoua, 2019

5.2.2. Temperaturas mínimas médias interanuais

A curva da temperatura mínima média interanual (Figura 17) mostra variações muito significativas de um ano para o outro. A temperatura mínima média mais elevada foi registada em 2016 com 22,. Por outro lado, a temperatura mínima média mais baixa foi registada em 2000, com 20,. A média da série é de 21,6° C. A linha de tendência é ascendente. A mudança gradual na temperatura mínima implica um aquecimento gradual da área.

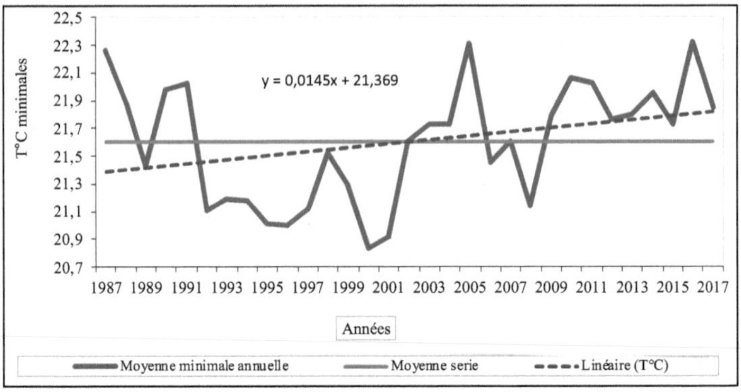

17Figura: Variação interanual das temperaturas mínimas médias (1987-2017)

Fonte: Agence Nationale de la Météorologie, estação de Gaoua, 2019

5.2.3. Temperaturas médias mensais máximas e mínimas

A Figura 18 apresenta as curvas que mostram as alterações nas temperaturas médias mensais máximas e mínimas:

- novembro a fevereiro: é o período mais "fresco" do ano, com temperaturas mínimas inferiores a . dezembro é o mês com a temperatura mínima média mais baixa da série 1987-2017, com 16,;

- O período de março a maio é o mais quente do ano na região. O mês de março registou a temperatura máxima média mais elevada (38,05°C) na série 1987-2017;

- junho a setembro: período húmido e fresco, com temperaturas máximas e mínimas relativamente baixas;

- outubro a novembro: estes dois meses coincidem com o fim da estação das chuvas e o início da estação seca. Trata-se de uma fase de transição relativamente quente, pós-húmida.

É de salientar que as temperaturas médias mensais (máximas e mínimas) escondem muitas disparidades, uma vez que existem temperaturas diárias extremas. Durante a estação fria, algumas temperaturas mínimas diárias podem descer até aos 13°C ou 14°C. °Em contrapartida, durante os meses mais quentes, as temperaturas diárias podem aproximar-se dos 40°C. Durante o período frio, registam-se períodos de calor.

18Figura: Evolução das temperaturas médias mensais máximas e mínimas (1987-2017)

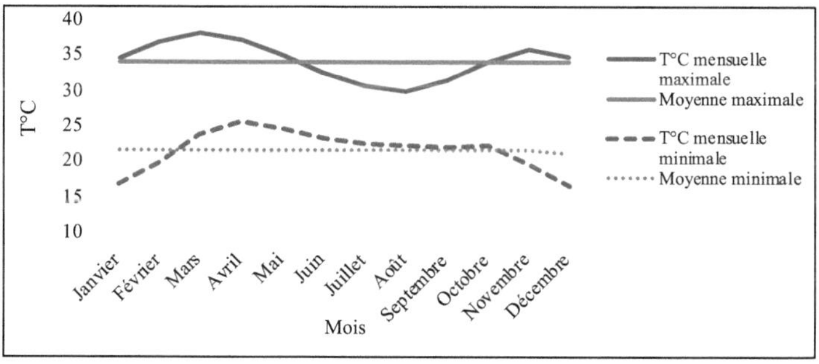

Fonte: Agence Nationale de la Météorologie, estação de Gaoua, 2019

5.2.4. Temperaturas médias mensais

As temperaturas médias mensais variam consoante a época do ano. O mês mais frio do ano é janeiro, com uma temperatura média de 25,614°C. abril é o mês mais quente do ano, com uma temperatura média de 32,232°C (Figura 19).

19Figura: Variação das temperaturas médias mensais (1987-2017)

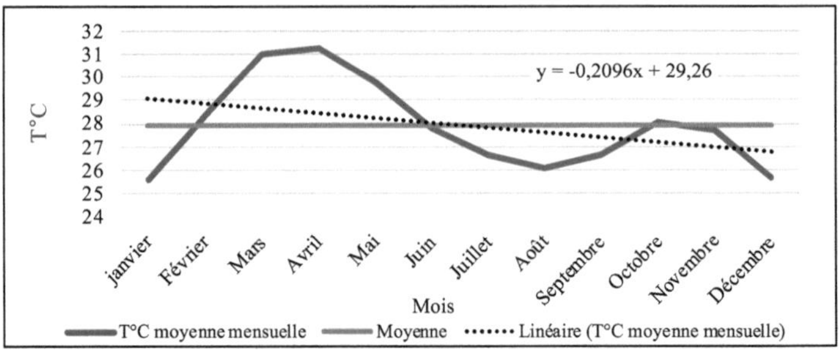

Fonte: Agence Nationale de la Météorologie, estação de Gaoua, 2019

5.2.5. Temperaturas médias interanuais

As temperaturas médias anuais para a série (1987-2017) na estação de Gaoua (ver Figura 20) mostram uma variação inter-anual, como indicado pelo perfil em dente de serra da curva. Os anos mais quentes e mais frios foram 1987 (28,516°C) e 2000 (27,362°C), respetivamente. A média da série é de 27,. No entanto, a tendência linear é ascendente.

20Figura: Variação interanual das temperaturas médias (1987-2017)

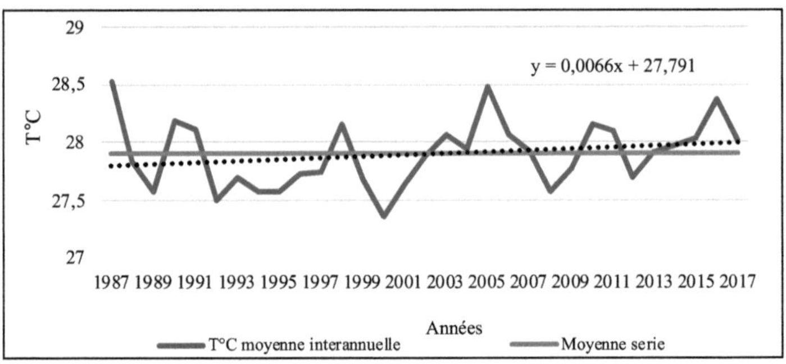

Fonte: Agence Nationale de la Météorologie, estação de Gaoua, 2019

5.6. Alterações na evapotranspiração potencial

A evapotranspiração potencial é um conceito teórico definido como a quantidade máxima de água que poderia evaporar de uma superfície terrestre para a qual a água não é um fator limitante. É oposto à evapotranspiração real (AET), que é definida como a resposta de uma determinada superfície terrestre à procura exercida pela ETP, dada a água disponível (Allies, 2018). A determinação da AET envolve mecanismos muito complexos.

Neste estudo, o ETP é considerado devido à disponibilidade de dados. A curva tem um aspeto geral de duas curvas quase simétricas que correspondem aos dois principais períodos de variação anual da ETP. O período de fevereiro a junho coincide com a época mais quente do ano na região, com temperaturas diárias elevadas. Os valores de ETP também são elevados durante este período (ver Figura 21). Durante esta fase, o lençol freático desce, bem como o nível de água nos poços e a maioria dos rios seca, levando a uma redução da atividade das plantas. Além disso, de outubro a fevereiro, muitas espécies caducifólias das reservas perdem as suas folhas como resultado da queda da humidade ligada aos efeitos de secagem do harmatão. A perda de folhas é um mecanismo de regulação hídrica utilizado por estas espécies. Além disso, a curva ETP aumenta ligeiramente durante este período, quando as temperaturas médias diárias e mensais registadas na localidade são relativamente baixas. De julho a setembro, período de temperaturas mensais baixas, a zona regista o seu nível mais baixo de ETP. O crescimento das plantas está no seu auge.

21Figura: Variação mensal do ETP (1987-2017)

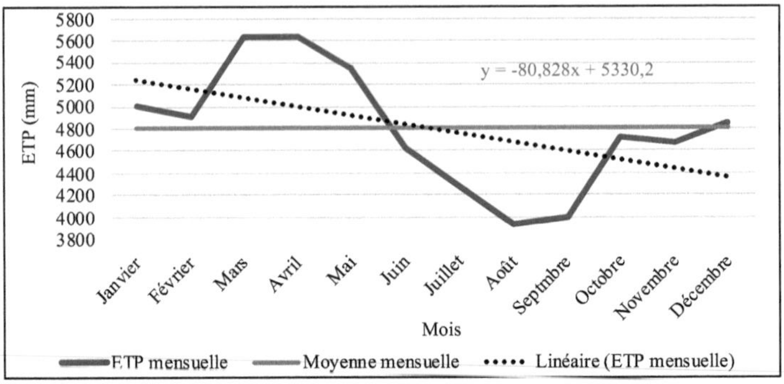

Fonte: Agence Nationale de la Météorologie, estação de Gaoua, 2019

5.2.7. O impacto da temperatura nas formações vegetais

O aumento da temperatura na área de estudo, localizada no domínio sudanês, confirma as conclusões do IPCC (2007) relativamente ao aumento global gradual da temperatura da Terra.

O aumento das temperaturas inter-anuais conduz inevitavelmente a um aumento da ETP inter-anual, com consequências nefastas para a disponibilidade dos recursos hídricos (águas superficiais e subterrâneas). O stress hídrico severo e prolongado pode levar à morte de espécies vegetais.

[17]É de notar que o aumento da temperatura atmosférica aumenta a evapotranspiração das plantas, o que tem um impacto negativo no crescimento das plantas ao reduzir a absorção de CO_2 acima de um determinado limiar de temperatura diurna, que é de 32°C para as florestas tropicais .

---

[17] lesechos.fr/monde/enjeux; Muryel Jacque, 2020 expira em 21/06/2023

Nas reservas Bontioli, o fenómeno da mortalidade das árvores não é muito visível, mas pode ser ocultado pelas actividades de corte de madeira que ocorrem regularmente nestas áreas protegidas. Durante os grupos de discussão, as mulheres disseram que a sua prioridade era cortar a madeira morta. No entanto, de acordo com as amostras inventariadas, a madeira morta em pé foi encontrada no parque agroflorestal/pousio (8,87%) e na floresta de galeria (0,74%) da reserva total. Na reserva parcial, 0,58% e 0,45% de madeira morta em pé foram encontrados na mata de galeria e no parque agroflorestal/pousio.

Os trabalhos de Adjonou & *al* (2009) nas florestas abertas do Parque Nacional de Oti-Kéran, no Norte do Togo, sob um clima sudanês, mostraram que o aumento das temperaturas e a diminuição da precipitação provocariam a secura do clima e reduziriam a disponibilidade de água e de nutrientes, limitando o funcionamento fisiológico das árvores, nomeadamente as de pequeno diâmetro. Neste estudo, o fenómeno da mortalidade das árvores foi atribuído às alterações climáticas, em particular ao aumento das temperaturas e à diminuição da precipitação nesta região.

Além disso, um estudo realizado por Oloukoi & *al.* (2014) no centro do Benim mostrou a existência de uma correlação positivamente significativa entre a temperatura máxima e a potência radiativa dos incêndios. Por outras palavras, um aumento da temperatura aumenta a potência radiativa dos incêndios. A severidade dos incêndios pode levar à destruição das espécies mais sensíveis das formações vegetais. Estas alterações das condições térmicas e hídricas têm um impacto na frequência dos incêndios florestais (Da, 1996).

5.4. Ventos

A área de estudo está principalmente sob a influência de dois ventos alísios principais, a monção e o harmattan, cujas variações de velocidade e impacto nas formações vegetais são analisadas nesta secção.

5.4.1. Velocidade média mensal do vento

A curva da velocidade média mensal do vento para a série 1987-2017 (ver Figura 22) aumenta de novembro a abril, quando atinge um pico de velocidade média de 2,43 m/s, correspondendo ao início da estação chuvosa caracterizada por aguaceiros. Em seguida, começa a diminuir, atingindo o seu nível mais baixo em novembro (0,94 m/s). O ne médio da série é de 1,6 m/s.

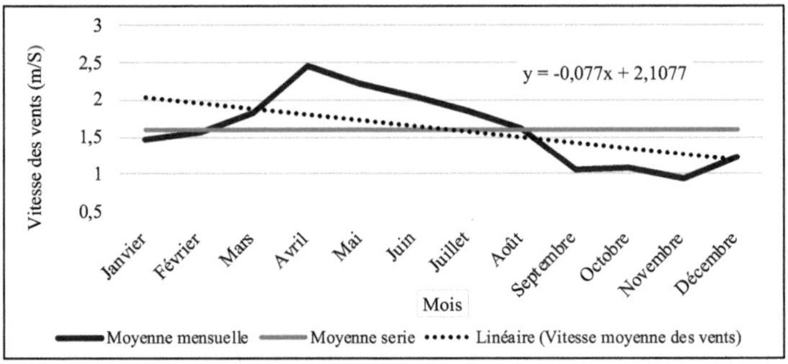

22Figura: Variação da velocidade média mensal do vento (1987-2017)

Fonte: Agence Nationale de la Météorologie, estação de Gaoua, 2019

5.4.2. Velocidade média interanual

A curva da velocidade média interanual do vento para a estação de Gaoua para a série 1987-2017 (Figura 23) mostra uma tendência geralmente crescente. A linha de tendência também está a aumentar. Os anos em que a velocidade do vento foi mais baixa e mais elevada foram 1987 (1,016 m/s), e 2008 e 2010, respetivamente, em que a velocidade do vento atingiu 1,916 m/s. A área é, portanto, caracterizada por um aumento gradual e bastante acentuado da velocidade do vento, como mostra a linha de tendência.

23Figura: Variação da velocidade média interanual do vento (1987-2017)

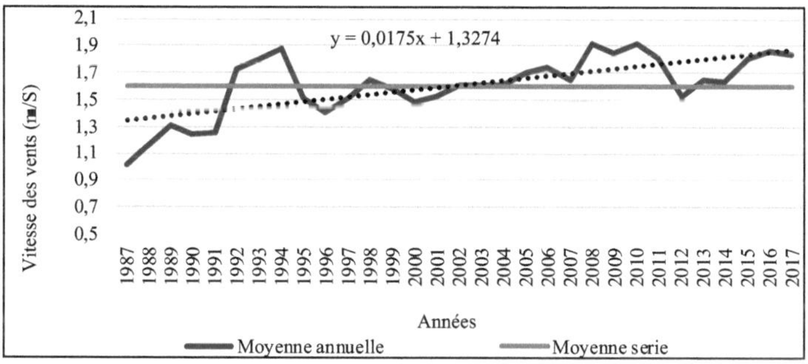

Fonte: Agence Nationale de la Météorologie, estação de Gaoua, 2019

5.4.3. Impacto da velocidade do vento nas formações vegetais das reservas

Os ventos têm efeitos nefastos sobre as formações vegetais, na medida em que algumas árvores são arrancadas e as flores e frutos destruídos por ventos fortes, nomeadamente no início da estação das chuvas. Provocam a exsudação de certas espécies vegetais. Infelizmente, este período coincide com a fase de frutificação e de maturação da *Vitellaria paradoxa*, uma espécie vegetal muito presente nas reservas e em todas as suas aldeias, cujos frutos são em parte destruídos pelo vento.

A velocidade de propagação dos incêndios é também função da velocidade do vento. Devido à disponibilidade e à dimensão da biomassa herbácea nas reservas, o harmattan acelera a intensidade dos incêndios, especialmente quando estes ocorrem durante a tarde, altura em que se tornam mais intensos; grandes áreas de floresta são frequentemente devastadas pelo fogo. Os incêndios sazonais afectam os mecanismos de resiliência das plantas nestas áreas protegidas. Pensa-se, portanto, que o Harmattan é um fator importante no ciclo fenológico das espécies vegetais do Sudão. Um estudo realizado por Mahamane & *al* (2007) no parque "W" no Níger, num clima do norte do Sudão, conclui que as diferentes fases fenológicas estão correlacionadas com parâmetros climáticos, incluindo a temperatura. O vento de areia influencia o funcionamento fenológico das plantas. A atividade da clorofila é reduzida pelo fecho dos estomas das plantas, o que leva à secagem total ou parcial da árvore. Este fenómeno provoca um declínio das comunidades vegetais. A fotografia 2 mostra plantas desenraizadas pelo vento na reserva total de fauna de Bontioli.

2Foto: Plantas arrancadas pelo vento na RTFB

Fotografia tirada no terreno (SOME T. Noël, 21 de dezembro de 2020)

O vento também está envolvido no processo de disseminação das sementes e do pólen das plantas. Este mecanismo, conhecido como anemocoria, contribui para a regeneração das formações vegetais em condições em que os rebentos jovens são preservados dos efeitos nocivos do fogo e do pastoreio.

5.5. Exposição solar

A exposição solar refere-se à duração da luz solar. É expressa em horas.

5.5.1. Insolação média mensal

A Figura 24 mostra a variação da insolação média mensal para a série 1987-2017. O mês com mais insolação é dezembro (276,04 horas), enquanto que o mês com menos insolação é agosto (173,25 horas). Esta observação foi feita na bacia do Benim do rio Níger por Vissin (2007). De acordo com Oloukoi & *al* (2014), quanto maior for a duração do sol, mais violento é o fogo na vegetação. Sendo agosto o mês mais chuvoso do ano na área de estudo, durante o qual a cobertura de nuvens está no seu máximo, os raios solares não atingem a superfície da terra de forma óptima. A média mensal é de 239,218 horas. A luz solar é necessária para a floração de certas árvores, nomeadamente *a Vitellaria paradoxa* (carité), como refere Guira (1997). Os processos de reprodução das plantas que podem ser afectados por factores climáticos incluem a floração, a polinização, a produção de sementes e a germinação (Chidumayo, & *al.,* 2011). Considerando a importância da insolação na área, a energia solar poderia ser usada como substituto da energia da madeira e, como Mainguet (1995) argumenta, em ecossistemas secos, a energia solar deve ser uma fonte de energia prioritária em relação às árvores.

24Figura: Variação média mensal da insolação (1987-2017)

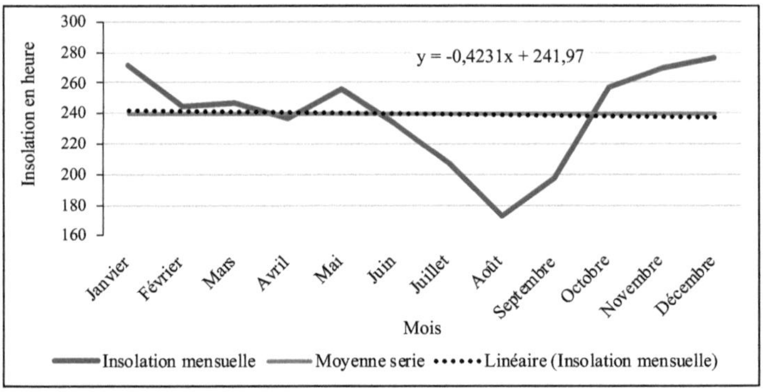

Fonte: Agence Nationale de la Météorologie, estação de Gaoua, 2019

5.5.2. Insolação média inter-anual

A curva (Figura 25) mostra variações muito acentuadas no número de horas de sol ao longo dos anos. Por exemplo, 1990 foi o ano em que o sol brilhou mais intensamente em toda a série (3015,7 horas), ao passo que brilhou menos intensamente em 2004 (2689,1 horas). A média da série é de 2871,958 horas. A tendência linear da insolação para a série é decrescente.

25Figura: Variação interanual da insolação (1987-2017)

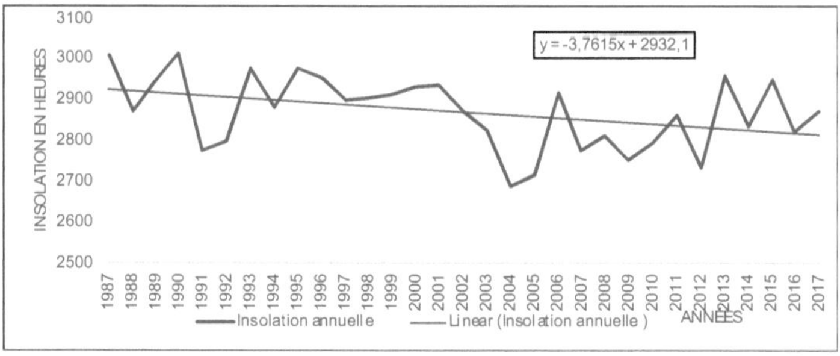

Fonte: Agence Nationale de la Météorologie, estação de Gaoua, 2019

O clima tem certamente uma influência no sistema ecológico. Os principais parâmetros climáticos analisados neste capítulo, ou seja, a precipitação, a temperatura, a ETP, a velocidade do vento e a insolação, indicam uma variabilidade climática global na zona, caracterizada por uma tendência decrescente em todos os parâmetros climáticos acima referidos durante o período 1987-2017. No entanto, a tendência decrescente da precipitação durante este período, manifestada em anos de seca severa e moderada, associada ao aumento da temperatura, bem como da ETP e da velocidade do vento ao longo da mesma série, não influenciaram negativamente e de forma significativa as formações vegetais, ainda que tenham sido registados alguns impactos negativos diretos, neste caso o vento (velocidade e natureza) na fenologia de certas espécies vegetais, e impactos indirectos, como a limpeza das margens dos rios para actividades agrícolas após períodos de seca.

Conclusão parcial

A dinâmica do uso do solo nas duas reservas é marcada por uma evolução irregular das unidades. Registaram-se ganhos e perdas de unidades nas diferentes formações vegetais. No entanto, são os campos e pousios e a savana arbustiva que sofreram as maiores alterações. A primeira unidade regrediu significativamente, enquanto a segunda progrediu consideravelmente.

A análise dos parâmetros da vegetação indica uma baixa diversidade e riqueza da flora em quase todas as formações vegetais das duas reservas. No entanto, a predominância de caules jovens pode favorecer uma boa regeneração se as medidas de proteção forem reforçadas.

Foram analisadas as caraterísticas biofísicas e humanas das reservas de vida selvagem de Bontioli. A posição geográfica destas reservas, situadas na região sul do Sudão, constitui uma vantagem para o desenvolvimento da flora. A análise desta secção também mostra que os parâmetros climáticos da zona, tal como os do Burkina Faso, estão a deteriorar-se, com um aumento da temperatura, da evapotranspiração potencial, da velocidade do vento e uma redução da precipitação durante o período 1987-2017. No entanto, o agravamento dos parâmetros climáticos estudados não teve qualquer influência negativa percetível na evolução das formações vegetais destas reservas.

TERCEIRA PARTE: MÉTODOS DE GESTÃO E VULNERABILIDADE DAS FORMAÇÕES VEGETAIS NAS RESERVAS

É composto por dois capítulos:

- Capítulo 6: O impacto das práticas agrícolas e pastoris na evolução das formações vegetais nas reservas. Analisa os sistemas agrários dos agricultores das aldeias limítrofes das reservas através dos seus sistemas de produção agrícola e pastoril e as diferentes repercussões sobre as formações vegetais.

- Capítulo 7: Métodos de gestão e proteção das reservas. Este capítulo faz o ponto da evolução dos modos de gestão aplicados nas reservas e das diferentes implicações que eles suscitam. Analisa igualmente as consequências socioeconómicas da exploração dos produtos florestais e as condições de aplicação do Código Florestal.

CAPÍTULO 6: O IMPACTO DAS PRÁTICAS AGRÍCOLAS E DE PASTOREIO NA EVOLUÇÃO DAS FORMAÇÕES VEGETAIS

Na busca da sobrevivência, o homem sempre recorreu à natureza para produzir, alimentar, curar ou criar abrigo. O equilíbrio dos ecossistemas era mantido na medida em que a colheita era inferior ou igual à sua capacidade de regeneração. Tendo em conta o boom demográfico desencadeado pela melhoria das condições de saúde das populações africanas, e em particular do Burkina Faso· desde o final do século XX, e a introdução e o desenvolvimento de produções orientadas exclusivamente para o mercado, neste caso o algodão, o conjunto dos ecossistemas florestais encontra-se atualmente sob uma pressão sem precedentes. Neste capítulo, parece oportuno analisar os sistemas agrários através dos sistemas de produção agrícola e pastoril, as diferentes técnicas deles derivadas e as suas repercussões sobre as formações vegetais.

6.1. O sistema de produção agrícola

A gestão das terras em termos de acesso, segurança e desenvolvimento é um fator-chave em qualquer sistema de produção agrícola.

6.1.1. Um regime de propriedade fundiária rural com duas vertentes

A posse da terra rural tem as suas origens e fundamentos na organização sócio-política e religiosa e nas regras de direito que regem as várias sociedades. Atualmente, coexistem dois sistemas de posse de terra nas aldeias que fazem fronteira com as reservas de vida selvagem de

Bontioli. Um é baseado no direito consuetudinário tradicional, segundo o qual a gestão da terra assenta em relações sociais baseadas em laços de parentesco. Este sistema é analisado em termos da legitimidade da propriedade da terra, que deve beneficiar os descendentes dos proprietários. O direito fundiário tradicional baseia-se no princípio de que existe um direito natural à terra para cada ser humano, o direito de cada ser humano, quer pertença ou não à comunidade, a que lhe seja atribuída terra suficiente para a sua subsistência e a da sua família (Kaboré, 2010). A outra baseia-se na legalidade que cada cidadão deve ter sobre a terra. Baseia-se nos textos legislativos e nas leis.

6.1.1.1. Posse tradicional da terra

Em muitas sociedades do Sudoeste, a terra é propriedade da família ou do clã. O direito de propriedade é portanto coletivo (Dialla, 2003). É um bem destinado à produção agrícola e é geralmente transmitido por legado, de pai para filho adulto (rapaz que fundou uma família através do casamento no contexto tradicional), por doação permanente a sobrinhos e primos próximos da família, ou por doação temporária a qualquer pessoa que solicite terra para produção agrícola. Nas zonas rurais, e em particular no Burkina Faso, a pertença às comunidades locais é um fator determinante. A antiguidade e o tempo de instalação de um agricultor na terra desempenham um papel fundamental. O sistema de parentesco, sob a forma de pertença a uma linhagem, é cada vez mais importante para o acesso à terra e aos recursos. Se o indivíduo pertence ou não à linhagem do fundador da aldeia, terá um acesso privilegiado à terra e aos recursos, porque o antepassado foi quem primeiro ocupou o local e fez um pacto com os deuses tutelares (Zonou, 2008).

Nas aldeias que confinam com as reservas naturais de Bontioli, a terra é um bem não comercial. O acesso à terra para fins agrícolas é regido por regras muito específicas. De acordo com as pessoas entrevistadas, 85,8% obtiveram as suas terras agrícolas por herança, 16,por doação e 1,por empréstimo. É evidente, portanto, que o principal modo de gestão das terras continua a estar associado ao direito consuetudinário. A terra é transmitida através da família.

Em princípio, no sistema tradicional de posse da terra, a terra não pode ser vendida e deve permanecer propriedade exclusiva da família detentora, sob o controlo do chefe da terra, que é uma autoridade religiosa responsável pelas questões tradicionais da terra. Sendo a terra um bem familiar que se transmite através das gerações, a mulher não herda a terra da mesma forma que um filho solteiro, mas este tem o privilégio de ficar sob a tutela do pai até à sua morte.

O acesso dos agricultores migrantes à terra é regido por normas religiosas e culturais. Os requerentes de terras agrícolas contactam a autoridade consuetudinária. A autoridade consuetudinária diz-lhes como obter uma parcela de terra para a produção agrícola. As práticas consuetudinárias neste domínio diferem de uma localidade para outra. No entanto, de um modo geral, os requerentes de terras agrícolas são obrigados a fornecer animais e aves de capoeira (cabras, ovelhas, galinhas, pintadas, etc.). As terras concedidas aos migrantes são antigas terras de pousio ou de mato (savana). No final dos sacrifícios, que autorizam o recém-chegado a exercer qualquer atividade na terra (construção de uma casa, abertura de um campo), são fixados princípios, cujo incumprimento pode levar à expropriação. É o que Zougouri (2006) chama "cláusulas religiosas", que explicitam o que o beneficiário deve fazer para respeitar a terra onde está instalado. Não é permitido plantar árvores nos campos. Esta é uma observação quase generalizada nas zonas que recebem migrantes agrícolas. Esta situação é considerada pelos proprietários como uma apropriação das parcelas agrícolas (Gomgnimbou & *al.,* 2010). A mesma observação foi feita nos agrossistemas do país Tem, no Togo, por Koumoi & Laré (2014). Estes argumentam que o ato de plantar uma árvore em zonas de colonização recente é visto como um sinal de apropriação da terra pelo chefe da terra. Estas práticas dos chefes de terra não são, portanto, susceptíveis de encorajar a melhoria da capacidade produtiva dos campos de pessoas não nativas através da reflorestação. Alguns migrantes são vítimas da saturação das terras agrícolas. Sem cometerem necessariamente uma falta, são muitas vezes expulsos das suas terras pelos herdeiros.

O sistema tradicional de posse da terra nas aldeias limítrofes das reservas não garante a segurança dos produtores, nomeadamente dos produtores "estrangeiros", e, por conseguinte, da produção agrícola na localidade. Por conseguinte, estão a ser criados novos campos nas reservas. Os chefes consuetudinários, em violação da legislação florestal, concedem campos a migrantes agrícolas nas reservas. De acordo com o CILSS (2002), as zonas do Sudão estão atualmente sob uma pressão muito forte porque ainda contêm grandes reservas de terra. Os recém-chegados estão a conquistar áreas anteriormente dedicadas à savana arbustiva e à floresta, e a cultivá-las depois de terem sido limpas e queimadas.

6.1.1.2. A posse moderna da terra

Desde o advento da Revolução Democrática Popular em 1984, a Reforma Agrária e Fundiária (RAF) foi adoptada, trazendo uma nova dinâmica à gestão da terra. Esta lei preconiza a igualdade de acesso à terra para homens e mulheres e proclama a terra como um bem do Estado. O artigo 4.º desta lei estipula que "o património fundiário nacional é propriedade do Estado de pleno direito" (Bouda, 2008). A RAF foi revista em 1994, 1996 e novamente em 2009, resultando na Lei n.º 0034-2009/AN sobre a posse da terra rural no Burkina Faso. Esta lei reafirma que a terra pertence exclusivamente ao Estado e às suas colectividades descentralizadas. No entanto, é preciso dizer que a aplicação desta legislação fundiária está longe de ser uma realidade, na medida em que os interesses dos actores rurais são muito divergentes. Uma vez que os chefes de terra não estão suficientemente conscientes da importância e do alcance desta disposição legal, a sua autoridade está a ser corroída.

6.1.1.3. Conflitos fundiários

A falta de clareza na gestão das terras é uma fonte de insegurança e não favorece uma utilização óptima e sustentável dos recursos naturais. A concorrência entre os intervenientes na exploração dos recursos naturais dá origem a divergências muito acentuadas que, muitas vezes, degeneram em conflitos com consequências lamentáveis. Os conflitos mais recorrentes são os que opõem os agricultores aos criadores de gado e os que opõem os agricultores entre si. Existem corredores de transumância na localidade. No entanto, estão obstruídos por campos e jardins, o que obriga os pastores transumantes a utilizarem as reservas durante as suas deslocações sazonais, segundo o responsável das Águas e Florestas colocado no Zambo. Esta situação conduz inevitavelmente a conflitos quando o gado destrói os campos. Os conflitos entre agricultores surgem em situações em que a fronteira entre dois campos não foi demarcada ou em que o proprietário legítimo está a tentar expropriar a terra do ocupante. Estes conflitos generalizam-se frequentemente e tornam-se familiares, de clã ou comunitários. As palavras de um entrevistado da aldeia de Bontioli confirmam claramente a existência deste tipo de discórdia "(...) tivemos um conflito com as pessoas da aldeia vizinha por causa de um pedaço de terra que nos queriam tirar. Decidimos jurar pelos costumes para identificar os verdadeiros donos (...). A situação terminou com a morte do seu chefe tradicional. O corolário deste conflito foi o abate massivo (dezenas de hectares) de floresta em toda a reserva como represália.

6.1.2. A persistência de um sistema agrícola tradicional

O principal objetivo da agricultura tradicional é a satisfação das necessidades alimentares das famílias. Por conseguinte, os agricultores utilizam técnicas e equipamentos agrícolas rudimentares. Em muitos países africanos, os sistemas agrícolas são ainda insustentáveis e insuficientemente intensificados, com baixos rendimentos (Abba & *al.*, 2006).

6.1.2.1. Técnicas e equipamentos agrícolas tradicionais

As técnicas tradicionais de cultivo consistem em abrir um novo campo para ser lavrado no final da estação das chuvas (setembro-outubro) utilizando a daba. No final da estação seca, os arbustos e certas árvores que não são úteis ou que são consideradas como estando a atrapalhar são cortados ou podados e empilhados para serem queimados (foto 3). O campo recém-aberto está pronto para ser semeado. A gestão dos campos antigos baseia-se na gestão dos resíduos de colheita antes da sementeira. Os caules são desenterrados com dabas e cortadores, e os arbustos e as ervas perenes são queimados. A lavoura, a monda, a sacha e a amontoa são efectuadas manualmente com ferramentas rudimentares. A principal técnica de conservação do solo nos campos de mato baseia-se na manutenção das chamadas árvores de utilidade. Alguns agricultores, que ainda utilizam técnicas de cultivo tradicionais, estão a adicionar gradualmente faixas de pedra (6,dos inquiridos) para fertilizar os seus campos. A grande maioria dos agricultores pratica uma agricultura *de tipo mineiro* nos campos de mato, que não recebem qualquer fertilizante orgânico ou mineral, o que tem como corolário a diminuição da fertilidade dos solos. Kadjo (2010) afirma que estas práticas agrícolas extensivas e o baixo nível de tecnologia agrícola conduziram a um consumo excessivo de recursos e à sua degradação, na ausência de medidas de proteção ou de recuperação do capital do solo na comuna de Dano. Além disso, os campos de cabanas beneficiam de resíduos domésticos e de estrume animal.

3Foto: Limpeza de um novo campo na RPFB

Fotografia tirada no terreno (SOME T. Noël, 23 de março de 2020)

Esta forma tradicional de gestão das terras rurais está atualmente a ser severamente testada pelo crescimento demográfico e pelo aparecimento de culturas de rendimento, que consomem muito espaço e levaram à saturação das zonas rurais. A aplicação de técnicas modernas permitiu a produção de culturas tradicionalmente reservadas aos campos de cabanas, como o milho nos campos de mato.

Além disso, a técnica agrícola de queimada tem um impacto na regeneração das formações vegetais arbustivo-savânicas, uma vez que são as espécies vegetais arbustivas que são destruídas durante a limpeza por fogo e corte. Esta técnica pode também ter um impacto negativo na biodiversidade, na medida em que a utilização selectiva das espécies a manter nos campos pode reduzir drasticamente, ou mesmo eliminar, as populações de certas espécies vegetais "não utilitárias", nomeadamente arbustivas, no ecossistema da reserva. Esta técnica constitui a maior ameaça para as formações naturais e a diversidade biológica (Sawadogo, 2009) destes ecossistemas. O abate seletivo de árvores e arbustos seguido de lavoura é praticado por 96,dos inquiridos que abriram novos campos. Esta prática agrícola foi observada nas savanas de Bondoukuy no Burkina Faso ocidental por Devineau (1998). De acordo com Devineau, quando a terra é limpa, as espécies úteis (principalmente o carité, mas também várias outras) são mantidas, enquanto todas as outras são eliminadas. Este sistema tradicional de cultivo é considerado como a causa da desflorestação, na medida em que a terra nua aumenta devido ao baixo nível de regeneração da vegetação provocado pelo desenvolvimento regular das áreas desbravadas. Quando estas limpezas são combinadas com a lavoura por tração animal, a erosão hídrica acelera-se e a perda de terra é ainda maior do que no caso do campo sujeito a limpeza seguida de lavoura daba e posterior sementeira. A prática da sementeira direta sob cama revelou-se eficaz para reduzir o escoamento e a erosão, incluindo as perdas de carbono (Palé, 2020).

6.1.2.2. A sementeira como método tradicional de gestão da fertilidade do solo

O pousio, conceito operacional, é atualmente estudado por agrónomos e geógrafos como um terreno fértil para a flora e a fauna, e como parte integrante de uma paisagem agrícola utilizada pelo homem (Fourgeau, 2002). Trata-se de uma técnica tradicional de gestão da fertilidade do solo, utilizada num sistema agrícola de queimadas em que o solo não recebe suficientes aportes externos de matéria orgânica ou mineral, indispensáveis à sua regeneração. A reconstituição da fertilidade depende da biomassa herbácea e vegetal. O pousio ainda é praticado por 45,50% dos inquiridos, contra 54,50% que já não o fazem. Estas estatísticas mostram que o pousio foi abandonado por um grande número de agricultores devido à saturação do espaço rural. Aqueles que têm o privilégio de utilizar esta técnica de gestão da fertilidade do solo fazem-no em detrimento das formações vegetais de reserva. Nestas formações vegetais, são inevitavelmente desbravados novos campos, pois não existe outro mato para as aldeias situadas no interior das reservas. Este ato é praticado na floresta por 10,50% dos inquiridos, que são de facto proprietários e migrantes.

O período de tempo em que um campo é deixado em pousio após vários anos de cultivo é muito curto na área de estudo. Os inquéritos mostram que 24,60%, 15,, e 1,20% dos inquiridos deixam os seus campos em repouso durante 1 a 3 anos, 4 a 5 anos, 6 a 10 anos e 11 a 15 anos, respetivamente, após alguns anos de cultivo (ver Figura 26). Esta situação limita o potencial de regeneração da vegetação protetora do solo (Bandré, 1996).

26Figura: Periodicidade do pousio

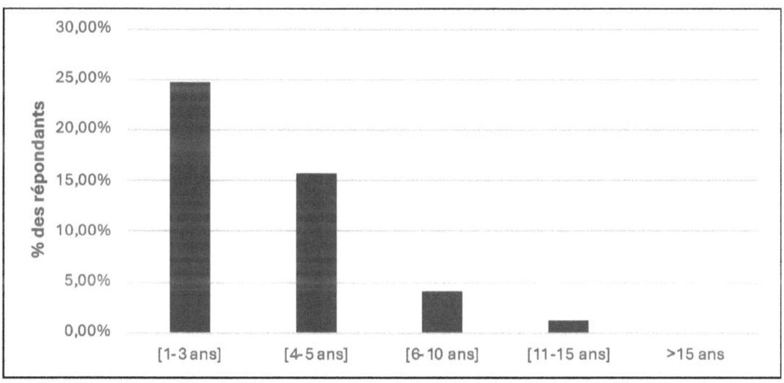

Fonte: Dados de campo, março de 2020

A análise do gráfico mostra que as terras nas aldeias que fazem fronteira com as reservas estão a ser constantemente desenvolvidas. De acordo com 87,dos inquiridos, esta situação deve-se à falta de terras agrícolas, contra 7,que consideram que se deve a um aumento das terras agrícolas. O aumento das necessidades de produção para o mercado do algodão e a saturação das terras agrícolas devido à pressão demográfica são as principais razões para a redução da duração dos períodos de pousio.

6.1.2.3. Superfícies semeadas e culturas produzidas

A avaliação das superfícies semeadas pelos agricultores é muito difícil num contexto em que os principais actores são cada vez mais analfabetos. No entanto, foram identificados intervalos de classe nos quais se situam as superfícies médias semeadas pelos agricultores. A maior parte destas parcelas é cultivada na reserva parcial, que inclui 10 aldeias nos locais de inquérito, e uma parte muito pequena é cultivada na reserva total. O quadro 31 apresenta as superfícies semeadas por intervalos de classe.

31Quadro: Superfícies semeadas

Áreas de campo	Força de trabalho	Frequência (%)
Menos de 1 ha	7	2,20
1 ha-3 ha] [1 ha-3 ha	129	39,37
[4 ha-6 ha].	123	37,80
[7 ha-10 ha].	50	15,40
[11 ha-15 ha].	13	4,00
[16 ha-20 ha].	2	0,60
Mais de 20 ha	1	0,30
Total	325	100

Fonte: Dados de campo, março de 2020

O quadro mostra que 39,e 37,dos agricultores inquiridos semeiam campos nos intervalos [1 ha-3 ha] e [4 ha-6 ha], respetivamente; apenas 15,e 4,dos inquiridos limpam campos nos intervalos [7 ha-15 ha] e [11 ha-15 ha]. Estas pequenas superfícies destinadas à produção agrícola indicam uma verdadeira saturação do espaço. De facto, 64, dos inquiridos afirmaram que já não dispunham de espaço para abrir novos campos. Os instrumentos e as técnicas agrícolas utilizados são a base deste tipo de sistema de cultivo, que está fundamentalmente orientado para a produção alimentar familiar. De acordo com os inquéritos, cada chefe de família tem, em média, seis (6) bocas para alimentar.

São utilizados vários utensílios agrícolas na produção agrícola. Estes incluem a daba, a charrua de tração animal, o trator e outros equipamentos (máquinas de corte, etc.), utilizados por 76,, , 3,e 0,dos inquiridos, respetivamente (Figura 27).

27Figura: Meios de produção agrícola

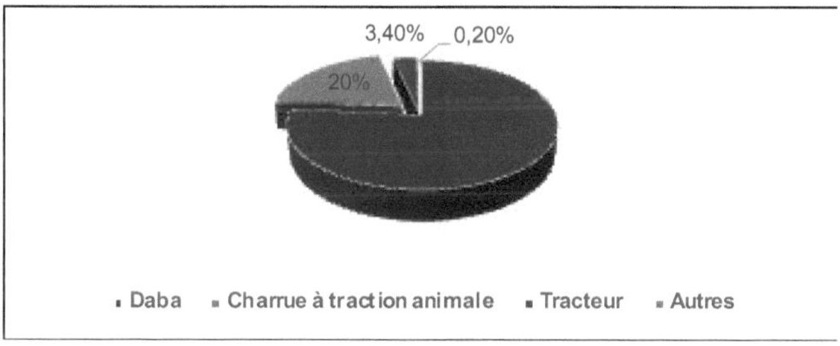

Fonte: Dados de campo, março de 2020

O gráfico mostra que o instrumento de produção agrícola mais utilizado é a daba. Este facto é caraterístico de uma agricultura relativamente pouco desenvolvida. No entanto, este tipo de agricultura começou a modernizar-se com a utilização de charruas e tractores de tração animal.

O fraco equipamento agrícola de que dispõem os agricultores da zona de estudo leva-os a utilizar práticas agrícolas expansivas, baseadas essencialmente em queimadas. Estas práticas agrícolas nas reservas conduzem a uma fragmentação das suas formações vegetais, com as mais arborizadas a evoluírem para unidades pobres em diversidade e povoamento, nomeadamente os pousios. No entanto, a produção de algodão aumentou na localidade, tornando-se a principal cultura de rendimento.

6.1.3. Culturas de rendimento no sistema de produção agrícola e seu impacto nas formações vegetais em reservas

As culturas de rendimento foram introduzidas no Alto Volta num contexto sócio-político, económico e ambiental muito deletério.

6.1.3.1. Utilização de técnicas e métodos inovadores pelos actores da produção de culturas de rendimento

As culturas de rendimento beneficiam de novas técnicas agrícolas e de métodos inovadores, principalmente devido ao lucro esperado pelo produtor para pagar as dívidas contraídas. O método de sementeira em linhas praticado pelos produtores de algodão favorece a utilização de equipamentos agrícolas semi-mecanizados, como charruas de tração animal para a monda. A utilização de fertilizantes químicos e o tratamento das plantas de algodão com pesticidas, combinados com um elevado nível de mão de obra, contribuem para aumentar os rendimentos desta cultura.

Existe pouca diversidade nas técnicas de fertilização do solo na zona. De facto, 59,1% dos agricultores inquiridos afirmaram utilizar adubos químicos (NPK e ureia) para fertilizar o solo, em comparação com 42,que utilizam estrume orgânico. As barreiras de pedra e a rotação de culturas são técnicas de conservação e de regeneração dos solos pouco utilizadas na localidade. Apenas 6,8% e 3,4% dos inquiridos afirmaram utilizar estas técnicas (Figura 28).

28Figura: Técnicas de fertilização do solo

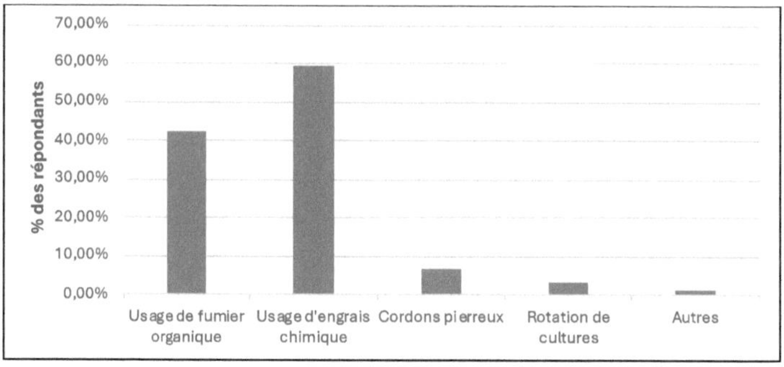

Fonte: Dados de campo, março de 2020

A utilização de fertilizantes químicos e orgânicos são as práticas mais utilizadas pelos agricultores. Os produtores de algodão esforçam-se por aplicar técnicas agrícolas inovadoras aconselhadas pelos agentes agrícolas. Os factores de produção agrícola (adubos, pesticidas, etc.), obtidos junto dos agrupamentos de produção de algodão sob a égide da Société des Fibres Textiles (SOFITEX) sob a forma de crédito, a pagar no momento da comercialização, são utilizados para fertilizar os campos de algodão e para tratar o algodoeiro contra o ataque de insectos nocivos. As fossas de estrume são geralmente instaladas pelos agricultores que dispõem de uma manada de bois ou de bois de tração. Os excrementos dos animais, os resíduos das culturas e o lixo doméstico são despejados nestas fossas para serem decompostos. No início da estação das chuvas, estes resíduos, decompostos em matéria orgânica, são espalhados nos campos antes da lavoura. Os cordões de pedra são utilizados para abrandar os efeitos da erosão hídrica. Os blocos de seixos são alinhados perpendicularmente à direção do declive. Por último, os agricultores que praticam a rotação de culturas fazem-no para permitir que as culturas beneficiem dos efeitos dos factores de produção químicos (NPK e ureia) dos campos de algodão da época anterior. O objetivo é também manter a fertilidade do solo.

A utilização de fertilizantes químicos no sistema de produção agrícola tem um duplo efeito sobre as formações vegetais das reservas. A curto prazo, os adubos químicos melhoram a produtividade do solo, resultando em maiores rendimentos das culturas, nomeadamente do algodão. No entanto, a longo prazo, conduzem à degradação química do solo através da acidificação (R. Lokossou & *al.*, 2018), com efeitos adversos no rendimento das culturas. Os agricultores serão, por conseguinte, forçados a aumentar regularmente as quantidades de insumos químicos utilizados nos campos ou a recorrer a insumos orgânicos para manter os níveis de produção num limiar satisfatório. Se necessáriolimparão a vegetação das reservas.

6.1.3.2. A cultura do algodão no centro das questões ambientais

A cultura do algodão tornou-se progressivamente a principal cultura de rendimento na região Sudoeste, e mais especificamente nas províncias de Ioba e Bougouriba, desde a libertação desta região e a criação de comunidades agrícolas no âmbito do programa da Autorité de l'Aménagement des Vallées des Voltas (AAVV), criado em 1974. Esta situação conduziu a um aumento significativo das necessidades de terras rurais, uma vez que a elevada taxa de crescimento da produção de algodão na região se deveu a um aumento da superfície semeada com esta cultura. Consequentemente, os pousios tendem a desaparecer e, quando existem, a sua duração é quase insignificante para favorecer uma verdadeira regeneração dos solos aptos para a agricultura. Isto apesar de o pousio ser uma das melhores práticas de conservação da fertilidade dos solos e de manutenção da vegetação (Somé, 2016) nos sistemas agrários rurais da África do Sahel, onde as árvores desempenham um papel fundamental na produção agrícola.

A produção de algodão registou um crescimento relativamente forte nos últimos quinze anos nas três províncias da região Sudoeste que fazem fronteira com as reservas de vida selvagem de Bontioli, nomeadamente Bougouriba, Ioba e Poni. Isto é o resultado de um aumento da área semeada com esta cultura (Figura 29). Um indicador claro entre a taxa de ocupação das terras agrícolas e a expansão da cultura do algodão é o aumento da invasão das áreas protegidas para fins agrícolas nos últimos anos (Kaboré, 2010). A província de Noumbiel foi desclassificada na análise pela simples razão de que há vários anos que não regista qualquer cultivo de algodão e também não faz fronteira com as reservas de vida selvagem que constituem o local da presente investigação. Os gráficos abaixo mostram claramente a predominância da cultura do algodão na província de Ioba em relação às outras duas províncias, nas quais se situa uma grande parte das reservas.

Em geral, há uma tendência de aumento das áreas de cultivo de algodão nas três províncias. No entanto, a província de Ioba registou um maior crescimento das áreas de cultivo de algodão do que as outras duas províncias que fazem fronteira com as reservas. Assim, estão a ser abertos novos campos em antigos pousios, florestas e reservas protegidas e classificadas, e/ou campos destinados a culturas cerealíferas estão a ser convertidos para a produção de algodão.

29Figura: Variação da área cultivada com algodão (em ha) nas províncias de Bougouriba, Ioba e Poni de 2003 a 2017

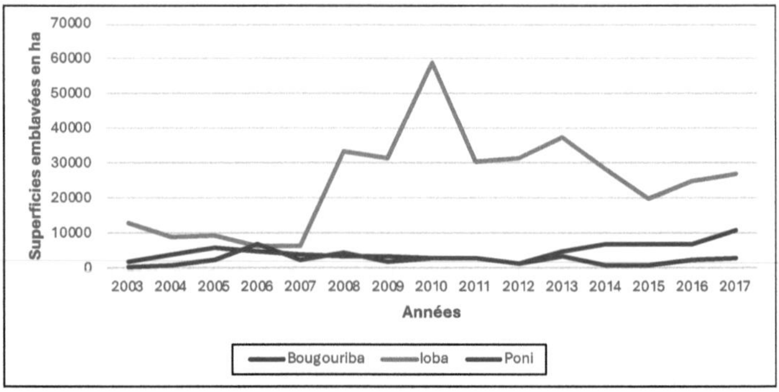

Fonte: Direção-Geral de Estatísticas Agrícolas, 2019

A consequência imediata do aumento da área semeada com algodão é um aumento na produção anual (Figura 30). A análise das três curvas que mostram as mudanças na produção em toneladas de algodão em caroço durante o período de 2003 a 2017 mostra que a província de Ioba ocupa o primeiro lugar entre as três, com a produção variando de acordo com a área.

Tendo em conta o crescimento da produção, a SOFITEX concedeu à região uma fábrica de descaroçamento de algodão em 2000. A fábrica, situada em Diébougou, não só facilita a comercialização do produto, como também assegura a rápida distribuição de factores de produção agrícola e de sementes aos agricultores.

30Figura: Evolução da produção de algodão (em toneladas) nas províncias de Bougouriba, Ioba e Poni de 2003 a 2017

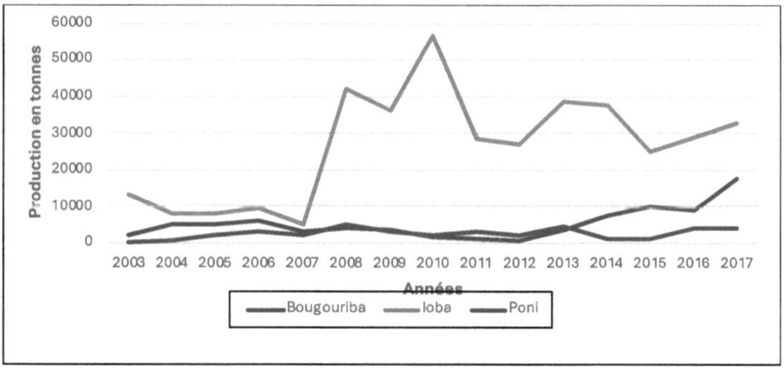

Fonte: Direção-Geral de Estatísticas Agrícolas, 2019

A cultura do algodão não só proporciona um rendimento substancial aos produtores de algodão através da comercialização do algodão em caroço, como também tem benefícios conexos, na medida em que os factores de produção adquiridos no âmbito do grupo do algodão são utilizados para a produção de outras culturas, neste caso o milho. No âmbito da rotação de culturas praticada por alguns agricultores, o fertilizante químico (NPK e ureia) utilizado num campo de algodão num determinado ano pode aumentar a fertilidade do mesmo campo no ano seguinte para outra cultura com as mesmas necessidades nutricionais.

Por outro lado, a monocultura do algodão torna os agricultores do "ouro branco" vulneráveis durante os anos de colheita em que a produção é baixa devido aos caprichos do clima, aos ataques de insectos do algodão ou à queda do preço do algodão no mercado mundial.

Em todo o caso, o grande desafio reside na conservação das áreas protegidas da região, neste caso a zona de Bontioli, que está a sofrer uma antropização significativa, uma vez que a conversão de florestas em terras agrícolas é uma das causas das alterações climáticas. Além disso, o desenvolvimento da agricultura provocou alterações significativas no estado dos recursos como a água, o ar, o solo, as paisagens e os habitats da flora e da fauna (Papy & Torre, 2003).

Lavrar um campo de algodão com um trator exige um abate significativo de arbustos e mesmo de árvores, enquanto as comunidades vegetais desempenham um papel na fixação do carbono atmosférico. Os pesticidas, essenciais para a cultura do algodão, são considerados a causa da mortalidade dos insectos polinizadores e da poluição das águas superficiais nas zonas de cultivo de algodão (Sawadogo, 2006; Ouédraogo, 2011).

A utilização descontrolada destes factores de produção na produção de algodão tem efeitos nocivos a curto e a longo prazo no solo. Segundo Dipama (2009), "a utilização de fertilizantes minerais (NPK) e pesticidas tem um efeito acidificante, reduzindo o seu teor de carbono orgânico. Isto leva à secagem dos solos através da perda das suas propriedades agronómicas, empobrecendo-os assim". A biodiversidade também pode ser afetada. Um estudo efectuado na região oriental do Burkina Faso mostra que os produtores de algodão estabelecem uma relação entre os riscos de contaminação da água e dos peixes por pesticidas e os riscos de intoxicação dos seres humanos que os consomem (Gomgnimbou & *al.,* 2010). A disponibilidade de fertilizantes químicos é também uma forma de os agricultores alargarem as superfícies cultivadas nas formações vegetais. A este respeito, Kaboré (2010) argumenta que a aquisição de insumos químicos contribui para aumentar tanto a superfície de algodão como a de cereais. Então, como conciliar os desafios de uma produção agrícola em rápida expansão, orientada para as necessidades do mercado, com o imperativo de conservar a diversidade biológica em todas as suas formas? A fotografia 4 mostra um campo de algodão na reserva total. Além disso, a limpeza de campos de algodão em formações arborizadas (floresta de galeria, savanas arborizadas, árvores ou arbustos) inicia a sua transformação gradual numa paisagem agroflorestal, criando um ambiente monoespecífico nestas áreas.

4Foto: Campo de algodão no coração da RTFB

Fotografia tirada no terreno (SOME T. Noël, 25 de março de 2020)

Este problema parece opor dois fenómenos vitais para a própria sobrevivência das populações que vivem junto a estas áreas protegidas. A solução pode estar na inovação da investigação agrícola e tecnológica. A utilização de variedades melhoradas de algodão, como já se faz para outras culturas, e a adoção de técnicas agrícolas inovadoras que reduzam a área semeada para regenerar a biodiversidade. A produção biológica parece também ser uma das melhores vias a explorar, como referem Gansaonré & *al* (2020). Na sua opinião, este tipo de produção agrícola promove práticas que respeitam o ambiente.

6.1.3.3. A horticultura comercial e o problema do desenvolvimento das terras baixas

A horticultura comercial é geralmente uma cultura de rendimento durante todo o ano. Na estação seca, são cultivadas em torno de fontes de água (rios, lagoas, poços, pântanos). Os produtores montam pequenas hortas rodeadas de talos de sorgo, madeira ou vedações de arame para os mais abastados, a fim de proteger as plantas dos animais que vagueiam. O principal fator limitativo da horticultura nas aldeias ribeirinhas é a falta de zonas baixas adequadas a este tipo de produção. Este problema foi regularmente levantado pelas pessoas que entrevistámos, especialmente nas aldeias de Zambo e Manoa "(...) a ausência de uma barragem e, por extensão, de terras baixas melhoradas na nossa aldeia é o verdadeiro problema ...os jovens, homens e mulheres, são obrigados a emigrar temporariamente para o vizinho Gana ou para as grandes cidades como Ouagadougou e Bobo-Dioulasso; os que ficam são muitas vezes obrigados a dedicar-se à prospeção de ouro ou a outras actividades ilícitas nas reservas (...)", declarou um entrevistado da aldeia de Zambo. Os produtos, que incluem tomates, couves, beringelas africanas, beringelas europeias, espinafres, quiabos, azedas, alfaces, cebolas, pepinos, pimentos e malaguetas, são vendidos nos mercados locais que se realizam de seis em seis dias nas aldeias de Dagara, de três em três dias nas aldeias de Lobi e todos os domingos nos centros semi-urbanos de Diébougou, Dano, Dissin e Gaoua.

As superfícies semeadas são ainda muito reduzidas, mas o impacto negativo parece ser significativo, na medida em que as hortas implantadas nos leitos dos rios, como o Mouhoun e o Bougouriba, provocam o seu assoreamento. A lavoura torna o solo vulnerável à erosão hídrica. O escoamento das águas pluviais transporta a parte superficial solta do solo para o leito menor do curso de água, assoreando-o progressivamente. As palavras do responsável das Águas e Florestas colocado em Zambo ilustram claramente esta análise nos seguintes termos: "(...) o Mouhoun e o Bougouriba estão muito assoreados devido às actividades de horticultura nas margens destes cursos de água. Alguns horticultores ocupam mesmo uma parte do caminho do gado que passa ao longo do rio Bougouriba (...)". Os factores de produção químicos (adubos, pesticidas, herbicidas) utilizados na produção são uma fonte potencial de poluição das águas. As florestas de galeria ao longo destes cursos de água foram degradadas em alguns locais pela horticultura comercial.

O artigo 233 do Código Florestal do Burkina Faso proíbe implicitamente o cultivo nas margens dos cursos de água: "As margens dos cursos de água, dos lagos e das lagoas devem ser protegidas de modo a garantir o seu perímetro através da demarcação de uma faixa de servidão em cada margem ou à volta de todo o perímetro, consoante o caso". Tal como o algodão, a horticultura comercial foi introduzida pelos colonos e foi timidamente integrada nos sistemas agrícolas da região Sudoeste.

O desenvolvimento de zonas baixas nas aldeias que confinam com as reservas poderia manter os jovens ocupados durante a estação seca e atuar como um baluarte contra o assoreamento dos principais cursos de água locais. É de salientar que a produção de hortas nas margens do rio Mouhoun já está a ser feita no Gana, pelo que, sem uma sinergia de ação entre os dois países que partilham o rio, as acções empreendidas pelo Burkina Faso seriam em vão. Os rios continuam a albergar uma biodiversidade significativa nos ecossistemas aquáticos, florestais e de savana. A foto 5 mostra uma horta comercial nas margens do rio Mouhoun.

5Foto: Jardinagem de mercado nas margens do rio Mouhoun, margem esquerda

Fotografia tirada no terreno (SOME T. Noël, 22 de março de 2020)

6.1.5. O impacto dos sistemas agrícolas nas paisagens das reservas

Os sistemas agrícolas moldaram as paisagens das reservas naturais de Bontioli. A presença de aldeias nas reservas transformou inevitavelmente estas zonas em parques agro-florestais constituídos por vastos campos com árvores de fruto e habitações isoladas ligadas por caminhos. As habitações são típicas do sudoeste do país. Revelam a organização social não hierárquica destes povos, que procuram constantemente a sua independência. Estas árvores são dominadas *por*

Vitellaria paradoxa, Parkia biglobosa, Adansonia digitata, Lannea microcarpa, Faidherbia albida, etc.

Nas zonas onde as reservas entram em contacto com as aldeias vizinhas, a vegetação é invadida por campos e cortes de madeira, criando auréolas de clareiras nos limites das reservas. Estas paisagens são portas de entrada através das quais as pessoas têm acesso rápido e fácil às reservas para realizar actividades ilegais, como o pastoreio na reserva total e a prospeção de ouro. A agricultura itinerante, que é uma forma particular de utilização destas áreas protegidas, pode levar à sua degradação se as pessoas envolvidas não tomarem medidas de proteção eficazes.

O governo do Burkina Faso tomou medidas drásticas para recuperar estas duas áreas protegidas. A abordagem do governo consistiu em pedir às pessoas que se instalaram nas reservas que abandonassem as mesmas. Perante a sua relutância, foram expulsas. As ruínas de antigas habitações (foto 6) testemunham ainda a presença humana recente nestes locais. Embora o governo tenha desalojado as populações que viviam em certas partes das reservas, não conseguiu evitar a presença quase permanente de seres humanos nestas áreas protegidas, uma vez que as mesmas populações se reinstalaram no final do Projeto de Gestão Sustentável dos Recursos Florestais (PROGEREF).

6Foto: Ruína de habitação na reserva total

Fotografia tirada no terreno (SOME T. Noël, 25 de março de 2020)

A paisagem ainda tem as marcas do homem. As zonas tampão entre estas áreas protegidas e as aldeias são desmatadas e transformadas em parques agro-florestais; este sistema de associação de árvores e culturas é uma prática habitual nos sistemas agrários dos agricultores da zona de estudo e, aliás, de toda a região sudoeste. As árvores nos campos têm funções ecológicas, agronómicas (*Faidherbia albida*), económicas e nutricionais. Bontoni & Reij (2009) observam que as árvores, bem como os arbustos e as gramíneas perenes, não só diminuem a velocidade do vento, como também fixam a areia e reduzem a temperatura do solo. Também fixam a areia e reduzem a temperatura do solo, limitando assim a evaporação e a evapotranspiração.

6.2. Sistemas de produção pastoril e sua influência nas formações vegetais

Os sistemas de produção animal envolvem formas de utilização do espaço, relações entre a produção animal e vegetal e formas de acrescentar valor (Ouoba, 2013).

O sistema pastoril no seu conjunto, nas comunas e aldeias que confinam com as reservas, é um consumidor de recursos naturais (biomassa herbácea, plantas e água). A produção de forragens é praticamente inexistente na localidade para alimentar o gado. A vegetação natural é, por conseguinte, a principal fonte de pastagem para os animais domésticos e os grandes herbívoros selvagens. Os cursos de água naturais (rios, lagoas e marigotos) e os furos são os principais reservatórios de água para o gado. No entanto, estão ameaçados pela garimpagem de ouro, uma atividade que utiliza substâncias tóxicas como o cianeto e o mercúrio para processar os minerais. A horticultura comercial perto destes reservatórios de água provoca o assoreamento e a degradação das florestas de galeria que correm ao longo dos cursos de água.

6.2.1. Pecuária sedentária extensiva

A criação tradicional de gado é uma das componentes essenciais do sistema agrário das aldeias que fazem fronteira com as reservas. A pecuária tradicional é uma das componentes essenciais do sistema agrário das aldeias que confinam com as reservas, sendo a segunda atividade geradora de rendimentos, logo a seguir à agricultura.

6.2.1.1. Composição do efetivo pecuário

A pecuária na área de estudo consiste principalmente de aves de capoeira, cabras, porcos, gado bovino, ovelhas e burros. O número de agregados familiares que criam cada tipo de espécie e as frequências são apresentados no Quadro 32.

32Quadro: Número de agregados familiares por espécie de animal criado

Pecuária	Número de chefes de família	Frequência (%)
Gado	116/325	35,7
Ovino	106/325	32,6
Cabras	187/325	57,5
Porcos	152/325	46,8
Espécies de asininos	2/325	0,6
Camelim	0/325	0,0
Aves de capoeira	312/325	96,0
Outros	0/325	0,0

Fonte: Dados de campo, março de 2020

A composição do gado é um fator importante a ter em conta na análise da dinâmica das formações vegetais, uma vez que a criação de gado é extensiva e sedentária. O quadro mostra que quase todos os agregados familiares têm gado constituído por aves de capoeira (galinhas, pintadas, patos, etc.), cabras, ovelhas e gado bovino. Os animais, com exceção dos bois, são abandonados na natureza durante a estação seca. Os resíduos de culturas e as forragens selvagens são utilizados, respetivamente, por 95,1% e dos inquiridos para alimentar os animais, devido à quase ausência de utilização de Subprodutos Agro-Industriais (AIBP), que apenas 0,dos inquiridos utilizam.

6.2.1.2. O contributo da pecuária sedentária extensiva para a economia local

A criação de gado extensiva e sedentária contribui consideravelmente para a economia familiar. Os animais são vendidos à peça nos mercados locais e colectivos. O rendimento da venda dos animais e das aves de capoeira contribui para a saúde, a educação e outras necessidades da família (alimentação, vestuário, etc.).

O gado bovino e os bois de tração dão um enorme contributo para a produção agrícola. O estrume destes animais é utilizado para fertilizar os campos. As fossas de estrume são utilizadas para decompor a matéria orgânica antes de a espalhar nos campos.

6.2.1.3. Impacto das práticas de pastoreio nas formações vegetais

As zonas de pastagem estão confinadas aos limites das zonas naturais. Dos inquiridos, 44,8% afirmaram que o pastoreio é praticado em pousios antigos. Em contrapartida, 34,9% e 20,3% dos inquiridos, respetivamente, afirmam que o pastoreio é praticado nas reservas e no mato fora das reservas (Figura 31).

31Figura: Zonas de pastagem

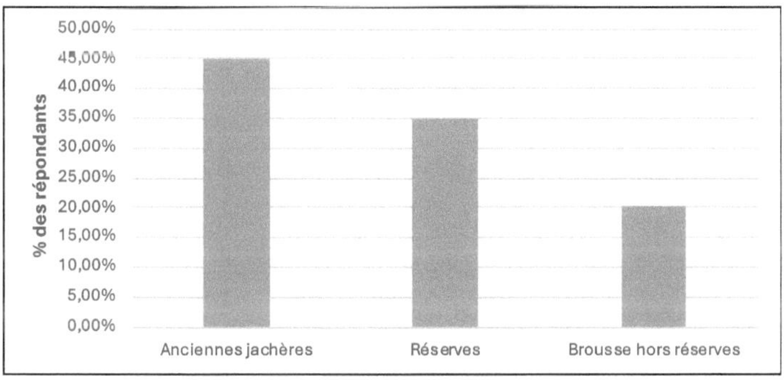

Fonte: Dados de campo, março de 2020

A análise do gráfico mostra que a criação de gado na zona é totalmente dependente dos recursos naturais, que tem um impacto negativo devido à presença relativamente grande de pequenos herbívoros domésticos (cabras e ovelhas), que têm um potencial destrutivo muito elevado para os arbustos, que pastam a todo o momento. Não só pastam os rebentos e os rebentos jovens, mas também trepam e quebram os pequenos ramos. Por outras palavras, causam estragos nos arbustos. O gado, embora menos numeroso, também não é insignificante no consumo de recursos naturais. Um estudo realizado em três áreas protegidas no Burkina Faso ocidental por Kiéma & Fournier (2007) mostra que o gado sedentário utiliza as áreas protegidas durante dois períodos curtos (abril-maio e de meados de outubro a meados de novembro), mas que, na melhor das hipóteses, pode passar sem elas, pois o número de efectivos é baixo.

O desgarramento de animais pode ser prejudicial para certas espécies vegetais que são particularmente apreciadas pelos animais, como a *Afzelia africana.* Em última análise, é necessário combater o desgarramento dos animais para preservar e estabelecer uma utilização saudável das zonas protegidas para a criação de gado. "É preciso recordar o carácter particularmente nefasto do sistema de pecuária baseado na deambulação dos animais; torna incertas todas as acções ligadas ao desenvolvimento da árvore, pois o seu carácter perene expõe-na aos dentes dos animais, sobretudo na estação seca, quando a sobrevivência das plantas lenhosas é mais problemática" (Goudet, 1985). É portanto imperativo repensar a integração entre os sistemas pastoris e agrícolas, nos quais as árvores são um elemento chave. Uma observação semelhante foi feita por Yonkeu & *al* (1995), no centro-norte do Burkina Faso, na bacia hidrográfica de Bourzanga. Este estudo mostra que, na zona agro-pastoril, a deambulação dos animais, em grande parte devido à ausência de caminhos para o gado, e certas práticas como o corte e a poda das árvores pelos pastores, contribuíram para a deterioração do estrato lenhoso e herbáceo. Além disso, 28,das pessoas entrevistadas na zona utilizam a poda das árvores para aumentar a alimentação dos animais.

As práticas pastoris, caracterizadas pela poda de espécies vegetais específicas para aumentar a alimentação do gado, podem levar a uma erosão da diversidade biológica. Espécies vegetais como *Khaya senegalensis, Pterocarpus erinaceus* e *Afzelia africana* estão sujeitas a uma pressão pastoral intensa durante o período seco (março e abril) nas proximidades das concessões e nas reservas. As pessoas interrogadas (agricultores e pastores transumantes) sobre as espécies vegetais podadas para alimentar o seu gado reconheceram unanimemente que utilizam estas espécies. Este facto aumenta o risco de um declínio da população destas espécies vegetais nestas áreas protegidas.

A forte pressão das alterações climáticas, a baixa produção de sementes e o crescimento lento das plântulas *de Pterocarpus erinaceus* fazem desta espécie uma das mais ameaçadas no Burkina Faso (Dimobé, 2017). Além disso, é listada pelos inquiridos como uma espécie ameaçada nas reservas. A mesma observação de poda selectiva de espécies vegetais pelos pastores já foi relatada na floresta classificada de Nazinon por Sawadogo (2006). Ele relatou que espécies apreciadas como *Afzelia africana*, *Pterocarpus erinaceus* e *Balanites aegyptiaca* eram regularmente podadas pelos pastores na floresta. Em Bogandé e Fada N'Gourma, Karen & Thiombiano (2000) destacam a poda de *Pterocarpus erinaceus* como espécie forrageira. Estes autores afirmam que todos os indivíduos desta espécie são constantemente podados nas localidades acima mencionadas. A poda de *Khaya senegalensis, Pterocarpus erinaceus* e *Afzelia africana* por pastores sedentários e transumantes para a alimentação do gado e as consequências nefastas desta prática pastoril para a sustentabilidade destas espécies vegetais foram relatadas nas savanas sudanesas da cadeia de Atakora no Benim por Wala (2010).

6.2.2. Impacto da transumância nas formações vegetais

A transumância não é uma atividade das populações locais que vivem nas reservas naturais de Bontioli. É praticada por criadores de gado das regiões Norte, Hauts-Bassins, Boucle du Mouhoun e Centre-Ouest, em busca de pasto e água em determinados períodos críticos da estação seca. A indisponibilidade de pastagens leva os agricultores a podar fraudulentamente as árvores da reserva parcial ou mesmo total, onde qualquer atividade é proibida. O sistema de criação de gado transumante, por outro lado, depende das áreas protegidas, pois os rebanhos permanecem nelas durante cerca de 5 meses por ano.

Nas reservas de vida selvagem de Bontioli, os pastores transumantes passam a maior parte do seu tempo nas estações seca e mesmo húmida. Para além de forragem para o seu gado, podam espécies vegetais como *Pterocarpus erinaceus, Afzelia africana e Khaya senegalensis* para alimentar os seus animais. Estas espécies têm pouca ou nenhuma regeneração (Thiahoun, 2012). De acordo com o chefe da silvicultura e da fauna bravia da província de Bougouriba, "os pastores transumantes confinam os seus rebanhos aos cursos de água das reservas de fauna bravia de Bontioli para aí passarem a estação das chuvas, porque sabem que, numa determinada altura do ano, certas zonas são inacessíveis. Muitas vezes mandam as crianças trabalhar como pastores na floresta para evitar que os seus animais sejam apreendidos pelos funcionários florestais". A mesma prática foi registada na floresta classificada de

Koulbi. Nesta floresta, a transumância ocorre de forma clandestina, mas é facilmente observada através do corte e mutilação de árvores forrageiras (Tankoano, 2012).

A transumância contribui periodicamente para aumentar o efetivo pecuário numa altura em que o crescimento da vegetação é mais baixo, neste caso durante a estação seca. A utilização intensiva dos recursos vegetais das reservas pelos criadores de gado provoca, assim, uma regressão de certas formações vegetais. O pastoreio, combinado com o pisoteio regular das árvores e sobretudo dos arbustos pelos animais, está a fazer com que certas formações arbustivas evoluam para zonas totalmente degradadas ou nuas. O pastoreio parece, portanto, ser um fator importante na degradação das formações vegetais nestas áreas protegidas. A fotografia 7 mostra uma manada de bois a pastar num campo de algodão na reserva total.

7Foto: Rebanho de gado transumante num campo de algodão na RTFB.

Fotografia tirada no terreno (SOME T. Noël, 28 de dezembro de 2020)

Num contexto de escassez de recursos, em que a tendência é para a conservação, a modernização da criação de gado parece ser uma necessidade. A intensificação da produção pastoril, através da produção de forragens para o gado e da utilização de técnicas modernas como a engorda de bovinos, reduziria o consumo anárquico de plantas pelos animais errantes. Os criadores de gado poderiam, assim, criar um sistema agro-pastoril mais intensivo em termos de exploração que combine a produção agrícola, pastoril e florestal.

6.3. Percepções dos agricultores sobre as mudanças nas formações vegetais nas reservas

A avaliação quantitativa dos recursos vegetais pelos agricultores não é uma opção. No entanto, o objetivo aqui é compreender a sua avaliação global da dinâmica das reservas e as razões que lhe estão subjacentes.

6.3.1. Reservas: expropriação pelo Estado das terras das populações locais?

O património florestal classificado do Estado foi criado pela administração colonial francesa sem um conhecimento real das estruturas sociais estabelecidas nestas localidades. As terras onde se situavam as reservas eram consideradas selvagens e sem dono. As áreas selecionadas pelos seus interesses cinegéticos, climáticos e económicos eram consideradas pelos colonialistas como terras devolutas, mesmo que pertencessem a famílias. A terra nunca foi sem dono. Pertenceu sempre a espíritos aos quais os primeiros ocupantes ergueram um altar antes de a colonizarem e explorarem (Hien, 2000).

De facto, a maior parte das aldeias agora engolidas pela reserva parcial eram aldeias agrícolas estabelecidas nos seus locais actuais antes da criação da reserva. Estas aldeias agrícolas foram depois transformadas em aldeias administrativas à medida que a população crescia. Foram criadas infra-estruturas socioeconómicas (dispensários, mercados) e educativas (escolas) em benefício destas populações.

Atualmente, o crescimento demográfico que levou a que estas aldeias agrícolas se transformassem em aldeias administrativas e a alteração do sistema de produção agrícola, que continua a ser extensivo mas que consome mais espaço, conduziram a uma concorrência muito visível pela terra. Por conseguinte, as populações indígenas estão a exigir direitos de propriedade sobre estas terras florestais. Além disso, o artigo 6.º do decreto de classificação da reserva parcial indica que às comunidades de Zambo e Bapla, no interior da reserva parcial de fauna bravia, são reconhecidos direitos consuetudinários de desbravar, cultivar, cortar madeira para uso pessoal, criar gado, pescar e colher frutos e plantas para alimentação, medicina e tinturaria, desde que cumpram os regulamentos em vigor (MECV, 2009).

Além disso, o direito fundiário consuetudinário aplica-se à gestão das terras. O chefe de terras é obrigado a encontrar uma parcela de terra para um estrangeiro que a solicite. O estatuto da reserva parcial é atualmente contestado pelos habitantes locais. A este respeito, o despejo efectuado pelo governo do Burkina Faso em 1996 nesta reserva foi considerado pelas comunidades em causa como uma violação dos seus direitos. "(...) vieram destruir as nossas casas, queimar os nossos celeiros, expulsar-nos, não é normal (...)", disse-nos um entrevistado. O chefe da aldeia de Manoa acrescentou que "esta situação levou à migração temporária e mesmo permanente para o vizinho Gana, onde o rei de Lora acolheu e instalou um grande número destes migrantes".

Assim, está a surgir na opinião dos camponeses um sentimento de expropriação das terras pelo Estado. Durante as nossas entrevistas com os agricultores de , alguns pediram mesmo ao Estado que desclassificasse uma parte da reserva parcial, nem que fosse apenas os seus campos actuais, para lhes permitir produzir. "(...) a reserva não é utilizada e, portanto, não tem valor, e nós estamos à procura de terra para alimentar os nossos filhos", diz-nos um agricultor de Bobra-Gogo. De que serve, então, um recurso para uma população vulnerável, se não lhe pode dar resposta às suas necessidades básicas? A principal preocupação da população não são as funções ecossistémicas que a reserva proporciona, mas o que podem obter dela para a sua existência. Esta observação é semelhante à feita por Gomgnimbou (1998) nas florestas classificadas de Tiogo e Laba no centro-oeste do Burkina Faso, onde os agricultores estão a exigir que o Estado desclassifique a floresta para a produção agrícola. Fournier & Millogo-Rosolodimby (2007) relatam o sentimento de injustiça sentido pelas populações locais em situações em que existem restrições administrativas à utilização de áreas protegidas no oeste do Burkina Faso.

6.3.2. Conhecimento dos agricultores sobre a evolução das formações vegetais nas reservas

De acordo com 68, dos inquiridos, as reservas estão a sofrer uma evolução regressiva. Por outro lado, 11,7% afirmam que evoluíram positivamente; 11,não têm qualquer perceção da evolução das formações vegetais nas reservas. Finalmente, para dos inquiridos, houve uma estagnação. Estes dados provam que a população tem um bom conhecimento da evolução das formações vegetais nas reservas, na medida em que é responsável pela maior parte das actividades humanas realizadas nestas áreas protegidas.

6.3.3. Razões da diminuição das formações vegetais nas reservas

De acordo com os inquiridos, as principais razões para a diminuição das formações vegetais são de origem humana e natural (ver Figura 32). No que diz respeito às causas desta regressão, 26, citaram o corte de madeira verde, 21,a abertura de campos para a agricultura, 18,os incêndios tardios, 5,a prospeção de ouro e 2,o pastoreio. Quanto às causas naturais, 14,5% dos inquiridos referiram a seca como causa da diminuição das formações vegetais, 4,os ventos violentos que arrancam as árvores de grande porte e 1,as temperaturas elevadas.

32Figura: Razões para o declínio das formações vegetais nas reservas

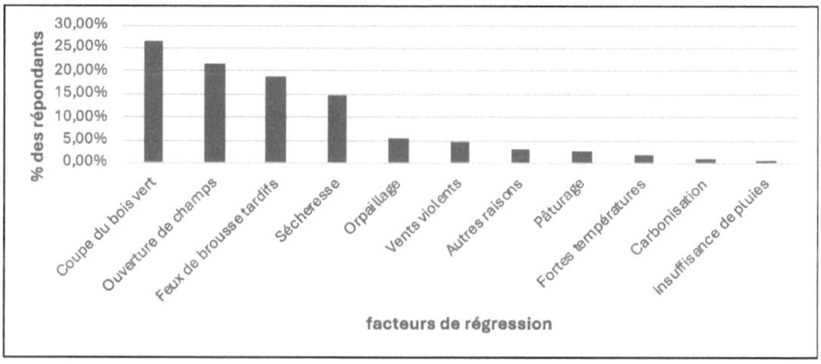

Fonte: Dados de campo, março de 2020

A análise do gráfico mostra que as principais causas da degradação das formações vegetais listadas pela população local são humanas. Este resultado corrobora a observação efectuada na reserva parcial por Somé (2013) e na reserva total por Dimobé (2017). Vários estudos efectuados nos países do Sahel confirmam esta observação (Ozer & Ariori, 2005; Ozer, 2006; Botoni & Reij, 2009).

As populações em crescimento acelerado da zona de estudo implementaram sistemas agrícolas que sofreram várias alterações. Os sistemas agrícolas permanecem, em geral, tradicionais, devido à utilização de técnicas que não favorecem a conservação da água e do solo e aos instrumentos rudimentares utilizados pelos agricultores. A produtividade agrícola é, por conseguinte, baixa. No entanto, a produção de algodão é mais exigente e requer a utilização de métodos e instrumentos relativamente modernos, cujos produtos são exclusivamente orientados para o mercado, e apresenta uma produtividade superior à da cerealicultura. A agricultura extensiva, num contexto de terras agrícolas saturadas, está a danificar as formações vegetais das reservas, que são continuamente invadidas por campos. As práticas pastoris ligadas à poda selectiva das espécies vegetais, o pastoreio em zonas protegidas, a utilização quase exclusiva de forragens selvagens e a itinerância dos animais provenientes da pecuária extensiva sedentária e transumante, caraterísticas do sistema pastoril da zona, têm um impacto negativo no desenvolvimento das formações florestais e na biodiversidade vegetal das reservas.

CAPÍTULO 7: MÉTODOS DE GESTÃO E PROTECÇÃO DAS RESERVAS

A emergência do conceito de gestão sustentável das florestas levanta a questão da forma como as florestas e as matas são geridas em todo o mundo. [18]A gestão florestal é o processo de planeamento e implementação de práticas de gestão e utilização responsáveis das florestas e das matas para atingir objectivos ambientais, económicos, sociais e culturais específicos (FAO, 2005). Os métodos tradicionais de exploração dos recursos florestais são cada vez mais criticados e, por conseguinte, estão a ser progressivamente abandonados, voluntariamente ou não, por certas comunidades rurais. O objetivo é analisar os métodos de gestão aplicados nas reservas naturais de Bontioli e identificar os problemas e as estratégias de proteção destas reservas.

7.1. Métodos de gestão das reservas

A gestão das reservas naturais Bontioli deve, em princípio, respeitar o estatuto de cada uma delas. Tendo em conta o estatuto que lhes foi conferido pelos seus decretos de criação, que não foi oficialmente alterado, seria incongruente falar de gestão stricto sensu destas áreas protegidas neste contexto. De facto, a noção de gestão refere-se ao estabelecimento de um sistema estruturado (tradicional ou moderno), reconhecido pelos membros e que visa um objetivo comum, que neste caso é a exploração sustentável dos recursos florestais. Na prática, os

[18] https://www.fao.org consultado em 10/11/2022

principais utilizadores destas áreas protegidas não parecem ter compreendido plenamente a filosofia que presidiu à sua criação.

7.1.1. Alterações na gestão das reservas

Criadas para assegurar a proteção total e parcial da fauna, a gestão destas duas entidades florestais evoluiu de forma irregular, de acordo com as peripécias políticas, através da intervenção de projectos e programas estatais. Esta gestão foi afetada por vários períodos.

- **De 1957 a 2004**

Para a conservação da biodiversidade, as áreas protegidas são instrumentos ideais para a proteção da vida selvagem (Binot & Joiris, 2007). É de notar que, desde a sua criação em 1957, nunca houve uma gestão formal que envolvesse as populações que vivem perto destas áreas protegidas. Na sua busca de sobrevivência, estas populações sempre se dedicaram a actividades agro-pastoris, à recolha, à caça e à pesca nas reservas. Para elas, os produtos florestais constituem um meio de subsistência seguro. Como ainda existem muitas terras aráveis e pastagens nesses enclaves florestais, os produtores são facilmente atraídos pela disponibilidade desses recursos.

O sistema de gestão instaurado pelo Estado era dirigista, orientado principalmente para a conservação. A intervenção do Estado limitava-se, portanto, a medidas de vigilância, de proteção, de reflorestação e de luta contra a caça furtiva. Estas acções do Serviço de Águas e Florestas não atingiram os objectivos desejados. Em 1996, as pessoas que ocupavam ilegalmente as reservas foram expulsas à força. Para resolver o problema da forte pressão exercida pelas populações locais sobre estas áreas protegidas, a Reserva Parcial de Vida Selvagem de Bontioli foi concessionada, a 10 de março de 1997, como uma fazenda de caça semelhante à de Nazinga, com vista a promover a vida selvagem no Sudoeste. Para gerir o rancho, foram criados doze (12) Comités de Gestão da Fauna Bravia de Aldeia (CVGFs) em doze aldeias vizinhas. No entanto, o rancho não chegou a funcionar devido à morte do promotor (MECVCC, 2017).

➢ **De 2004 a 2012**

Nenhum recurso natural pode ser gerido de forma sustentável se as comunidades que o utilizam não estiverem bem organizadas. Na maioria das áreas protegidas do Burkina Faso, a conservação depende de projectos de duração limitada e de financiamento externo (Kiéma, 2007). No entanto, estes contribuem para reforçar as capacidades de organização dos intervenientes na gestão dos recursos florestais e para financiar certas actividades de gestão, de proteção e de exploração dos produtos florestais. Foi neste contexto que o Projeto de Gestão Sustentável dos Recursos Florestais (PROGEREF) nas regiões Sudoeste, Centro-Leste e Este foi lançado nestas áreas protegidas em 2004, com os seguintes objectivos específicos: (i) melhorar a gestão dos recursos florestais e faunísticos; e (ii) aumentar os rendimentos das populações locais. O programa tem três componentes:

- ✓ componente 1: gestão sustentável dos recursos florestais ;
- ✓ componente 2: reforço das capacidades e acções de apoio ;
- ✓ componente 3: gestão de projectos

A primeira componente está subdividida em dois subsectores: silvicultura e vida selvagem. Os objectivos específicos atribuídos ao subsector florestal podem ser resumidos da seguinte forma: (i) reduzir a pressão antrópica sobre os recursos florestais e abrandar a sua degradação; (ii) assegurar a reconstituição da diversidade biológica; (iii) assegurar a produtividade sustentada dos produtos florestais; (iv) gerar emprego e contribuir para o aumento do rendimento das famílias. Os objectivos específicos atribuídos ao subsector da fauna bravia são: (i) promover e dinamizar as organizações de gestão da fauna bravia das aldeias, tendo em conta as formas tradicionais de organização; (ii) promover sectores como a pecuária e a pequena agricultura de fauna bravia e a reintrodução de espécies locais; (iii) reforçar a proteção dos recursos cinegéticos; (iv) desenvolver o turismo de visão e a caça desportiva através de concessões de zonas de caça (MECV, 2009).

A segunda componente tem por objetivo :

- contribuir para melhorar a produção agrícola ;
- melhorar o acesso aos serviços sociais básicos e à proteção social ;
- aumentar as oportunidades de emprego e as actividades geradoras de rendimentos para a população local;
- reforço da governação local ;
- contribuir para uma melhor gestão da transumância;
- reforço das capacidades técnicas e tecnológicas.

Apesar dos objectivos ambiciosos fixados pelo PROGEREF, as suas acções abrangeram apenas alguns domínios. Estes domínios dizem respeito a:

- apoio ao acompanhamento do RPFB ;

- diagnósticos conjuntos em 2006, envolvendo dezassete (17) aldeias ao longo da RPFB;

- inventário da fauna selvagem de grande porte;

- inventário florístico ;

- recuperação de terras degradadas através da escarificação e reflorestação de 278 ha.

O anteprojeto de ordenamento das reservas naturais de Bontioli, elaborado pelo PROGEREF e que deveria ser realizado em duas fases, a primeira das quais decorreu de 2010 a 2014, nunca foi validado pelos actores estatais (MEEVCC, 2017).

➢ **De 2012 a 2017**

O período 2012-2017 foi marcado por uma ausência de intervenção de projectos/programas nas reservas. As principais actividades de proteção limitaram-se às do serviço florestal.

➢ **De 2017 a 2021**

O Programa de Investimento Florestal (PIF) tem estado ativo nas reservas de vida selvagem de Bontioli, sendo os principais desafios

- garantir a conservação dos recursos florestais e faunísticos nas reservas e nas suas imediações, assegurando os recursos fundiários;
- contribuir para melhorar a diversidade biológica e combater a desertificação;
- Aumentar a contribuição dos recursos florestais e faunísticos para a economia local, regional e nacional e para a luta contra a pobreza através do desenvolvimento de actividades de

exploração dos recursos florestais e faunísticos das duas reservas;

- assegurar a boa governação no contexto da descentralização com vista a melhorar a transparência na gestão dos recursos florestais e da vida selvagem (MEEVCC, 2017)

Durante a sua ação nestas reservas, o programa deu um novo impulso à organização dos aldeões em estruturas de gestão. Assim, foram criados dois Comités de Gestão Florestal (CGF) para as duas reservas. Estes comités são compostos por dez (10) membros de cada comuna. O CGF da RTFB é composto por trinta (30) membros das comunas de Zambo, Dissin e Diébougou. O CGF RPFB, por seu lado, é composto por quarenta (40) membros de quatro (4) comunas, nomeadamente Nako, Bouroum-Bouroum e Tiankoura. Cada uma destas duas organizações criou um conselho de administração de doze (12) membros para coordenar as actividades operacionais, assistidos por dois (02) conselheiros.

Para além dos comités de gestão florestal, existem outras estruturas, como as associações de caçadores e de transformadores de PFNL.

De um modo geral, o nível de organização das populações locais para a exploração eficaz dos produtos florestais destas áreas protegidas continua a ser muito baixo, apesar da existência de organizações de agricultores para a sua gestão participativa. As estruturas criadas não são representativas da diversidade dos utilizadores dos recursos destas zonas protegidas.

As actividades-chave realizadas nas reservas, nomeadamente o corte de madeira verde, a agricultura e a criação de gado, que deveriam motivar e orientar os gestores para uma gestão integrada dos recursos por todos os intervenientes, não são verdadeiramente tidas em conta nesta organização. Nesta perspetiva, uma grande parte dos inquiridos (93,) admitiu não estar envolvida na gestão das reservas. Citaram razões relacionadas com a seleção dos membros (64,), a fraca colaboração com os silvicultores (6,), a falta de interesse () e outras razões (2,). Um número muito grande de pessoas não está, portanto, envolvido nas actividades de silvicultura devido à seleção dos membros que são supervisores florestais e pontos focais. Esta seleção foi feita durante a implementação do Programa de Investimento Florestal (PIF). A falta de gestão das reservas é considerada como um grande constrangimento à participação das populações locais na boa gestão dos seus recursos.

As actividades desenvolvidas por estas organizações, com exceção das associações de caçadores e de transformadores de PFNL, não geram rendimentos para as populações locais. São essencialmente orientadas para a proteção e a restauração. Para encorajar o abandono de certas práticas como os incêndios florestais, o PIF apoiou estes comités de gestão em troca de um pagamento anual de 3.000.FCFA se a área definida não tiver sido queimada até ao inverno seguinte; 2.000.FCFA se um terço da área tiver sido queimada e 1.000.FCFA se dois terços tiverem sido queimados. Ele também escolheu duas pessoas, incluindo jovens de cada aldeia, para serem conhecidos como "supervisores florestais". Estão equipados com meios de comunicação (telemóveis) e bicicletas. O papel dos vigilantes florestais consiste em apoiar o serviço florestal na proteção das reservas. As principais actividades organizadas por estas pessoas são a sensibilização do público e a vigilância das reservas, reconhecidas por 67,e 46,5% dos inquiridos, respetivamente. As outras actividades são algo marginais. A abertura de caminhos florestais, as queimadas precoces, a reflorestação e outras actividades por eles iniciadas são reconhecidas por 4,, 7,, 7,1% e 4,6% dos inquiridos, respetivamente.

Os recursos financeiros gerados pela emissão de licenças de abate de árvores aos pescadores, aos colectores de madeira morta em carroças e triciclos e aos caçadores durante a época de caça revertem a favor do tesouro público. Além disso, são emitidas duas categorias de licenças de caça aos caçadores: uma licença para a caça menor, que custa 15 000 francos CFA para os nacionais e 35 000 francos CFA para os expatriados residentes; e 70 000 francos CFA para os expatriados não residentes. Para a caça grossa, a licença é fixada em 30.000 francos CFA, 80.000 francos CFA e 620.000 francos CFA, respetivamente para os nacionais, os expatriados residentes e os expatriados não residentes. A licença de caça mista para os nacionais é de 35 000 francos CFA.

Paralelamente às acções da PIF, os serviços florestais prosseguiram as suas actividades regalianas de proteção e de recuperação das reservas e de emissão de licenças de exploração dos produtos florestais em conformidade com a regulamentação em vigor. Assim, 58,10% dos inquiridos (população) consideraram que estes agentes organizaram actividades de vigilância florestal, enquanto 38, deles responderam a favor da reflorestação e 3,a favor de outras actividades, ou seja, de sensibilização (Figura 33).

33Figura: Proteção e recuperação de reservas por organismos estatais

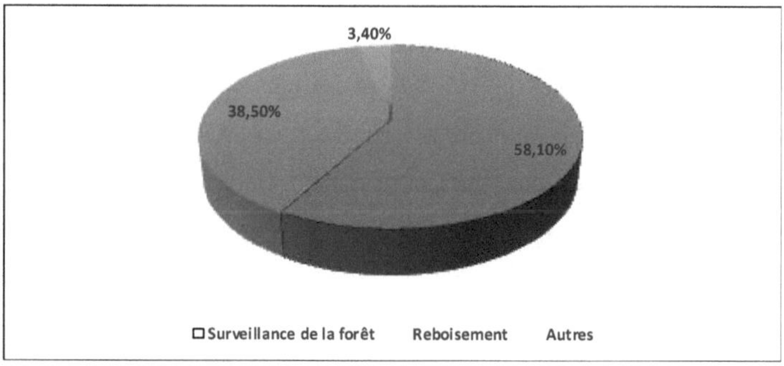

Fonte: Dados de campo, março de 2020

A análise do gráfico mostra que o Estado, através dos seus serviços descentralizados, se concentra na proteção das reservas contra as pressões humanas.

Durante estes períodos, a exploração dos recursos florestais foi quase permanente. De facto, o corte de madeira verde, a agricultura e a transumância nas reservas foram sempre práticas permanentes que não foram organizadas de forma significativa nem pelo Estado nem pelos próprios interessados.

7.1.2. Exploração dos produtos florestais

Com exceção da madeira e da fauna selvagem, que são exploradas de forma permanente, os outros produtos florestais são explorados de forma sazonal, de acordo com a fenologia das diferentes espécies vegetais presentes nas reservas.

7.1.2.1. Extração de madeira

A madeira é essencial para a vida das comunidades que vivem na área de estudo. Quase todos os agregados familiares a utilizam para fins culinários e comerciais, em particular para fazer cerveja local, vulgarmente conhecida como "dolo". A sua utilização é quase permanente.

A madeira verde é geralmente cortada nas reservas, nos pousios e nos campos. No entanto, uma prática local conhecida como "daartchè" na língua local Dagara, que consiste em constituir stocks de segurança de lenha, está muito difundida na localidade. Esta prática é efectuada pelas mulheres no final da estação das chuvas, quando são libertadas do seu trabalho nos campos e os rebentos dos arbustos e das árvores não são danificados pelos incêndios florestais. Utilizam catanas para cortar os arbustos e as árvores. A prática do corte de madeira, nomeadamente de arbustos, pelas mulheres foi registada nas localidades de Sampéto, no Benim, por Bonou (2008) e em Barh-Kôh, no sul do Chade, por Madjimbe & *al.* (2018).

A recolha de lenha tem um impacto negativo na reconstituição do coberto vegetal e na biodiversidade, na medida em que as árvores de grande porte são cortadas e as árvores jovens são abatidas sem qualquer respeito pela técnica de corte destinada a favorecer a sua regeneração. Espécies como *Combretum glutinosum, Combretum nigricans, Combretum molle, Combretum fragrans, Combretum collinum, Crossopteryx febrifuga, Diospyros mespiliformis, Anogeissus leiocarpus, Lannea microcarpa*, etc. são as mais exploradas pelas mulheres. A foto 8 mostra plantas cortadas na savana arbustiva da reserva total.

8Foto: Árvores cortadas na RTFB

Fotografia tirada no terreno (SOME T. Noël, 24 de dezembro de 2020)

A madeira cortada é em stocks de segurança perto das concessões ou nos arredores das aldeias (ver foto 9) para ser utilizada durante a estação das chuvas, quando a madeira seca escasseia. Isto significa que as mulheres, que estão muito ocupadas a trabalhar nos campos nessa altura, não têm tempo suficiente para procurar madeira no mato.

9Foto: Stock de madeira nos arredores de Zambo

Fotografia de campo (ALGUNS T. Noël, 24 de dezembro de 2020

A madeira morta é também retirada das reservas pelos homens e mulheres para diversas utilizações. Trata-se de árvores que morreram devido a ataques (térmitas) ou que foram queimadas pelo fogo, arrancadas e secas ou de ramos secos.

7.1.2.2. Recolha de PFNL

Os PFNL são frequentemente recolhidos individualmente ou em grupo pelos vários grupos de mulheres e pela União das Cooperativas de Transformação de PFNL sediada em Djikologo. Esta recolha é feita permanentemente nas reservas, em função do período de maturação dos frutos de cada espécie vegetal, e temporariamente para o mel, que é recolhido na estação seca. Não existem restrições à recolha destes produtos nas reservas. A mesma observação foi feita por Ibrah (2005) no departamento de Filingué, no Níger, relativamente à recolha de jujuba (fruto de *Zizyphus mauritiana*) e de goma-arábica (fruto de *Acacia senegal* e *Acacia seyal*).

Os diferentes actores utilizam vários materiais e técnicas na colheita de PFNM. Estas incluem o corte de árvores principalmente espinhosas, como a *Balanites aegyptiaca*, para obter as folhas, e a utilização de varas para colher frutos empoleirados em ramos a uma grande distância do solo. É o caso da colheita dos frutos de *Parkia biglobosa* e *Adansonia digitata*. Os frutos e nozes *de Vitellaria paradoxa* são geralmente colhidos por mulheres e crianças. Estas sobem às árvores para recolher os produtos de que necessitam (frutos, flores ou folhas). Este método apresenta riscos para as pessoas envolvidas, pois é frequente ocorrerem acidentes que resultam em ferimentos graves ou mesmo na morte. Para a recolha das cascas e dos tubérculos (raízes), os equipamentos utilizados são um machado, um cortador e uma enxada para retirar as cascas e os cepos.

Os métodos de colheita de PFNL baseados na recolha, desgalhamento e descasque foram registados no Parque Arly, na região oriental do Burkina Faso, por Doamba (2012). As diferentes técnicas de colheita de PFNL têm consequências nefastas para a sobrevivência de certas espécies, que são sobreexploradas devido ao seu carácter utilitário. No entanto, existem medidas para travar este fenómeno, mesmo que se revelem ineficazes no terreno. De acordo com o chefe de departamento da estação florestal de Djikologo, estas medidas incluem "a sensibilização do público para a necessidade de proteger as espécies úteis e as reservas, bem como as patrulhas organizadas pelos silvicultores para reprimir as práticas proibidas".

7.1.2.3. Produção de mel

O mel é tradicionalmente produzido nas reservas das colmeias locais. Trata-se de canários ou potes de barro cozido que são armazenados em tufos. Essas colmeias são previamente revestidas com água da transformação das sementes de *Parkia biglobosa* (déré) para atrair rapidamente as abelhas. Em ambas as reservas, há poucas abelhas (observação pessoal no terreno), provavelmente devido à utilização de pesticidas na produção de algodão e de produtos químicos (mercúrio e cianeto) utilizados na transformação do ouro. O mel é recolhido em média duas vezes por ano, com quantidades de produção proporcionais ao volume da colmeia. Na ausência de equipamentos modernos, o fogo é o meio mais seguro de recolha do mel. No entanto, tem efeitos negativos na qualidade do produto acabado, uma vez que destrói certos nutrientes. A utilização do fogo para a recolha do mel provoca igualmente incêndios florestais.

7.1.2.4. Exploração de produtos da vida selvagem

Apesar da perda progressiva do seu habitat, as reservas continuam a estar repletas de importantes recursos faunísticos. De acordo com a IUCN/PACO (2009): Elefante, Hippotrague, Guib Harnaché, Cobe de Buffon, Ourébi, Redunca, Hartebeest, Javali de faces vermelhas, Babuíno, Orycterope, Lebre, etc.

As actividades cinegéticas ocorrem regularmente nas zonas protegidas. Existem duas categorias de caça na zona: a caça tradicionalmente organizada e autorizada nos termos da classificação. Trata-se de uma caçada em que os caçadores utilizam armas brancas (arcos, paus, facas, fisgas, etc.) e fogo para caçar caça menor (lebre, francolim, perdiz, corços, etc.). Os battues são organizados no auge da estação seca, após as colheitas, quando a biomassa herbácea, muito abundante nas duas reservas, está completamente seca, e as fogueiras acesas nestas circunstâncias provocam incêndios de grandes dimensões. Um estudo sobre os incêndios florestais no Burkina Faso ocidental efectuado por Valéa (2010) confirma que as áreas protegidas são os principais locais de queima de grandes superfícies. Isto deve-se à continuidade e à disponibilidade do combustível, ou seja, a biomassa herbácea. As fogueiras tradicionais de caça destroem o habitat da fauna selvagem.

A caça profissional com armas de fogo é controlada pelos serviços descentralizados do Ministério do Ambiente, que emite licenças de caça aos caçadores. Em certas comunas limítrofes da RPFB, existem organizações de caçadores. São nomeadamente três: a Association

Dougougnéko des chasseurs dozos de Wangara, na comuna rural de Tiankoura, o Comité de Gestion de la Chasse Laonmarlé, na comuna rural de Zambo, e o Comité de Chasseurs Assiyko Di Ha, na comuna rural de Nako. Estas organizações de agricultores, que dispõem de licenças de caça, exercem as suas actividades durante a época de caça legal a nível nacional. O artigo 123 do Código Florestal do Burkina Faso de 2011 estipula que ninguém pode praticar a caça se não possuir uma licença de caça ou uma autorização especial emitida pelo ministro responsável pela fauna e flora selvagens. Estas estruturas contribuem para a proteção dos recursos vegetais e selvagens. Os animais abatidos são, nomeadamente, o hippotrague, a zebra, o bucho, o guibe de arnês, o hartebeest, o javali e a lebre. Esta disposição regulamentar nem sempre é respeitada por muitos intervenientes no sector. Dada a proximidade das reservas com a República do Gana, que constitui igualmente uma fronteira natural (rio Mouhoun), o controlo continua a ser delicado.

7.1.2.5. Exploração dos produtos da pesca

As actividades de pesca são organizadas em torno dos principais rios (Mouhoun e Bougouriba), durante cerca de três meses do ano, por pescadores profissionais, conhecidos por "bozos", alguns dos quais provenientes da República do Mali, e por pescadores tradicionais. A pesca com rede é o método mais utilizado pelos profissionais, enquanto os outros utilizam a pesca com covos, a pesca com anzol, a batida na água, etc.

Existe um campo de pesca profissional na aldeia de Manoa. Aqui são mobilizadas famílias inteiras, sendo os homens encarregados de lançar a rede e de trazer várias espécies de peixes. As principais espécies capturadas são a *Tilapia zillii* (carpa*), a Claria niloticus, o Lates niloticus* (pula-pula)*, o Clarias gariepinus* (peixe-gato)*, o Oreochromis fasciatus, o Heterotis sp, o Protopteris anectens*, etc. As mulheres fazem toda a transformação, que consiste em fumar o peixe fresco em fornos tradicionais. Esta tecnologia requer a utilização de grandes quantidades de lenha. A secagem de peixe fresco é uma técnica de processamento que raramente é usada pelos pescadores da área. Os produtos da pesca são, portanto, vendidos frescos ou transformados nos mercados locais e em certas localidades da República do Gana, próximas das zonas de produção.

Um certo número de práticas prejudiciais está a impedir o aparecimento da pesca na localidade. Entre elas, o assoreamento dos cursos de água devido à degradação das margens pela produção agrícola e pastoril e à erosão hídrica. Os reservatórios de água secam durante a estação seca. A prospeção de ouro constitui uma ameaça real para os recursos aquícolas da zona devido à utilização de produtos tóxicos proibidos (cianeto, mercúrio, zinco) na transformação do minério, que contribuem para a poluição dos pontos de água.

Alguns pescadores utilizam redes mosquiteiras, apesar de estas práticas serem proibidas pelo artigo 175(4) do Código Florestal em vigor no Burkina Faso: é proibido utilizar "artes de pesca feitas de mosquiteiros ou de tecidos que permitam a captura de alevins". A rede de falcão é o método mais adaptado aos ecossistemas aquáticos do Burkina Faso (Ouédraogo & *al.,* 2015). Trata-se de uma peça de arte cónica com pesos na base que o pescador lança de forma a desdobrar uma bolsa que cobre o peixe (FAO, 2008).

7.1.3. Análise dos métodos de gestão das reservas

As mudanças na gestão das reservas de vida selvagem de Bontioli estão intimamente ligadas ao conceito global de conservação das áreas protegidas no Burkina Faso e também aos paradigmas internacionais de gestão dos recursos florestais. O monopólio de gestão do Estado criou uma concorrência com as populações indígenas pelo controlo dos recursos. Por conseguinte, o conflito resultante da divergência de interesses e de percepções entre os dois actores (Estado e população local) tem um impacto negativo nas formações vegetais.

Com a intervenção de projectos e programas, nomeadamente o PIF nestas áreas protegidas, o envolvimento da população na gestão das suas reservas começou gradualmente a tornar-se uma realidade. No entanto, nesta fase, o envolvimento das populações locais continua a ser embrionário. De facto, os seus principais interesses continuam a não ser tidos em conta, uma vez que não existe um programa de desenvolvimento integrado e coerente para a agricultura e a pecuária em benefício destas comunidades maioritariamente agrícolas.

As estruturas criadas para apoiar a administração florestal não dispõem de um orçamento para o seu funcionamento, pois não existe uma chave de repartição entre o Estado e os comités dos fundos gerados pela emissão das licenças de exploração. Com a sua atividade quase exclusivamente dedicada à proteção, estes comités de gestão desenvolvem um trabalho voluntário. Por conseguinte, devem ser explorados mecanismos de financiamento inovadores. Por outro lado, o quadro institucional não dá a estes comités e às comunidades locais a margem de manobra suficiente para gerir de forma sustentável os produtos das reservas, embora estes sejam muitas vezes explorados clandestinamente por grupos com interesses muito divergentes. A floresta mobiliza uma multiplicidade de utilizadores, e cada grupo de actores possui um sistema de produção e de representação social da floresta que varia em função das questões em jogo (Akouehou, 2004).

7.1.4. Implicações dos métodos de gestão nas reservas

As reservas estão sujeitas a uma variedade de pressões humanas. Para 74, dos inquiridos, as actividades irregulares aí exercidas são a agricultura, seguida do corte de madeira verde (23,), dos incêndios florestais (13,), da criação de gado (8,) e da prospeção de ouro (6,). A agricultura continua a ser a principal atividade praticada nestas áreas protegidas. De acordo com as pessoas inquiridas, 97,5% delas têm-na como atividade principal. Outras actividades, como a caça furtiva, são praticadas de forma insidiosa.

7.1.4.1. A caça furtiva e a ameaça de desaparecimento da grande fauna selvagem das reservas

A caça furtiva é praticada de forma insidiosa nas reservas naturais de Bontioli e assume duas formas: a caça furtiva local ou nacional e a caça furtiva transfronteiriça. A primeira é praticada pelos burquinenses fora das épocas legais de caça e/ou contra animais protegidos pela regulamentação florestal. A corrupção entre os dirigentes políticos e os funcionários administrativos locais está a dificultar os esforços de luta contra esta prática. "Um caçador furtivo condenado foi libertado alguns dias após a sua detenção em Diébougou, sob a égide de um dirigente político", declarou um guarda florestal durante uma entrevista. Esta afirmação é corroborada pela da UICN/PACO (2009), que denuncia o intervencionismo dos políticos a favor dos infractores. A este respeito, a UICN/PACO refere que foi enviada uma carta ao Primeiro-Ministro pela população local relativamente ao seu anterior despejo.

A segunda é efectuada por caçadores da República do Gana. Um oficial das Águas e Florestas colocado no Zambo declarou: "(...) eles vêm instalar um espaço nas reservas e caçam animais de grande porte durante pelo menos uma semana, durante a qual secam a carne e regressam, mas ainda não os detivemos (...)". A insuficiência de recursos materiais e financeiros, o baixo nível de efectivos florestais e o terrorismo tornam ainda mais difícil a luta contra a caça furtiva nestas reservas.

Além disso, os paquidermes quase desapareceram das reservas devido à colonização agrícola e à caça furtiva. Os elefantes são regularmente citados pelos inquiridos como uma espécie animal em perigo nas reservas. As espécies raras ou ameaçadas foram identificadas pela IUCN/PACO (2009) nestas áreas protegidas. Estas são : Bubale, Cobe Defassa, Guib Harnaché e Redunca. A caça furtiva compromete as medidas de proteção da fauna e da flora e, consequentemente, todos os benefícios que delas decorrem.

7.1.4.2. Garimpo de ouro: uma atividade perigosa para o ambiente da reserva

Na sua busca de bem-estar económico e social, as populações locais dedicam-se a uma vasta gama de actividades, muitas vezes com grandes riscos para o ambiente e para a sua própria existência. A extração tradicional de ouro está a expandir-se rapidamente, em detrimento dos recursos naturais da região Sudoeste.

Nas reservas naturais de Bontioli, o garimpo de ouro é uma ameaça perigosa para o solo, as plantas e os recursos hídricos. É praticado em benefício exclusivo do operador, mas em detrimento de "tudo". As consequências são incomensuráveis em termos de extração e transformação de minerais. Há três categorias de garimpeiros", diz um deles. "Há os que têm máquinas para procurar ouro nas reservas, os que cavam buracos que vão de alguns centímetros a um metro ou mais, e os que cavam vários metros na vertical e depois na horizontal à procura de um filão de ouro".

O processo de tratamento do minério para obter ouro comercializável é longo e árduo. Uma vez extraídas as pedras que contêm os grãos de ouro, estas são trituradas e depois moídas num moinho ou esmagadas em almofarizes de ferro, o que as reduz a pó. O pó é depois lavado com água para separar os grãos de ouro da areia. O resíduo de ouro resultante é tratado com mercúrio ou cianeto para obter ouro comercializável. O mercúrio é importado de forma fraudulenta de cidades do Burkina Faso e de países vizinhos.

Estes garimpeiros artesanais parecem estar conscientes dos riscos ambientais da utilização de produtos no processamento do ouro. É por isso que cavam grandes buracos a alguma distância do ribeiro para lavar o ouro. De qualquer modo, como a atividade de lavagem se desenrola regularmente no leito principal do curso de água, a transformação deste minério à base de mercúrio, zinco e cianeto pode libertar metais pesados, contaminando as águas subterrâneas e superficiais por infiltração, percolação e escoamento durante a estação das chuvas. Estes processos estão ligados às condições climáticas, à topografia e à natureza do solo, que determinam o regime hidrodinâmico e têm, por conseguinte, uma influência considerável no movimento da água e nas substâncias dissolvidas e em suspensão que esta contém (Calvet & *al.*, 2005). A utilização excessiva destes produtos pode provocar uma poluição química seguida de destruição da estrutura do solo. Algumas fábricas de ouro são deslocadas para a periferia das aldeias, utilizando o mesmo processo de tratamento. Neste caso, é utilizada água de bombas e poços. O risco neste caso é a provável contaminação das águas subterrâneas, que pode envenenar os poços para uso humano ou animal.

Os impactos ambientais do garimpo também se caracterizam pela perturbação que esta atividade provoca no ecossistema. Yaro (2013) fala da desfiguração da paisagem. Os buracos espalhados pelos sítios causam enormes riscos de queda de animais domésticos e selvagens. Estes buracos são escavados em zonas arborizadas depois de as plantas terem sido exterminadas e o solo despojado.

Além disso, o ruído gerado pelas máquinas de trituração instaladas nas reservas perturba a vida selvagem, cujos habitats já estão ameaçados. Esta constatação confirma a de Affessi & *al* (2016) na região de Bounkani, na Costa do Marfim. Estes autores sublinharam a destruição do coberto vegetal e o impacto negativo do ruído na vida selvagem.

As árvores são cortadas em busca de ouro, porque se o aparelho "detetor de ouro" assinalar a presença provável deste metal, mesmo entre as raízes de uma árvore, destroem-na. Como revelaram alguns garimpeiros, há elementos que indicam ouro, nomeadamente a *Khaya senegalensis*, o quartzo e resíduos da antiga metalurgia do ferro. Esta afirmação dos garimpeiros é corroborada por Mama et *al* (2020), que afirmam que o ouro se concentra em escórias angulosas e não classificadas, quartzo, xisto e arenito. As pesquisas são, por isso, muitas vezes direcionadas para estas zonas.

Os garimpeiros conhecem bem o artigo 96º do Código Florestal, que proíbe a extração de ouro nas reservas. Justificam a sua atividade pela falta de meios financeiros e, sobretudo, pelo desemprego. São unânimes quanto às más relações que mantêm com os agentes da Eaux et Forêts: "Levam-nos o nosso matcrial dc trabalho c as nossas motas quando nos prendem", afirmam.

Além disso, os garimpeiros não realizaram nenhum trabalho de restauração, pois afirmam que nunca reflorestam áreas sujeitas à exploração de ouro. A foto 10 mostra dunas de terra e buracos de garimpo na reserva parcial.

10Foto: Ambiente desfigurado pela extração de ouro na RPFB

Fotografia tirada no terreno (SOME T. Noël, 28 de dezembro de 2020)

7.1.4.3. Incêndios de vegetação: quais são os problemas para as formações vegetais nas reservas?

Os incêndios de vegetação são caraterísticos dos ecossistemas de savana. São necessários para manter as formações vegetais destes ecossistemas.

7.1.4.3.1. Pessoas envolvidas em incêndios de vegetação

A existência de incêndios de vegetação foi confirmada por 65,5% dos inquiridos, contra 26,que afirmaram não existir e 8% sabiam. Os incêndios de vegetação ou incêndios comuns foram registados em várias formações de savana e em áreas protegidas no Burkina Faso, onde a biomassa herbácea favorece a sua propagação (Valéa, 2010; Savadogo, 2009; Fournier & *al.,* 2012).

Os incêndios de vegetação são um fenómeno real nas reservas. No entanto, continuam a ser uma questão muito sensível para as comunidades locais, uma vez que o autor de um incêndio florestal é punido ao abrigo do artigo 264.º do Código Florestal (2011), que estipula que: "São puníveis com três meses a dois anos de prisão e uma coima de cinquenta mil (50 000) a um milhão (1 000) de francos CFA, ou apenas com uma destas duas penas:

- aqueles que provocam incêndios não controlados em zonas florestais protegidas;

- aqueles que, por negligência ou descuido, provocarem incêndios descontrolados em áreas classificadas".

A Figura 34 resume os autores de incêndios de vegetação nas reservas por população.

34Figura: Pessoas responsáveis pelos incêndios de vegetação nas reservas

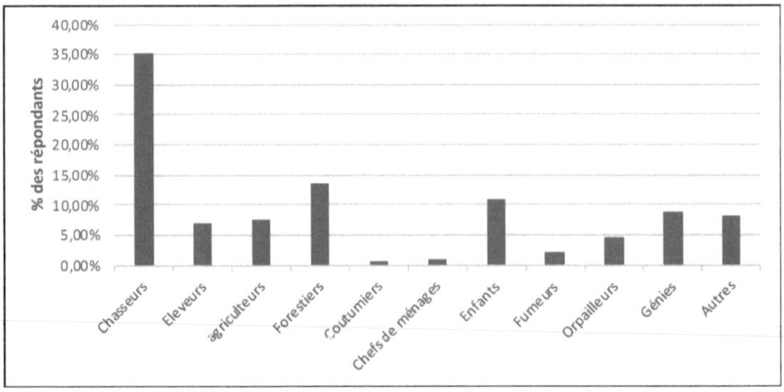

Fonte: Dados de campo, março de 2020

Para além dos silvicultores que organizam sessões de fogo antecipado, os principais autores de incêndios de vegetação são a população local. A crença sobre a origem misteriosa de certos incêndios de vegetação, da responsabilidade dos génios, é muito difundida na localidade. "(...) são os génios que queimam o mato (...) quando chega a altura, à noite, vemo-los no monte a acender o fogo, mas não nos atrevemos a chegar perto deles (...)", confidenciou um entrevistado. Quer se trate de uma fuga de responsabilidade ou de um ato misterioso, o verdadeiro problema dos incêndios de vegetação, nomeadamente nas reservas, é a época do ano.

7.1.4.3.2. Períodos de incêndio da vegetação

O fator determinante dos incêndios de vegetação é o período de passagem. Os primeiros incêndios ocorrem logo no final da estação das chuvas. O momento dos primeiros incêndios depende da duração da estação das chuvas. O índice de secura do solo pode ser utilizado para identificar o período de início do fogo.

No contexto da área de estudo, este período corresponde ao final de outubro-dezembro. Nesta altura, a biomassa herbácea não está completamente seca, pelo que a propagação do fogo pelo vento é limitada. Consequentemente, a matéria orgânica superficial do solo não é afetada. Tradicionalmente, os incêndios precoces podem começar quando, dependendo da área, as folhas de certas espécies lenhosas como *Lannea acida, Terminalia spp*, *Sterculia setigera* e gramíneas como *Loudetia togoensis* começam a ficar amarelas (PREDAS, 2005). Esta é a altura em que o fogo causa menos danos às formações vegetais. Após a passagem dos chamados fogos iniciais, observam-se novos rebentos nos rastos de fogo. De acordo com Sawadogo (2009), estes rebentos jovens são uma importante fonte de alimento para os grandes herbívoros selvagens. Os pastores transumantes também se deslocam para as reservas em busca destas ervas jovens.

A tendência geral da política de gestão dos fogos de vegetação no Burkina Faso é para os fogos precoces e de gestão. Há duas razões para esta escolha: "A primeira é utilitária, pois estes incêndios formam corta-fogos para eventuais incêndios mais violentos e devastadores. A segunda é mais ecológica: os incêndios precoces são menos devastadores porque actuam quando o stress hídrico da vegetação é baixo (no final da estação das chuvas)" (Caillaut & *al.*, 2009).

Os fogos que ardem de janeiro a maio são conhecidos como "fogos tardios". O início (janeiro) é apenas indicativo, porque a secura do solo depende de vários parâmetros, entre os quais a data do fim da estação das chuvas, e esta data varia muito consoante a estação. Como a biomassa herbácea está completamente seca, assim como o solo, a propagação do fogo é acelerada pelo harmattan. O fogo pode assim devastar uma grande área num espaço de tempo muito curto. A sua ação sobre a estrutura do solo consiste em destruir os elementos orgânicos superficiais do solo. Destrói o húmus coloidal, que se mineraliza, provocando a desintegração da estrutura do solo (Guira, 1997).

O fogo também destrói a microfauna, que desempenha um papel não negligenciável na formação e desenvolvimento do solo. Uma das consequências nefastas do fogo nas formações vegetais é o facto de a sua intensidade ser tal que pode destruir plântulas, árvores doentes, flores e frutos. "Em termos de flora, o fogo seleciona certas espécies resistentes (pirofilas) em detrimento de outras menos aptas a defenderem-se (pirofugas). Os rebentos de certas árvores são mais ou menos gravemente danificados pelo fogo, o que modifica o hábito dessas árvores e afecta a própria fisionomia das formações vegetais" (Valéa & Ballouche, 2012). A fotografia 11 mostra o efeito do fogo na vegetação da reserva total.

11Foto: Incêndio de vegetação na RTFB

Fotografia tirada no terreno (SOME T. Noël, 27 de dezembro de 2020)

Na área de estudo, 42,dos inquiridos afirmam que os incêndios de vegetação ocorrem nas reservas entre outubro e dezembro, enquanto 33,dizem que ardem entre janeiro e fevereiro. O último grupo de inquiridos (23,) sobre esta questão afirma que são registados entre março e o início de maio (ver Figura 35).

35Figura: Períodos de incêndios florestais nas reservas

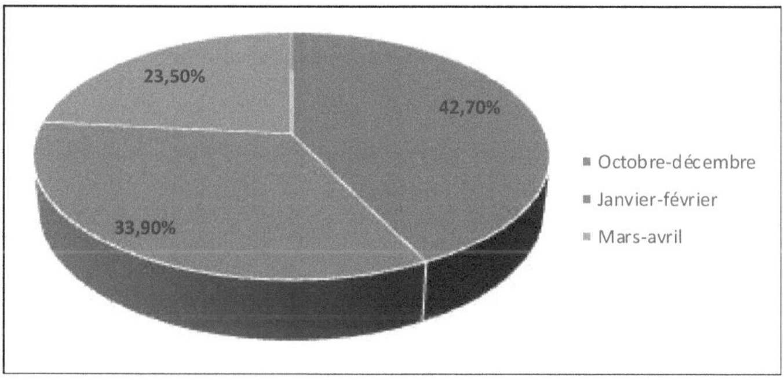

Fonte: Dados de campo, março de 2020

A análise do gráfico mostra que as reservas são afectadas por incêndios durante toda a estação seca. Estes são particularmente destrutivos durante a estação do harmatão. As formações vegetais estão, portanto, sob a influência do fogo, o que dificulta o desenvolvimento das plântulas em árvores e a manutenção de certas árvores frágeis que não são resistentes ao fogo. Os incêndios comprometem não só a regeneração natural do estrato arbustivo, mas também o crescimento de novos rebentos (...). Queimam o coberto herbáceo e certas árvores consumidas pelo gado, comprometendo assim a sua sobrevivência durante a estação seca (Solly & *al.*, 2020).

7.1.4.3.3. Motivos dos incêndios de vegetação nas reservas

Existem várias razões para a presença de fogos de vegetação nas reservas. Dos inquiridos, 43,2% confirmaram que os fogos foram ateados nas reservas para fins cinegéticos, 35,para fins desconhecidos, 8,para limpar campos, 6,para afastar os répteis das habitações e 6,inadvertidamente.

Os incêndios de vegetação modelam periodicamente estas áreas, que deveriam ser protegidas. Nestas reservas só deveriam arder os chamados fogos de gestão, mas as populações locais estão a queimar a floresta por motivos próprios. Sobre os motivos dos incêndios de vegetação, Valéa (2010) observa que, em termos temporais, o calendário de incêndios está ligado ao calendário agrícola e pastoril. Segundo ela, na agricultura itinerante, o fogo é a forma mais rápida, simples e eficaz de limpar os campos. Este facto é confirmado pelas razões invocadas para a realização de fogueiras nas aldeias que confinam com as reservas. Além disso, a grande maioria dos agricultores continua a praticar uma agricultura de tipo mineiro, em que o fogo é parte integrante da gestão dos campos.

Como já foi referido, o carácter sensível dos incêndios de vegetação na zona de estudo é muito visível. Este facto deve-se ao comportamento repressivo dos agentes da Eaux et Forêts e do Estado em geral, ligado à expulsão destas populações. Os dados do inquérito mostram que o principal motivo dos incêndios de vegetação é a caça. No entanto, na reserva total, esta atividade é formalmente proibida, mesmo na reserva parcial, onde é autorizada por decreto do Ministro do Ambiente, que especifica as datas de abertura e encerramento da caça no Burkina Faso. Por conseguinte, a prática da caça proibida nas reservas é recorrente.

Uma vez que as aldeias e os campos se situam nas reservas, a existência de incêndios de matos diz respeito aos chamados incêndios tardios, uma vez que a preparação do campo em que o fogo ocorre tem lugar na localidade entre março e o início de maio. Como o fogo não pode ser controlado ao nível do campo, é nas zonas limítrofes do campo que o fogo, inicialmente destinado à preparação do campo, queima parte da reserva. A abertura de novos campos com técnicas de fogo tradicionais é também a causa dos incêndios tardios de vegetação nas reservas. Os incêndios tardios são igualmente observados nas zonas pantanosas próximas dos cursos de água. É certo que a biomassa herbácea presente nestas zonas está livre de stress hídrico durante uma boa parte da estação seca. Estas zonas são os principais refúgios da fauna selvagem e, por conseguinte, são queimadas tardiamente para fins cinegéticos.

7.1.4.4. Benefícios socioeconómicos da exploração florestal

O sector florestal desempenha um papel importante na economia doméstica em termos dos bens e serviços que fornece. Os produtos florestais desempenham um papel ativo na geração de rendimentos para as comunidades locais.

7.1.4.4.1. A contribuição dos recursos florestais para a melhoria das condições de vida das populações locais

Dizer que os recursos florestais contribuem para melhorar as condições de vida das famílias rurais no Burkina Faso seria um eufemismo. No entanto, parece sensato determinar os domínios em que os produtos florestais estão envolvidos para analisar o seu impacto real nas condições de vida das famílias locais.

7.1.4.4.1.1. Utilizações da madeira

A madeira é utilizada para muitos fins:

- ✓ **A utilização de madeira e produtos de madeira nas actividades de cozinha e de transformação de PFNL**

O principal combustível é a lenha, pois quase todos os inquiridos (99,) afirmaram utilizá-la para cozinhar as refeições e para transformar produtos florestais, como a manteiga de karité e a soumbala (sementes de néré fermentadas). Uma das principais utilizações da madeira é o fabrico da cerveja de sorgo. Esta bebida é feita em várias ocasiões, incluindo festas tradicionais e costumeiras, apoio mútuo às colheitas, dias de mercado e mesmo dias comuns em que é vendida. O processo demora dois dias e o produto final é obtido no terceiro dia. As actrizes afirmam utilizar exclusivamente a lenha, umas em fogões melhorados e outras em fogões de três pedras. No caso dos fogões melhorados, um feixe de lenha (foto 12) é suficiente para uma sessão de fabrico do dolo. Para os fogões de três pedras, no entanto, é necessária mais lenha.

12Foto : Feixes de madeira

Fotografia tirada no terreno (SOME T. Noël, 27 de março de 2020)

Os fogões melhorados oferecem uma alternativa para racionalizar o consumo de combustível de madeira em actividades comerciais florescentes nos locais de estudo, particularmente a produção de cerveja de sorgo. O alargamento da utilização de fogões melhorados a todos os agregados familiares reduziria consideravelmente o consumo de lenha por agregado familiar e contribuiria ipso facto para a redução da desflorestação associada. O trabalho de Kamdem et *al* (2022) no oeste dos Camarões ilustra este ponto. O estudo mostrou que o consumo de madeira por hora de um agregado familiar era quatro vezes mais elevado numa lareira de três pedras do que numa lareira a lenha melhorada. A fotografia 13 mostra dois fogões melhorados utilizados para fazer dolo na aldeia de Zambo.

13Foto : Lareiras melhoradas

Fotografia tirada no terreno (SOME T. Noël, 27 de março de 2020)

O combustível utilizado provém das reservas (56,9%), dos campos (62,) e dos pousios (56,), e é madeira morta ou madeira verde cortada ilegalmente pelas mulheres ou comprada. Quando lhe foi perguntado: "Podem tirar madeira das reservas?", a resposta de uma das mulheres foi inequívoca: "Não, não! Nós roubamos para cortar madeira nas reservas (...)". Afirmam também conhecer a legislação florestal, nomeadamente a regulamentação do abate de árvores. A origem da lenha não é específica de uma determinada área. A madeira é extraída onde quer que esteja disponível, o que resulta em práticas ilegais.

A exploração ilegal de lenha causa muitos danos às formações vegetais porque não são respeitadas quaisquer regras neste domínio. O impacto negativo da produção de lenha na vegetação foi registado na prefeitura de Tchaoudjo, no Togo, por Kaina et *al.* (2018). Tendo em conta a importância económica e social desta atividade, seria sensato que os actores estatais e as autoridades descentralizadas nestas localidades popularizassem a utilização de fogões melhorados em todos os agregados familiares da zona, a fim de minimizar o consumo de lenha e, por sua vez, reduzir o seu impacto nas formações vegetais destas reservas.

O carvão vegetal é utilizado por 35,dos inquiridos, juntamente com a lenha. Apenas 3,7% e 0,utilizam gás butano e resíduos de culturas, respetivamente, para cozinhar os seus alimentos. O carvão vegetal provém da combustão incompleta da lenha aquando do fabrico da cerveja de sorgo. O fabrico de carvão vegetal é também efectuado clandestinamente nas reservas por carvoeiros. Consome muita energia da madeira, pois para produzir um quilograma de carvão vegetal são necessários cinco quilogramas de madeira. Daí o impacto negativo desta prática nos recursos lenhosos das formações vegetais das reservas.

A principal fonte de combustível utilizada para cozinhar e para outras actividades de transformação de PFNL é a madeira e, em menor grau, o carvão vegetal. As quantidades diárias de madeira utilizadas dependem, portanto, do número de pessoas por agregado familiar, dos seus hábitos alimentares e de cozinha (tipo de alimentos cozinhados regularmente, alimentos guardados durante vários dias, etc.) e da época do ano. A época de maior consumo de lenha coincide com a estação das chuvas. As rações alimentares, feitas essencialmente de folhas, requerem grandes quantidades de madeira. As reservas de segurança de madeira acumuladas pelas mulheres no início da estação seca são utilizadas durante este período, quando a madeira seca é escassa e os principais actores estão preocupados com o trabalho nos campos.

- ✓ **A utilização da madeira na construção de habitações e no fabrico de materiais diversos**

As habitações tradicionais continuam a ser dominantes nos locais de estudo. As habitações tradicionais são construídas com madeira como forquilhas, vigas e outros materiais de cobertura. Esta observação foi confirmada por quase todos os inquiridos, que consideraram que a madeira de certas espécies vegetais é particularmente utilizada na construção de casas e barracões devido à sua qualidade. *Estas incluem Khaya senegalensis, Afzelia africana, Pteleopsis suberosa, Anogeissus leiocarpus, Pterocarpus erinaceus, Azadirachta indica, Tectona grandis e Vitellaria paradoxa.* A madeira é cortada em reservas, campos e pousios. A escolha de espécies vegetais específicas, cuja madeira é considerada suficientemente forte para suportar o peso do terraço e durável (resistente ao ataque de térmitas), tem um inconveniente evidente para estas espécies, nomeadamente a redução progressiva do seu número. Algumas destas espécies, *Khaya senegalensis e Afzelia africana*, estão em perigo de extinção nas proximidades das aldeias, segundo a perceção das pessoas entrevistadas, que as mencionam regularmente.

A madeira verde é usada para fazer cadeiras (*Mitragyna inermis*), utensílios de cozinha (almofarizes, pilões, espátulas) (*Vitellaria paradoxa* e *Parkia biglobosa*), equipamento agrícola (cabos de enxadas e catanas) e outras ferramentas utilitárias (escadas, postes, etc.). A palha de *Andropogon gayanus* é utilizada como material de cobertura nalgumas casas (Mossi e Peulh) e para telheiros em seccos. É também utilizada no artesanato para fazer esteiras e cestos. A exploração da madeira contribui para a redução de certas espécies vegetais, na medida em que é selectiva em função da qualidade da madeira. A fotografia 14 mostra uma escada feita de *vitellaria paradoxa*.

14Foto: Escada feita de *Vitellaria paradoxa*

Fotografia tirada no terreno (SOME T. Noël, 27 de dezembro de 2020)

Em termos tradicionais, as árvores são essenciais para as comunidades. Estão envolvidas em todas as fases da vida humana, desde o nascimento até à morte. É por isso que os ritos funerários exigem a utilização de madeira de espécies específicas.

7.1.4.4.1.2. Produtos florestais nos regimes alimentares das famílias

Muitos PFNL estão plenamente integrados nos hábitos alimentares das famílias locais. Ajudam a gerir a escassez de alimentos e as crises, geralmente durante o período de fome entre junho e setembro, quando as famílias vulneráveis consomem grandes quantidades destes produtos florestais. É o período em que os celeiros estão quase vazios e as primeiras colheitas tardam em chegar (Ouédraogo, 2006). Estes produtos, constituídos por folhas, flores, frutos, cascas e raízes, são consumidos por 98, das pessoas interrogadas. A utilização de produtos florestais é suscetível de aumentar quando as colheitas são fracas e não existem outras fontes de rendimento (FAO, 2007).

Os PFNL não transformados são particularmente consumidos durante o trabalho de campo. Nesta altura, a indisponibilidade de cereais e o tempo de que as mulheres dispõem não lhes permite servir várias (três) refeições por dia (Somé, 2012). Hama & *al* (2019) fazem uma observação semelhante na comuna de Tamou, no sudoeste do Níger, relativamente às razões pelas quais as pessoas consomem PFNL, que podem ser resumidas como a luta contra a fome durante a época de escassez, a má época agrícola, a pobreza, a melhoria das condições de vida do agregado familiar e razões culturais.

As várias espécies de plantas e as suas partes que são consumidas estão listadas no Quadro 33.

33Quadro: Principais PFNM consumidos pelos agregados familiares locais

Nome botânico da espécie vegetal	Partes da planta consumidas			
	Folhas	Flores	Fruta	Frutas de casca rija/sementes
Vitellaria paradoxa			×	×
Parkia biglobosa			×	×
Adansonia digitata	×	×	×	
Lannea microcarpa			×	
Detarium microcarpum			×	
Saba senegalensis			×	
Balanites aegyptiaca	×	×		
Celtis integrifolia	×			
Tamarindus indica	×	×	×	
Acácia macrostachya	×			
Bombax costatum		×		
Diospyros mespiliformis			×	
Ziziphus mucronata			×	
Gardenia erubescens			×	
Ziziphus mauritiana			×	

Ximenia americana L.			×	
Ficus sycomorus			×	
Annona senegalensis			×	
Vitex madiensis			×	
Crataeva Adansonii D.C.	×			

Fonte: Dados de campo, março de 2020

O fruto é consumido após a colheita, sem qualquer transformação ou desinfeção, como snack nas lojas ou em casa. Este facto acarreta riscos de infecções gastrointestinais para os consumidores, sobretudo para as crianças, que são as mais expostas. As folhas, flores, sementes e nozes, por outro lado, são submetidas a uma variedade de processos que vão desde a simples secagem até à cozedura seguida de secagem e conservação. Além disso, a conservação dos PFNL transformados é um baluarte da segurança alimentar das famílias, uma vez que proporciona um fornecimento constante de condimentos para variar a dieta. As plantas dão, portanto, um contributo importante para a dieta das comunidades ribeirinhas, uma vez que são fontes de vários nutrientes, incluindo vitaminas, cálcio, fósforo e ferro, tal como salientado por Sanou et *al* (2022).

Em suma, os PFNLs são parte integrante dos hábitos alimentares das famílias na área de estudo. Por conseguinte, contribuem para a sua segurança alimentar, na medida em que estão disponíveis em todas as estações e, portanto, ajudam a diversificar as rações alimentares das famílias. Mais de 43,dos agregados familiares burquinenses dependem deles para a sua dieta e equilíbrio nutricional (MECV, 2010). Além disso, a segurança alimentar não é exclusivamente uma questão de produção agrícola. Savadogo (2018) relatou o consumo regular de PFNM noutras partes do país, nomeadamente em Kokologho e Ténado.

7.1.4.4.1.3. Produtos florestais na saúde do agregado familiar

A saúde das comunidades rurais que vivem nas aldeias que fazem fronteira com as reservas não é apenas médica; depende largamente dos recursos florestais, nomeadamente das espécies vegetais e herbáceas medicinais. De acordo com a OMS (2002), no Burkina Faso, 70% população depende das plantas para os seus cuidados de saúde.

A farmacopeia tradicional continua a desempenhar um papel importante na saúde das pessoas desta região, uma vez que pode ser utilizada para curar doenças como a malária, dores de estômago, dores de cabeça e picadas de cobra, e para estabilizar doenças crónicas como a hipertensão arterial e a diabetes. As folhas, as raízes, a casca, as flores e os frutos são utilizados neste tratamento. São utilizados em decocções ou moídos em pó. A aplicação depende da doença a tratar. Os recém-nascidos são geralmente banhados numa decocção feita a partir das folhas, cascas e raízes de várias espécies de plantas, para garantir um bom nível de imunidade corporal.

As plantas medicinais dividem-se em duas grandes categorias. Plantas com boa reputação que são utilizadas em todo o lado, uma espécie de panaceia que pode ser reservada a uma categoria particular da população; algumas têm propriedades muito específicas (Alexandre & Kaire, 2001). O recurso da população à farmacopeia tradicional reside no seu poder de compra, uma vez que muitas famílias não podem pagar as receitas médicas e são, por isso, obrigadas a recorrer à natureza para cuidar da sua saúde. No entanto, a falta de confiança nas estruturas de saúde e certas considerações culturais explicam a utilização da medicina tradicional por certas camadas da população (os idosos).

Vários estudos atestam a utilização de plantas medicinais pelas populações rurais para fins de saúde. É o caso dos usos de *Sclerocarya birrea, Securidaca longepedunculata, Lannea microcarpum* e *Detarium* relatados por Savadogo & *al.* (2019) nas localidades de Kokologho e Ténado na região Centro-Oeste do Burkina Faso. No entanto, mencionam que quanto maior for a dependência e a procura de PFNM medicinais, maior será o potencial para um grande impacto ambiental. Um estudo semelhante efectuado por Ouattara & *al* (2016) sobre a diversidade florística e a utilização de plantas na região sudanesa do noroeste da Costa do Marfim, caracterizada por formações savânicas e florestas abertas, argumenta que a grande maioria da população do local de estudo depende da medicina tradicional local. No entanto, os autores referem que as partes das plantas utilizadas nem sempre são comunicadas. Em resposta a uma das nossas perguntas sobre as espécies de plantas medicinais, as diferentes partes utilizadas na farmacopeia tradicional e as doenças tratadas, um praticante tradicional da aldeia de Zoolo disse "(...) não lhe posso explicar isso! É uma questão dos génios, são eles que mostram o uso das plantas (...)". Os usos terapêuticos da *Faidherbia albida* e da *Khaya senegalensis* pelas populações locais da reserva parcial de Pama foram também mencionados por Mbayngone & Thiombiano (2011). A Tabela 34 resume algumas das espécies de plantas medicinais usadas pelas pessoas na área de estudo.

34Quadro: Espécies de plantas utilizadas no tratamento de certas doenças

Nome botânico da espécie vegetal	Doenças tratadas	Partes das espécies vegetais utilizadas

Faidherbia albida	Tosse	Cascas
Acácia nilótica	Dores de estômago	Fruta
Ozoroa insignis	Febre	Folhas
Calotropis procera	Tosse, asma, sífilis, tuberculose	Folhas, frutos, cascas e raízes
Piliostigma thonningii	Dermatite, varicela, borbulhas e feridas na pele	Folhas
Parkia biglobosa	Tratamento de patologias do aparelho digestivo, hipertensão arterial, parasitas	Raízes, cascas e folhas
Diospyros mespiliformis	Dores de estômago, diarreia e disenteria	Folhas verdes e frutos
Balanites aegyptiaca	Picada de cobra, tensão arterial elevada	Folhas e frutos
Vitex madiensis	Febre, malária e diabetes	Folhas
Ximenia americana	Dores de estômago	Raízes

Fonte: Dados de campo, março de 2020

Estas plantas são preparadas sob a forma de decocção, extração de sumo, maceração, pó, infusão ou calcinação (Ky, 2010) antes de serem administradas por via oral (bebendo ou consumindo o produto), por banho, inalação, massagem, etc.

7.1.4.4.1.4. Produtos florestais como fonte de rendimento do agregado familiar

No Burquina Faso, os produtos florestais não lenhosos são a terceira maior fonte de rendimento dos agregados familiares nas zonas rurais, com , depois da agricultura (37%) e dos produtos pecuários () (OSS, 2015).

É praticamente impossível calcular a parte do rendimento da silvicultura no rendimento total das famílias que vivem perto das reservas por duas razões principais:

- a desorganização dos intervenientes na gestão florestal devido à falta de gestão das reservas com um plano de gestão e especificações claras,

- analfabetismo entre as partes interessadas, o que impede uma contabilidade clara dos recursos financeiros ligados às actividades económicas das famílias.

Além disso, embora o rendimento da silvicultura não seja facilmente mensurável, contribui indubitavelmente para o rendimento global do agregado familiar. Pelo menos 200 espécies de árvores e arbustos contribuem para a alimentação e o tratamento dos burquinenses (MECV, 2011). A madeira é vendida em feixes de 300 francos CFA, 500 francos CFA, 1.000 francos CFA e 1.500 francos CFA aos agregados familiares nos centros semi-urbanos, e em carroças e triciclos aos transformadores locais de cerveja (dolo) a preços que podem ir até aos 10.000 francos CFA por carroça.

Para além da madeira, que não é muito comercializada de acordo com os inquiridos, quase todos os quais afirmam que não se dedicam a esta atividade, a maior parte do rendimento florestal provém dos PFNL, neste caso, os caroços de carité e as sementes de néré. Estes produtos são vendidos em bruto ou transformados.

7.1.4.4.1.5. Rendimento dos produtos florestais em outras despesas familiares

O rendimento florestal obtido pelas mulheres, que são os principais intervenientes nos sectores dos PFNL e da madeira, é injetado nas despesas familiares. O rendimento da silvicultura é investido na alimentação do agregado familiar (compra de condimentos, alimentos) de acordo com 52,70% dos inquiridos, enquanto 21,dos inquiridos o investem em cuidados médicos para os membros da família, em comparação com e 8,, respetivamente, que o injectam na compra de vestuário e utensílios de cozinha (panelas, pratos, etc.), e na escolaridade das crianças (compra de material escolar e pagamento de propinas). A figura 36 mostra as proporções das diferentes utilizações do rendimento florestal.

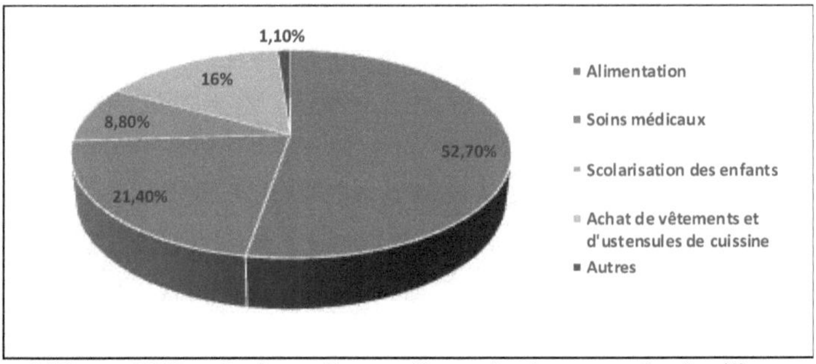

36Figura: Utilização do rendimento florestal pelos agregados familiares locais

Fonte: Dados de campo, março de 2020

O rendimento florestal contribui para a satisfação global das necessidades vitais (alimentação e saúde) das populações locais envolvidas na atividade florestal. Ajuda também a garantir a segurança alimentar, uma vez que os principais interessados dispõem de meios financeiros para comprar géneros alimentícios que lhes permitam ultrapassar a escassez de alimentos. As rações alimentares podem também ser variadas através de condimentos para temperar o molho e da compra de géneros alimentícios que as famílias não produzem.

Em suma, as necessidades da população no que respeita à utilização dos produtos florestais estão relativamente satisfeitas. Dos inquiridos, 52,31% estão muito satisfeitos, enquanto 17,e 8,têm níveis de satisfação bons e médios, respetivamente. Os níveis de satisfação muito baixo e baixo dizem respeito a 14,15% e 7,dos inquiridos (ver quadro 35).

35Quadro: Nível de satisfação das necessidades das pessoas através da utilização de produtos florestais

Nível de satisfação das necessidades	Força de trabalho	Frequência (%)
Muito baixo	46	14,15
Baixa	23	7,08
Médio	29	8,92
Bom	57	17,54
Muito bom	170	52,31
Total	325	100

Fonte: Dados de campo, março de 2020

De um modo geral, a população local está bastante satisfeita com a utilização dos produtos florestais para satisfazer as suas diferentes necessidades. Estes produtos são utilizados em todos os domínios da vida. Como a exploração destes produtos é regida por legislação, as populações locais não têm livre acesso aos produtos de que necessitam na reserva total. A compensação das necessidades das populações locais em termos de produtos florestais deveria tornar necessária e mesmo obrigatória a proteção do recurso.

7.1.5. A perceção das populações locais sobre o valor das reservas

As reservas são vistas pelas populações locais como um local de culto e uma fonte de alimentação, rendimento e saúde. A falta de desenvolvimento e de uma gestão estruturada das reservas não permite tirar o máximo partido deste recurso. Além disso, os principais sectores de rendimento das famílias, como o carité, o néré, o mel e a madeira, continuam a ser informais, apesar da existência de vários grupos de mulheres e cooperativas, como o grupo Niblossi em Tiankoura, o grupo Yembs Taaba Relwendé em Nako e a Union des Coopératives (grupo de 14 cooperativas) com sede em Djikologo, especializadas na exploração e transformação de PFNL.

A Union des coopératives, criada em 2011, conta com 215 mulheres associadas. A adesão a esta estrutura requer o envio de um pedido de adesão ao diretor, acrescido de uma quantia de 10.000 francos CFA. As quotizações são uma fonte de exclusão para um grande número de mulheres que não têm meios para as pagar. As principais actividades dos membros consistem na colheita e na transformação da castanha de carité e das bainhas de néré, o que valoriza o seu rendimento. Os lucros após as vendas são partilhados entre os membros deste sindicato. Segundo o responsável, são organizadas regularmente acções de sensibilização sobre a proteção das árvores e a reflorestação pelos membros da União das Cooperativas.

Com exceção destes poucos exemplos de organizações de recolha e transformação de PFNL, as amêndoas de carité e as sementes de néré são recolhidas e vendidas a preços baixos no seu estado bruto por muitos intervenientes nestes sectores. O baixo custo global dos produtos florestais constitui um obstáculo ao aparecimento destes sectores e, por extensão, à proteção dos recursos. Os inquéritos e os grupos de reflexão com mulheres revelam uma necessidade crucial de organizar os sectores acima referidos e de formar os principais intervenientes, fornecendo-lhes equipamento adequado para a transformação dos produtos. A valorização deve fazer parte de uma abordagem global e integrada.

7.1.6. Reservas: espaços de culto ou de turismo?

As reservas continuam a estar repletas de locais sagrados - potenciais recursos turísticos. São vistos como santuários para o culto de divindades pelos seguidores da religião tradicional africana.

7.1.6.1. Práticas culturais tradicionais e proteção dos recursos vegetais e faunísticos nas reservas

A existência de práticas religiosas nas reservas continua a ser uma realidade. Foi reconhecida por 63,1% dos inquiridos, 19,negaram-na e 17,abstiveram-se.

O povo tem organizações sociais e religiosas que privilegiam o culto dos antepassados e a comunhão com a natureza. Os bosques sagrados, os montes, as árvores, os rios, etc. são os principais altares de culto, nos quais são sacrificados animais vivos (galinhas, ovelhas, cabras e bois) como oferendas aos espíritos dos antepassados ou dos génios, quer para um pedido particular, quer para pagar uma dívida. A questão dos ritos religiosos tradicionais está a tornar-se cada vez mais sensível no seio destas comunidades, onde alguns membros que se converteram às religiões reveladas (cristianismo e islamismo) têm relutância em falar deles por receio de serem estigmatizados pelas suas novas comunidades religiosas. Todos os estratos sociais estão representados, segundo as pessoas entrevistadas. No entanto, para realizar um ritual de sacrifício, a mulher é obrigada a fazer-se acompanhar por um homem, que pode ser o seu irmão ou o seu marido. A razão para tal, segundo as pessoas entrevistadas, é que o poder do sacerdote está reservado ao homem.

A prática de ritos religiosos tradicionais pelas populações locais representa um baluarte na proteção e gestão dos recursos florestais e faunísticos. Todos os espaços dedicados ao culto de poderes sobrenaturais são muitas vezes protegidos da agressão humana. O corte de madeira verde, a recolha de madeira morta, a poda, o descasque de certas árvores e os incêndios florestais são de facto proibidos nos locais sagrados. A sua gestão baseia-se, portanto, numa abordagem de conservação e de proteção através do sagrado (Savadogo & *al.,* 2020). Estes lugares sagrados desempenham um papel ecológico importante nos ecossistemas da reserva. O papel positivo desempenhado por estes sítios naturais sagrados na preservação da biodiversidade foi mencionado na floresta classificada de Kou, no sudoeste do Burkina Faso, por Yaovi (2017). Noutros locais do país, Sawadogo & *al* (2017) afirmam que os bosques sagrados protegem várias espécies vegetais utilizadas para fins alimentares, farmacêuticos e outros usos. Acima de tudo, protegem espécies que estão a tornar-se mais raras (Poda, 1998).

Para os chefes tradicionais, o culto de certas árvores centenárias (*Ceiba pentandra* ou árvore do queijo e *Adansonia digitata*) é imperativo para uma boa pluviosidade. Esta história ilustra bem esta perceção: "Durante três dias, celebrámos o funeral de uma árvore de queijo sagrada aqui na aldeia. Antes do terceiro dia do funeral, choveu muito", conta um chefe tradicional da aldeia de Bontioli. Devido à sua organização social baseada na linhagem e no clã, as etnias instaladas na zona têm proibições totémicas em relação aos animais selvagens, consoante o clã ou a família alargada. Em função da representatividade de uma família ou de um clã num determinado meio, uma espécie de fauna pode ser conservada em detrimento de outras. No entanto, é uma organização que permite reduzir a depredação de toda a fauna. Nesta zona, uma família bastante representativa (Gbanè), cujo totem é o hippotrague, permitiu proteger relativamente esta espécie na localidade (MEEVCC, 2017).

7.1.6.2. Ecoturismo nas reservas

O ecoturismo é um sector praticamente desconhecido das populações dos locais de estudo. Quando se pergunta "Recebe turistas?", 47,1% dos inquiridos desconhecem completamente esta atividade, contra 41,que afirmam não receber turistas na sua localidade. Apenas 11,1% são favoráveis a que os turistas visitem a sua localidade em qualquer altura. Além disso, as pessoas que desenvolvem actividades de investigação florestal são muitas vezes comparadas a turistas pela população local.

O ecoturismo não é uma preocupação dos actores estatais responsáveis pela gestão dos recursos florestais das reservas. A situação atual destas reservas, caracterizada pela presença quase permanente do homem com as suas diversas actividades, não se presta a este tipo de atividade. Segundo 36,dos inquiridos, as razões para o nível muito baixo de ecoturismo na zona estão ligadas ao não desenvolvimento das reservas e, para 32,ao desaparecimento da fauna selvagem devido à pressão humana. A ausência de instalações para visitantes e a falta de visibilidade das reservas a nível nacional e internacional em termos do seu potencial cultural foram citadas por 7,e 7,5% dos inquiridos, respetivamente. Razões desconhecidas foram apontadas por 19,dos inquiridos.

Em todo o caso, as reservas de vida selvagem de Bontioli sofrem de uma falta de visão. Apesar dos novos desafios colocados pela prospeção de ouro e, sobretudo, pela insegurança, que prejudicam a gestão global das florestas do Burkina Faso por parte do Estado, desenvolver estas reservas e dotá-las de um plano de gestão claro que diversifique as actividades em benefício das comunidades poderia reduzir a sua colonização e atrair turistas para a zona. Tudo isto poderia contribuir para criar e manter uma economia local bem estruturada em torno deste recurso.

7.2. Aplicação da legislação florestal nas reservas

Adoptada a 11 de abril de 2011, a Lei n.º 003-2011/AN sobre o Código Florestal do Burkina Faso substitui o primeiro Código Florestal, datado de 31 de janeiro de 1997, que durou apenas 14 anos. O Código atual inspira-se na lei do regime florestal da AOF. O seu objetivo está claramente definido no artigo 1°, que estipula que "o presente código tem por objetivo estabelecer os princípios fundamentais para a gestão e o desenvolvimento sustentáveis dos recursos florestais, faunísticos e haliêuticos". Esta disposição faz uma menção especial a dois princípios-chave envolvidos na dinâmica das plantas, nomeadamente a "sustentabilidade" e o "desenvolvimento". Estes conceitos implicam a participação individual e colectiva e um investimento substancial na gestão florestal por parte do Estado em benefício das comunidades locais. O artigo 4°, nº 2, estabelece que a gestão sustentável destes recursos é um dever de todos. Sem a participação efectiva das populações locais, a noção de silvicultura sustentável não passará de uma palavra vazia num contexto de zonas rurais saturadas e de vicissitudes climáticas. Este código constitui, portanto, um quadro de referência através do qual todas as acções de desenvolvimento e de gestão devem ser levadas a cabo.

7.2.1. Avaliação do nível de conhecimento da legislação florestal pela população local

A aplicação eficaz da legislação florestal exige que as pessoas estejam bem familiarizadas com as suas disposições. Deste ponto de vista, é necessário analisar os mecanismos da sua divulgação.

7.2.1.1. Analfabetismo: um obstáculo ao conhecimento da legislação florestal?

A educação formal ou informal contribui para a edificação de qualquer sociedade. É neste contexto que ela é entendida como um indicador importante a ter em conta no processo de gestão e proteção das reservas pelas populações locais. Nesta localidade, 77,2% das pessoas inquiridas afirmaram não ter recebido qualquer instrução. Apenas 4,3% eram alfabetizados, tinham o ensino primário, 4,o ensino secundário e 1,o ensino superior.

As estatísticas do inquérito de campo indicam que a maioria da população rural na área de estudo é analfabeta. Este facto levanta a questão da divulgação de técnicas inovadoras para os sistemas de produção agro-silvo-pastoris. O desconhecimento dos textos legislativos pelos utilizadores dos recursos florestais constitui um obstáculo à boa gestão dos recursos, na medida em que não são traduzidos e explicados nas principais línguas locais (Dagara, Lobi e Birifor).

7.2.1.2. Mecanismos de divulgação da legislação florestal às comunidades locais

O princípio jurídico de que "ninguém deve ignorar a lei" aplica-se aos intervenientes na gestão dos recursos florestais, na sua maioria analfabetos. Não existe um sistema formal de divulgação da legislação relativa ao ambiente em geral e à silvicultura em particular.

No terreno, os agentes da Eaux et Forêts organizam várias sessões de sensibilização sobre a proteção das reservas. Os temas geralmente abordados giram em torno dos efeitos nocivos dos incêndios de vegetação e do corte de madeira verde. Os resultados do inquérito no terreno corroboram este facto. Além disso, 67,dos inquiridos afirmam que as acções de sensibilização são organizadas pelos "guardas florestais" em colaboração com os silvicultores. Para garantir que a legislação florestal é corretamente divulgada entre a população, um funcionário do sector da água e das florestas declarou: "Após uma sessão de sensibilização sobre um determinado aspeto da gestão florestal, avaliamos o nível de divulgação da mensagem pelo facto de a prática continuar, diminuir ou desaparecer após a sessão de sensibilização.

No entanto, a dificuldade desta técnica de divulgação da legislação florestal baseada na sensibilização reside na credibilidade de que gozam no seu meio social os agentes encarregados de realizar esta tarefa e os chefes de aldeia, e na sinceridade de todos os intervenientes, dado o número reduzido de silvicultores e "supervisores florestais" para realizar a atividade de forma regular. Ouédraogo (2011) atesta que um dos principais constrangimentos à apropriação dos textos difundidos pelo circuito informal são os constrangimentos socioculturais.

O mecanismo de controlo da apropriação do Código Florestal também não é muito eficaz, uma vez que as actividades proibidas são realizadas clandestinamente nestas reservas.

7.2.1.3. Conhecimento das espécies vegetais e animais protegidas pela legislação florestal

Devido ao seu valor económico e cinegético e ao seu impacto na diversidade biológica, certas espécies vegetais e animais são protegidas pela legislação em vigor no Burkina Faso. Nas aldeias que confinam com as reservas de vida selvagem de Bontioli, 70,2% dos inquiridos afirmaram ter conhecimento da existência de espécies protegidas, contra 15,que não sabiam. Por outro lado, 7,4% dos inquiridos não reconhecem a existência de tal disposição regulamentar e 5,abstiveram-se.

Os agricultores parecem ter um bom conhecimento dos regulamentos relativos à proteção de certas espécies pela legislação florestal. Em relação a estas espécies, mencionam regularmente todas as árvores cujos frutos são comestíveis e consumíveis, nomeadamente *Vitellaria paradoxa, Parkia biglobosa, Adansonia digitata, Lannea microcarpa, Diospyros mespiliformis* e *Saba senegalensis*. No que respeita à fauna selvagem, alguns consideram que todos os animais selvagens são protegidos, enquanto a grande maioria dos entrevistados menciona regularmente elefantes, leões, panteras e búfalos. Como a época de caça é regulada (abertura e encerramento) pelo Ministério responsável pela fauna bravia, alguns agricultores defendem que todos os animais selvagens são sistematicamente protegidos por lei, o que não é o caso.

7.2.1.4. Conhecimento das actividades proibidas nas reservas

O Código Florestal de 4 de abril de 2011 proíbe todas as actividades na reserva total e um certo número de actividades na reserva parcial. Nos locais de estudo, as actividades proibidas pela legislação florestal estão a ser realizadas de forma fraudulenta. As populações locais estão bem cientes destas actividades. 54,8% dos inquiridos citaram o garimpo, 30,as queimadas tardias, 23,a agricultura, 20,outras actividades, incluindo a recolha de frutos imaturos e o abate de árvores protegidas. Finalmente, 10,5% dos inquiridos consideram que a criação de gado é proibida nas reservas.

As estatísticas mostram que as populações locais, através das sessões de sensibilização organizadas pelos agentes da Água e das Florestas e pelos "Supervisores Florestais", estão bem cientes das actividades que não podem realizar na reserva parcial.

7.2.2. Infracções e sanções previstas na lei

Apesar da existência de disposições coercivas, as populações locais continuam a explorar as reservas, espezinhando todas as regras de gestão. De acordo com o artigo 265, são puníveis com pena de prisão de seis meses a três anos e multa de dez mil (10.000) francos CFA a dois milhões (2.000.) de francos CFA, ou apenas uma destas penas:

- aqueles que exploram comercialmente produtos florestais sem autorização prévia;

- os que permitem que os animais andem à solta em florestas não abertas ao pastoreio;

- as pessoas que armazenam ou transportam produtos florestais sem autorização;

- os que cortam madeira sem autorização;

- aqueles que introduzem espécies vegetais exóticas no território nacional sem autorização;

- aqueles que procedem à carbonização de espécies florestais em violação da legislação em vigor.

O artigo 266.º, n.º 1, estipula que qualquer pessoa que lancetar ou mutilar árvores é passível de uma coima de dez mil (10 000) francos CFA a trezentos mil (300 000) francos CFA.

O artigo 96º estipula que: dentro dos limites das reservas naturais e das herdades, são proibidas as actividades de pastoreio, desbravamento, agrícolas, florestais ou mineiras, as descargas de resíduos, as actividades poluentes, os incêndios incontrolados e, em geral, qualquer ato incompatível com a conservação e a proteção do ambiente em causa. Mas quais são as razões desta falta de respeito pela lei?

Reservas como a de Bontioli mantiveram o seu estatuto desde que foram criadas sem grande intervenção do Estado para as desenvolver, enquanto as populações que beneficiam destes recursos aumentaram de tal forma que estão a conseguir engolir as áreas florestais. A questão espinhosa da conservação e da gestão sustentável das florestas exige uma reestruturação do mundo rural no seu conjunto, através de políticas públicas coerentes. A intensificação da produção agro-silvo-pastoril, em que o agricultor tem um controlo seguro sobre a sua terra, pode ajudar as populações locais a desenvolver uma nova relação com a sua terra.

O atual Código Florestal tem limitações tangíveis. Não confere suficiente responsabilidade às populações locais, mesmo no que respeita às árvores que cultivam. Os produtores têm tendência para manter as árvores nas suas explorações. Se fossem donos dessas árvores, várias centenas de hectares de terra poderiam ser regenerados.

Dos responsáveis por actos ilegais nas reservas, 53,8% foram responsáveis pelo corte de madeira verde, 15,pela prospeção de ouro e 23,por outros actos (poda de árvores para o gado, descasque de árvores). Os incêndios de vegetação e a caça furtiva foram citados por apenas 3,e 3,dos inquiridos, respetivamente (ver Figura 37).

37Figura: Actos proibidos cometidos pela população nas reservas

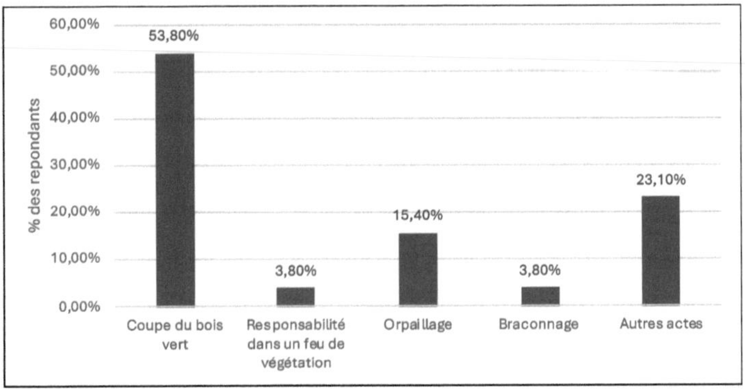

Fonte: Dados de campo, março de 2020

O gráfico mostra que o corte de madeira verde é a principal atividade proibida nas reservas. No entanto, não se trata de uma atividade que possa ser exercida em total clandestinidade, uma vez que, quando os guardas florestais estão em patrulha, o som dos golpes de machado ou de catana pode indicar-lhes a direção. É por isso que os agentes da Eaux et Forêts são facilmente apanhados por esta prática. "(...) quando ouvem o som do corte, avistam-nos e, se os virmos à distância, deitamos fora o nosso equipamento de trabalho (catanas, cortadores) para fugir", afirmou um grupo de mulheres durante um grupo de discussão. Na prática, é muito difícil para os silvicultores prenderem os caçadores furtivos e os que ateiam incêndios intencionalmente. Estas práticas ocorrem geralmente à noite.

O facto é que a regulamentação em matéria de sanções não é aplicada com rigor. Os que cortam madeira verde vêem o seu material de trabalho (catanas, cortadores) confiscado. Os entrevistados que foram multados por exercerem actividades proibidas nas reservas estimaram as multas pagas ao Serviço de Águas e Florestas entre 5.000 e 25.000 francos CFA. Vários factores contribuem para esta situação. Os principais responsáveis por estes actos condenáveis, neste caso as mulheres que cortam madeira verde, não conseguem fazer face às sanções financeiras previstas pela legislação florestal.

Actos como o garimpo e a caça furtiva são manchados pela corrupção a todos os níveis: local, administrativo e político. Alguns garimpeiros utilizam estratégias baseadas na corrupção para contornar os regulamentos "(...) muitas vezes contribuímos com dinheiro para dar a um guarda florestal para que ele nos deixe trabalhar", disse um garimpeiro durante uma entrevista. Os políticos negociam a libertação de pessoas locais responsáveis por actos proibidos nas reservas.

No entanto, é necessário sublinhar que as suas práticas são a antítese de uma exploração responsável dos recursos naturais. Sawadogo (2006) considera que as sanções previstas no Código Florestal são irrealistas no contexto socioeconómico em que se encontram as populações rurais e que a impossibilidade de pagar tais sanções constitui um terreno propício à corrupção.

7.2.4. Dificuldades encontradas na proteção das reservas

A administração florestal, responsável pela proteção das reservas, depara-se com várias dificuldades no exercício das suas funções. Não dispõe de recursos humanos para efetuar um acompanhamento eficaz e regular destas áreas protegidas. Nos dois principais postos florestais de Zambo e Djikologo, contavam-se, no momento do inquérito de campo, treze (13) funcionários de Águas e Florestas, repartidos da seguinte forma: quatro (4) em Zambo e nove (9) em Djikologo, incluindo três (3) estagiários. Este número está longe de ser suficiente, dada a imensidão das tarefas que lhes são atribuídas. Estes agentes não dispõem de veículos (motorizadas) suficientes para efetuar as patrulhas. Apenas duas motas estavam operacionais. Também não estão devidamente equipados para fazer face não só aos caçadores furtivos, mas também à ameaça do terrorismo, uma vez que as áreas protegidas se estão a tornar cada vez mais bases e zonas de refúgio para grupos terroristas envolvidos na caça furtiva, na exploração mineira e noutros recursos naturais. Há muitos exemplos desta situação em África. Tubiana (2019) atesta que: "que o Boko Haram conseguiu encontrar refúgio na reserva de caça da Floresta de Sambisa, no nordeste da Nigéria, bem como nos pântanos do Lago Chade; que o Parque W terá servido de base de retaguarda para ataques jihadistas no Burkina Faso, que o LRA encontrou refúgio no Parque Garamba, na RDC, e noutras áreas protegidas na RCA, no Sudão e no Sudão do Sul; que vários grupos armados conseguiram instalar-se no Parque Virunga e noutras áreas protegidas na RDC, etc.". ".

As dificuldades associadas à proteção das áreas protegidas podem ser observadas em toda a África Subsariana. Os principais problemas do sistema das áreas protegidas na África Ocidental são: a fraqueza das instituições envolvidas, a falta de pessoal qualificado e de recursos financeiros, leis obsoletas e a ausência de mecanismos eficazes para fazer cumprir essas leis (UICN/PACO, 2010).

Em termos de motivação, deixou de existir um bónus de vigilância da reserva de vida selvagem Bontioli para os funcionários. Este foi abolido e não foi introduzida qualquer outra forma de incentivo para encorajar os silvicultores a proteger as reservas.

Além disso, o corpo paramilitar do Departamento da Água e das Florestas é regido por um estatuto autónomo consagrado na Lei n.º 063-2015/CNT relativa ao estatuto do pessoal paramilitar do Departamento da Água e das Florestas em vigor no Burkina Faso. Esta lei confere direitos e obrigações específicos a este pessoal. O artigo 71.º prevê a atribuição de um subsídio de risco e de outros subsídios, a especificar, ao pessoal paramilitar das águas e das florestas, devido ao carácter específico e perigoso das suas funções, decorrente dos deveres, missões, atribuições, obrigações e restrições de direitos que implicam.

7.3. Condições para uma boa gestão das reservas e recomendações

Para conservar a biodiversidade das reservas naturais de Bontioli, os interesses das populações locais devem ser tidos em conta num plano de gestão participativo, totalmente inclusivo e integrado. A gestão participativa parece ser uma condição sine qua non para o desenvolvimento das formações vegetais nestas reservas. De facto, a sobrevivência de quase todas as populações locais está intimamente condicionada pela exploração dos recursos naturais (terra, água, produtos lenhosos e não lenhosos) destas áreas protegidas. É neste contexto que Gauthier & Compaoré (2006) defendem que é bom conceber os empreendimentos tendo em conta vários objectivos: madeira, forragem, produtos colhidos e caça.

A FAO (2015) estima que cerca de 27 000 espécies animais e vegetais desaparecem todos os anos no mundo devido à atividade humana e a certas espécies. As florestas e os bosques são, portanto, zonas de grande biodiversidade. Neste sentido, com o objetivo de restaurar a biodiversidade em todas as suas componentes nas reservas naturais de Bontioli e de lhes permitir desempenhar funções ecossistémicas em benefício do ambiente e das comunidades locais, são propostas as seguintes acções

- ✓ dotar o serviço florestal de pessoal e recursos logísticos suplementares;
- ✓ introduzir um incentivo financeiro para os funcionários dos sectores da água e das florestas responsáveis pelo controlo das reservas;
- ✓ organizar e promover os sectores do carité, do néré e do mel, com vista a aumentar os rendimentos das mulheres, divulgar fogões melhorados e promover a sua utilização através de políticas governamentais de incentivo, bem como a utilização do biogás em todos os agregados familiares da localidade;
- ✓ reforçar as capacidades dos actores através da formação;
- ✓ rever o estatuto da reserva parcial com vista ao seu desenvolvimento para uma exploração participativa e sustentável dos seus recursos pelas populações locais. Para o efeito, o estatuto poderia ser revisto a fim de definir claramente unidades específicas, nomeadamente :

- uma zona de produção agrícola que inclua habitações (o que pode ser feito por aldeia). Demarcar de forma consensual os campos da reserva parcial com as populações das aldeias administrativas aí situadas. A fim de travar o avanço dos campos sobre as formações vegetais, o desenvolvimento das terras baixas em benefício dos agricultores que vivem nas reservas e nas aldeias vizinhas contribuiria para reduzir significativamente as colheitas de todos os tipos e limitar a fragmentação das formações vegetais.
- uma zona de pastoreio (área de pastagem e caminhos de gado). A criação de uma zona de pastoreio e de caminhos de gado seria benéfica para as formações vegetais da reserva parcial, na medida em que a exploração ilegal e anárquica está a causar mais danos à integridade destas formações vegetais. A canalização desta atividade através de caminhos de transumância evitaria não só a intrusão de rebanhos na zona não aberta ao pastoreio, mas permitiria também a aplicação rigorosa da lei no que diz respeito à circulação de animais nas outras unidades.
- uma área reservada à colheita de lenha para combustão doméstica e comercialização. Esta área pode ser dividida em várias parcelas de colheita.
- uma zona de caça. Esta zona será aberta à caça, mas com uma maior proteção de certas espécies animais, nomeadamente as que se encontram em perigo de extinção. Uma lista completa dessas espécies poderá ser elaborada por especialistas em fauna e disponibilizada a todos os interessados, nomeadamente aos caçadores.

- A colheita de PFNL poderia ser efectuada em todas as unidades no respeito estrito de um código de colheita, que seria um guia de técnicas e métodos de colheita de frutos maduros, folhas, cascas, raízes, etc., transcrito e distribuído nas principais línguas locais.

Organizar os agricultores em grupos de gestão florestal (Groupements de Gestion Forestière - GGF) com base nas diferentes especificidades acima referidas, com personalidade jurídica e especificações a respeitar. Podem ser organizados por aldeia ou por grupo de aldeias geograficamente próximas e com afinidades específicas. Os GGF poderiam ser coordenados por uma organização de cúpula denominada Union des Groupements de Gestion Forestière (UGGF), cuja missão seria orientar, acompanhar e assistir os GGF nas suas actividades. Quanto às missões dos GGF, estas poderiam consistir na sensibilização e na formação dos seus membros para melhorar a exploração e a utilização dos produtos de madeira, dos produtos não lenhosos, do pastoreio, etc., em colaboração com os agentes florestais, bem como no reforço da vigilância das reservas. Poderá ser elaborado um plano de gestão participativa. O seu objetivo, no âmbito de um projeto de desenvolvimento, é envolver a comunidade interessada de montante a jusante. O processo é resumido no quadro 36

36Quadro: Síntese do processo de elaboração de um plano de gestão participativa

Prazo	Objetivo	Ferramentas
Informações	Informar todas as pessoas sobre os dados e as decisões relativas a um projeto	Artigos de imprensa, sítio Web, cartas ou brochuras, reuniões públicas, exposições, anúncios de rádio nas línguas locais

Consulta	Recolher expectativas, opiniões e pontos de vista sobre as propostas	Reuniões públicas, inquéritos sociológicos, inquéritos de utilidade pública
Consulta	Processo de discussão colectiva entre um ou mais grupos para definir as acções a realizar. A autoridade administrativa mantém o monopólio das decisões finais	
Coproduçã o	Envolver mais diretamente as pessoas na definição de diagnósticos e propostas	
Co-decisão	Envolvimento das comunidades locais na tomada de decisões	Participação das comunidades locais nos órgãos de direção

Fonte: Adaptado/www.logement.gouv.fr/le-reseau-national-des-amenageurs consultado em 26/12/2024

O valor desta abordagem reside no seu carácter inclusivo, com vista a evitar futuros conflitos de interesses durante a implementação do plano no terreno. No contexto das reservas naturais de Bontioli, este plano poderia incluir os seguintes elementos

1- avaliação preliminar e global dos recursos vegetais e faunísticos das duas reservas ;

2- identificação, demarcação e disposição das parcelas agrícolas ;

2- atribuição de parcelas aos GGF ;

3- Formação dos líderes do GGF, que serão responsáveis pela formação de todos os membros do GGF;

4- colocação em funcionamento das unidades delimitadas ;

5 abertura de caminhos de acesso às parcelas ;

7- Organização anual da queima antecipada das diferentes parcelas pelos membros do GGF entre o final de outubro e o início de novembro;

8- Reflorestação anual organizada pelos membros do GGF em julho e agosto;

9- Organização de uma vigilância permanente de todas as unidades, com exceção das zonas de produção agrícola, por membros do GGF em colaboração com os agentes florestais.

No que diz respeito à reserva total, sugerimos a sua concessão a um concessionário privado com vista ao seu desenvolvimento para actividades cinegéticas e turísticas, tendo em vista a criação de emprego para a população local e a proteção de todas as espécies animais e dos seus habitats. Para tal, seria aconselhável que o Estado procedesse, numa primeira fase, ao ordenamento das zonas baixas para acolher os garimpeiros que operam nesta reserva e que pretendem reconverter-se para a agricultura, bem como os agricultores que já aí exercem a sua atividade. No final desta fase, os locais de exploração aurífera aí situados (em ambas as reservas) deveriam ser definitivamente encerrados e qualquer atividade na reserva que não fosse a do concessionário deveria ser proibida.

A gestão das reservas de vida selvagem de Bontioli evoluiu da abordagem tradicional, exclusivamente orientada para a conservação, para o envolvimento gradual das populações locais. A intervenção do PROGEREF e do PIF incentivou as populações a começarem a organizar-se através da criação de estruturas agrícolas para caçadores, transformadores de PFNL e Comités de Gestão Florestal.

Numerosas disposições do Código Florestal regem a exploração dos recursos florestais no Burkina Faso. São previstas penas de multa, prisão e serviço comunitário para as pessoas que cometem actos proibidos pela regulamentação em vigor. No entanto, é preciso dizer que as populações dos locais de estudo investiram, com razão ou sem ela, estas áreas protegidas com várias actividades, ameaçando assim a sua biodiversidade e causando a fragmentação das suas formações vegetais. As disposições do Código Florestal não são suficientemente aplicadas devido à falta de recursos humanos e de equipamento. As sanções aplicadas são muito inferiores às previstas na regulamentação. Não são susceptíveis de dissuadir as pessoas das suas práticas insalubres e proibidas em relação aos recursos florestais.

Conclusão parcial

Na terceira parte da tese, mostra-se que a ocupação das reservas por assentamentos humanos e a implementação de sistemas agrícolas extensivos pelas populações ribeirinhas têm efeitos perversos sobre as formações vegetais. O sistema de cultivo permanece insustentável na medida em que se baseia principalmente em técnicas tradicionais de queimada e no desmatamento descontrolado das reservas para a produção de algodão. O sistema pastoril também depende exclusivamente de forragens selvagens, com práticas pastoris muitas vezes insalubres para a flora.

Os funcionários do Estado têm dificuldade em pôr em prática um sistema de gestão eficaz das reservas. No entanto, estão a surgir os primeiros sinais de uma gestão participativa, com a população a começar a organizar-se. O Código Florestal, principal instrumento de gestão florestal, define claramente o modo de exploração dos recursos florestais no Burkina Faso. No entanto, os factores demográficos e existenciais, bem como a falta de tecnologia e de técnicas nos domínios da agricultura, da pecuária e da energia, obrigaram os agricultores a ocupar de forma anárquica as zonas de reserva. A descoordenação das políticas públicas na localidade é também uma fonte de depredação das formações vegetais.

CONCLUSÃO GERAL

O objetivo geral do estudo era analisar a evolução e os métodos de gestão das formações vegetais nas reservas naturais de Bontioli. Utilizando uma combinação de abordagens sistémicas e hipotético-dedutivas, o estudo analisou, por um lado, a dinâmica do uso do solo e dos parâmetros biofísicos, em especial a variabilidade dos elementos climáticos sobre as formações vegetais, caracterizando-as. Por outro lado, examinou a influência dos sistemas agrícolas e dos métodos de gestão sobre as formações vegetais.

Este trabalho mostrou uma variação muito acentuada nas diferentes formações vegetais. A superfície de savana arbustiva aumentou consideravelmente nas duas reservas durante o período 1986-2018. Esta formação vegetal aumentou 43,84% na reserva total e 23,07% na reserva parcial. O mesmo se aplica ao solo nu, que também aumentou em 5,28% e 26,01%, respetivamente. Por outro lado, os campos e os pousios diminuíram significativamente; as suas superfícies passaram de 60,94% para 0,36% e de 63,39% para 10,80%, respetivamente, na reserva total e na reserva parcial.

A análise dos dados do inventário florístico indica uma baixa diversidade genérica e específica em todas as formações vegetais das duas reservas. Na reserva total, foram inventariadas 49 espécies, incluindo 36 géneros e 18 famílias. Na reserva parcial, foram inventariadas 59 espécies, incluindo 42 géneros e 20 famílias. Os índices de diversidade de Shanonn nas escalas de Frontier e de Pichod-Viale nas formações tropicais são globalmente baixos. Eles variam entre 1,78 e 2,68 nas formações vegetais da reserva total e entre 2,40 e

2,99 nas da reserva parcial. As densidades observadas são também globalmente baixas. No entanto, são mais elevadas em todas as formações vegetais da reserva total do que na reserva parcial. As florestas de galeria apresentam as densidades mais elevadas (470 caules/ha para a reserva total e 245 caules/ha para a reserva parcial) em comparação com as outras formações vegetais. As densidades mais baixas foram registadas nos parques agroflorestais/pousios. Tal como as densidades, as áreas basais são baixas em todas as formações vegetais das duas reservas, com exceção da floresta de galeria na reserva total, que tem uma área basal de 23 m²/ha. Os parâmetros estruturais mostram altas concentrações de caules nas classes de pequena circunferência e altura.

A análise das tendências dos principais parâmetros climáticos no período 1987-2017 aponta para uma deterioração global do clima nesta zona. A variabilidade climática reflecte-se em vários factores, incluindo a diminuição da precipitação. O índice pluviométrico normalizado revela a existência de anos de seca severa (19,35%) e de seca moderada (29,03%). Durante o período 1987-2017, registou-se um aumento da temperatura e da velocidade do vento. Os ventos fortes provocam o desprendimento e o desgalhamento das árvores. O vento acelera e amplifica as chamas que destroem mudas, plantas doentes, flores e frutos. Apesar da deterioração de todos esses fatores climáticos, algumas formações vegetais nas duas reservas cresceram notavelmente, particularmente a savana arbustiva, que cresceu 43,84% na reserva total e 23,07% na reserva parcial entre 1986 e 2018. Os factores climáticos não têm, portanto, uma influência significativa na evolução das formações vegetais. Estas formações vegetais de tipo sudanês estão adaptadas a este tipo de clima.

Embora se tenha registado uma redução considerável da dimensão dos campos nas reservas, os agricultores continuam a praticar a agricultura itinerante de corte e queima para a subsistência e a produção de algodão. O sistema de queimadas, que utiliza técnicas tradicionais de abertura de novos campos e de reabilitação de campos antigos, baseadas no uso do fogo e no abate de árvores, conduz inevitavelmente à fragmentação das formações vegetais e à redução das populações de espécies em geral e de espécies arbustivas em particular. Este sistema de cultivo bloqueia a evolução das formações vegetais para povoamentos mais arborizados ou mesmo densos. A cultura do algodão consome muito espaço de reserva e muito poucas espécies vegetais são preservadas. O abate seletivo de árvores e arbustos, seguido de lavoura, é praticado pela maioria dos agricultores para abrir novos campos. O sistema pastoril é inteiramente dependente dos recursos vegetais. Os rebanhos permanecem aqui durante todo o ano, e os agricultores podam regularmente espécies vegetais como *Pterocarpus erinaceus, Khaya senegalensis* e *Afzelia africana* para aumentar a alimentação do gado. O impacto da pecuária nas formações vegetais é marcado por uma forte utilização dos recursos vegetais pelos animais domésticos e pelos rebanhos dos criadores semi-nómadas, sobretudo na estação seca.

A gestão das reservas de vida selvagem Bontioli evoluiu de forma gradual desde a sua criação. Inicialmente, era clássica, ou seja, orientada exclusivamente para a conservação. Para o efeito, a proteção era assegurada pelo Estado através do Serviço de Águas e Florestas. As principais actividades eram a vigilância e a repressão dos actos proibidos. As intervenções do PROGEREF e do PIF contribuíram para reorientar a gestão através do envolvimento progressivo das populações locais, o que, de momento, diz respeito apenas a uma parte ínfima da população, o que explica que 93% dos inquiridos tenham afirmado não estar envolvidos na gestão florestal. As principais actividades das comunidades locais não são tidas em conta no processo de gestão e conservação destas áreas protegidas. A maioria delas é, portanto, resistente à conservação. Assim, continuam a exercer actividades proibidas de forma significativa, como a agricultura, a criação de gado, a prospeção de ouro, a caça furtiva, a queima de vegetação e o corte de madeira verde.

Perante estes resultados, confirma-se a primeira hipótese, segundo a qual as formações vegetais das reservas apresentam uma baixa riqueza e diversidade florística e sofreram grandes alterações entre 1986 e 2018. Apesar da degradação de todos os factores climáticos analisados, a interpretação das imagens de satélite mostra que algumas formações vegetais progrediram. Estes elementos não estão, portanto, significativamente correlacionados com a evolução das formações vegetais, dada a sua posição geográfica. A segunda hipótese, segundo a qual os principais parâmetros climáticos têm repercussões negativas na evolução das formações vegetais das reservas, é portanto parcialmente confirmada. As actividades agro-pastoris extensivas são praticadas nas reservas, resultando na fragmentação das formações vegetais. Isto confirma a hipótese de que as práticas inadequadas geradas pelos sistemas agrários influenciaram negativamente a evolução das formações vegetais. Além disso, o baixo nível de participação das populações locais na gestão dos recursos destas áreas protegidas confirma a última hipótese, segundo a qual as populações locais não estão suficientemente envolvidas na gestão das reservas.

Os resultados deste estudo abrem uma série de outros caminhos para uma investigação mais aprofundada. Estas são :

- a correlação entre a pluviosidade, a temperatura e a dinâmica da vegetação nas reservas naturais de Bontioli ;
- o impacto ambiental da extração de ouro nas reservas. As actividades de extração de ouro representam uma séria ameaça para estas áreas protegidas, dada a sua dimensão e as técnicas de extração utilizadas pelos intervenientes na indústria;
- caraterização das principais espécies vegetais produtoras de PFNM nas reservas naturais de Bontioli, nomeadamente *Vitellaria paradoxa* e *Parkia biglobosa*.

REFERÊNCIAS BIBLIOGRÁFICAS

Abba, A. A., Hofs, J.-L., & Mergeai, G. (2006). Meeting the environmental challenges of the West and Central African cotton sectors. Gembloux, Bélgica, *Biotechnol. Agron. Soc.* v. 10, no. 4, pp. 351-359.

Achard, F., & Blasco, F. (1990). Ritmos sazonais da vegetação na África Ocidental por deteção remota espacial. *Sensoriamento Remoto e Seca.* AUPELF-UREF ed. John LibbeyEurotext. Paris, França, pp. 1-14.

Adjonou, K., Bellefontaine, R., & Kokou, K. (2009). Les forêts claires du Parc national Oti-Kéran au Nord-Togo : structure, dynamique et impacts des modifications climatiques récentes. *Sécheresse*, v. 20, no. 1e, pp. 1-10.

Affessi, A. S., Koffi, K. G. J. C., & Sangaré, M. (2016). Impactos sociais e ambientais da garimpagem de ouro nas populações da região de Bounkani (Costa do Marfim). *European Scientific Journal*, v. 12, no. 26, pp. 288-306.

Ago, E. E. (2016). *Dynamique des flux de carbone entre l'atmosphère et des écosystèmes ouest-africains : cas des forêts et des savanes sous climat soudanien au Bénin.* Tese de doutoramento, Universidade de Liège, 184 p.

Alexandre, D.-Y., & Kaire, M. (2001). Produção de pousios africanos num clima sudanês (Madeira e outros produtos). *Pousio em África tropical.* Ch. Floret, R. Pontanier. John Libbeyn Eurotext. Paris, França, pp. 169-199.

Allies, A. (2018). *Estimativa da evapotranspiração por deteção remota espacial na África Ocidental: para um melhor conhecimento desta variável chave para a região*. Tese de doutoramento em Geociências, Universidade de Montpellier, 431 p.

Arbonnier, M. (2009). *Arbres, arbustes et lianes des zones sèches d'Afriques* (3ième édition). CIRAD-MNHN-IUCN, Versailles, França, 573 p.

Ariori, S. P., & Ozer, P. (2005). Trends in Soudano-Sahelian West African extent of forest during the second half of the 20th. *Geo-Eco-Trop*, 29, Liège, Bélgica, pp. 61-68.

Aubreville, A. (1953). Prospection en chambre XLIII Forêt et climat. *Bois et Forêts des Tropiques*, n°40, Montpellier, França, pp. 63-66.

Aubreville, A. (1957). Acordo de Yangambi sobre a nomenclatura dos tipos de vegetação africana. *Bois et Forêts des Tropiques,* v. 51, pp. 23-27.

Aurouet, A., Devineau, J.-L., & Vidal, M. (2005). Les principaux facteurs de l'évolution des milieux riverains du Mouhoun près de Boromo (Burkina Faso) : changement climatique ou dégradation anthropique ? *Sécheresse*, v. 16, no. 3, pp. 199-207.

Avana-Tientcheu, M. L. A., Keouna, S., Dongock Nguemo, D., & Mouga Masdewel, B. (2019). Estrutura do povoamento e potencial de domesticação de *Parkia biglobosa* na região de Tandjilé-Ouest (Chade). *Revista Internacional de Ciências Biológicas e Químicas,* v. 13, n.º 1, Universidade de Dschang, Camarões, pp. 219-236.

Avakoudjo, J., Mama, A., Toko, I., Kindomihou V., & Sinsin, B. (2014). Dinâmica do uso da terra no Parque Nacional W e sua periferia no noroeste do Benim. *Revista Internacional de Ciências Biológicas e Químicas*, v. 8, no. 6, Universidade de Dschang, Camarões, pp. 2608-2625.

Bakouan, N. J. (1995). *La gestion décentralisée des ressources forestières: cas du projet BKF/89/011,* Ouagadougou, 103 p.

Ballouche, A., & Rasse, M. (2007). L'homme, artisan des paysages de savane. °*Pour la Science,* n 358, pp. 56-61.

Bamba, I. (2010). *Anthropisation and spatio-temporal dynamics of forest landscapes in the Democratic Republic of Congo (Antropização e dinâmica espácio-temporal das paisagens florestais na República Democrática do Congo)*. Tese de doutoramento, Université Libre de Bruxelles e Université d'Europe, 205 p.

Bandré, E. (1996). Anthropisation du couvert végétal dans la province du Namentenga et ses conséquences socio-économiques : cas de la région de Tougouri en zone sub-sahélienne (centre-nord du Burkina Faso). Actas, *Berichte des Sonderforschungsbereichs 268, Band 7, Frankfurt a.M.,* pp. 17-31.

Barbara, L. (2012). *Diretrizes para a legislação sobre áreas protegidas.* Gland, Suíça: IUCN. xxviii + 406 p.

Beaux, J.-F. (2011). *L'environnement.* 3e edição, Nathan, Paris, 159 p.

Bellefontaine, R., Sabir, M., Kokou, K., Guinko, S., Saadou, M., Ichaou, A., Hatem, C., Bationo, B. A., Karim, S., & Logbo, J. (2003). *Revegetação, uma quarta via: a propagação vegetativa natural.* XIIè Congrès Forestier Mondial (Montréal), 8 p.

Bergaoui, M. & Alouini, A. (2001). Caractérisation de la sècheresse météorologique et hydrologique : cas du bassin versant de Siliana en Tunisie. *Sècheresse*, v. 12, no. 4, pp. 205-213.

Bertrand, A. (1985). Les nouvelles politiques de foresterie en milieu rural au Sahel: Règlementations foncières et forestières et gestion des ressources ligneuses naturelles dans les pays de la zone soudano-sahélienne. *Revue Bois et Forêts des Tropiques*, n.º 207, 1er trimestre 1985, Montpellier, França, pp. 23-39.

Bertrand, G. (1968). Paisagem e Geografia Física Global. Pesquisa metodológica. *Revue Géographique des Pyrénées et du Sud-Ouest*, fasc. 39, Toulouse, França, pp. 249-272.

Bigot, S. (2004). *Variabilidade climática, interações e alterações ambientais. L'exemple de la Côte d'Ivoire*. Habilitation à Diriger des Recherches, Université des Sciences et Technologies de Lilles e Centre National de Recherche Scientifique, 398 p.

Birouk, A. *La convention sur la diversité biologique et sa mise en œuvre au Maroc*. Institut Agronomique et Vétérinaire Hassan II, Rabat, 31 p. https://www.thegef.org

Bonfils, M. (1987). *Halte à la désertification au Sahel*. Editions KARTHALA, Paris, França, 263 p.

Bognounou, F. (2004). *Characterisation et gestion de ligneux fourragers dans les systèmes de production agro-pastorale du terroir de Dankana en zone sud soudanien du Burkina Faso*. Mémoire de D.E.A. en Sciences Biologiques, Université de Ouagadougou, 87 p.

Bognounou, F., Thiombiano, A., Savadogo, P., Boussim, J. I., Oden, P., & Guinko, S. (2009). Estrutura e composição da vegetação lenhosa em quatro locais ao longo do gradiente latitudinal no Burkina Faso Ocidental. *Bois et Forêts des Tropiques*, v. 300, no. 2, pp. 29-44.

Bonou, A. (2008). *Estimation de la valeur économique des Produits Forestiers Non Ligneux d'origine végétale dans le village de Sampéto (commune de Banikoara).* Dissertação DEA em Aménagement et Gestion des Ressources Naturelles (AGRN), Université d'Abomey - Calavi (Bénin), 66 p.

Bordes, C. (2010). *La gestion des arbres par les paysans : étude d'une enclave au milieu de réserves forestières au sud-est du Burkina Faso.* Dissertação final da Ecole d'Ingénierie en Agro-Développement International, ISTOM, Cergy-Pontoise Cedex, 110 p.

Boserup, E. (1972). *Conditions of agricultural growth.* Resposta a Sheffer, American Antiquity, 37, Londres, 447 p.

Botoni, E., & Reij, C. (2009). *The silent transformation of the environment and production systems in the Sahel: impacts of public and private investments in natural resource management.* Centro de Cooperação Internacional (CIS), Vrije Universiteit amsterdam, Comité Inter-Etat de Lutte contre la Sécheresse dans le Sahel (CILSS), Ouagadougou, 63 p.

Boubacar, H. (2010). *Caractérisation biophysique des ressources ligneuses dans les zones dégradées et reverdies du Sahel : cas du département de Mayahi.* Dissertação de doutoramento em Ciências e Técnicas, Universidade Abdou Moumouni, Niamey, 66 p.

Bouda, Z. H.-N. (2008). Textes et textes de loi sur la gestion des ressources naturelles au Burkina Faso, CIFOR, Ouagadougou, 160 p.

Boudrais J. (2008). Pastoralismo e áreas protegidas na África Ocidental e na África Oriental. Em Aubertin C. & Rodary E. (Eds.). *Aires protégées, espaces durables?* IRD Éditions, Marselha, pp. 215-246.

Bonko, B. S., Sinsin, B., & Soule, B. G. (2007). Effet de la dynamique d'occupation du sol sur la structure de la diversité floristique des forêts claires et savanes au Bénin, *TROPICULTURA*, v. 25, n° 4, Liège, Belgique, pp. 221-227 .

Brown, L. R. (2007). *Le plan B : pour un pacte écologique mondial,* Calmann-Lévy-Souffle Court, HACHETTE Littérature, Paris, 415 p.

Broussier, J. (1987). Système et système de production. *Cah. Sci. Hum.* v. 23, no. 3-4, Paris, pp. 377-390.

Buttoud, G., & Samyn, J.-M. (1999). *Politique et planification forestière.* Guide pour la formulation et l'élaboration, Intercoopération, 87 p.

Cabala Kaleba, S., Uscni Sikuzani, Y., Sambieni K. R., Bogaert, J., & Munyemba Kankumbi, F. (2017). Dinâmica dos ecossistemas florestais do Arco Katangese Cuprifere na República Democrática do Congo. Causas, transformações espaciais e magnitude. *TROPICULTURA*, v. 35, no. 3, pp. 192-202.

Calvet, R., Burriuso, E., Bedos, C., Benoît, P., Charnay, M.-P., & Coquet, Y. (2005). *Pesticidas no solo: consequências agronómicas e ambientais.* Editions France Agricole, Paris, 634 p.

Caillaut, S., Ballouche, A., & Delahaye, D. (2009). Organização espácio-temporal dos incêndios florestais. Uma abordagem comparativa no Burkina Faso. Neuvièmes Rencontres de Théo Quant Besançon, 4-6 de março de 2009, 10 p.

Cambrézy, L., & Sangli, G. (2011). Os efeitos geográficos do crescimento demográfico na África rural: o exemplo do Sudoeste do Burkina Faso. °*CFC*, n 207, Bruxelas, Bélgica, pp. 75-93.

Cecca, F., & Bagils, R. Z. (2015). Paleobiogeografia. Coleção Géosphères, *EDP Ciências*, Les Ulis, França, 22 p.

Chardonnet, B. (2019). *A África está a mudar: as suas áreas protegidas devem evoluir? Reconfigurando as áreas protegidas em África.* IUCN/Papaco, 46 p.

Chidumayo, E., Okali, D., Kowero, G., & Larwanoum, (Eds.). (2011). *Forests, wildlife and climate change in Africa (Florestas, vida selvagem e alterações climáticas em África).* Fórum Florestal Africano, Nairobi, Quénia, 356 p.

CILSS. (2002). *Sahel: os recursos naturais, a chave do desenvolvimento*! Ouagadougou, 28 p.

CILSS. (2010). *O Sahel face às alterações climáticas: desafios para um desenvolvimento duradouro.* Centro Regional AGRHYMET, Boletim Mensal, Número especial, Ouagadougou, 43 p.

Cochet, H. (2007). Capacidade de inovação dos sistemas agrícolas e gestão dos recursos naturais no Burundi. *AgroParisTech*, 19 p.

Cochet, H. (2011). Origine et actualité du " système agraire " : retour sur un concept. °*Revue Tiers Monde,* n 207, Montreuil, pp. 97-114.

Cohen, M. (2008). La biogéographie à l'épreuve de l'interdisciplinarité : proposition d'une démarche de recherche. Versão francesa do artigo publicado nas Actas do Seminário Internacional *Interdisciplinariedade e Universidade no século XXI*, UMR Ladyss-Université Paris Diderot, 12 p.

CPCS. (1967). *Classification des sols*. Ed. ENSA, Grignon, 100 p.

Dabiré, B. H. (2016). *Migração no Burkina Faso: perfil de migração 2016*. Organização Internacional para as Migrações (OIM), Genebra, Suíça, 154 p.

Da, D. E. C. (1984). *Recherches géomorphologiques dans le Sud-Ouest de la Haute Volta: la dynamique actuelle en pays Lobi*. Tese de doutoramento do terceiro ciclo de Géographie, Universidade Louis Pasteur, Estrasburgo, 349 p.

Da, D. E. C. (1996). A natureza será sempre mais forte que o homem. *Revista Pyramide*, n.º 00, Ouagadougou, pp. 43-46.

Da, D. E. C. (2005). Da abordagem sistémica aos sistemas de informação geográfica. Actas do 2° Simpósio Internacional sobre *"Deteção Remota e Sistemas de Informação Geográfica (SIG). Experiência e perspectivas de investigação e formação universitária orientada para o desenvolvimento"*. Ouagadougou, 18-19 de janeiro de 2005. Cahier du CERLESH; número especial, pp. 21-36.

Da, D. E. C., & Yonkeu, S. (2007). *Definições, conceitos e objectivos dos estudos em gestão dos recursos e do ambiente*; 2iE, Universidade de Ouagadougou, PowerPoint.

Daou, I., Coulibaly, A., Sidibé, A., Sangaré, H., Kéita, I., Bolozogola, Y., Touré, A., & Mariko, A. (2019). Monitoramento da dinâmica ambiental de 1985 a 2018 na zona Sudano-Saheliana por sensoriamento remoto: o caso da comuna rural de Nyamina. *Rev. Ivoir. Sci. Technol.* n° 34, pp. 13-24.

De Foresta, H. (2008). As florestas e a silvicultura nas regiões tropicais. Em Hallé, F., & Lieutaghi, P. (Eds.) *Aux origines plantes*, v. 2, Editions Fayard, pp. 138 155.

Defourni, P. (2017). Mapeamento e monitorização da cobertura do solo. Em Delince (ed.), *Handbook on the application of remote sensing to agricultural statistics (Capítulo 2).* Manual da Estratégia Global para a Melhoria das Estatísticas Agrícolas e Rurais (GSARS): Roma, pp. 21-59.

Deleporte, P. (2002). Introdução: biogeografia e sistemática, problemas e métodos. *Biosystema 20, Systématique et biogéographie*, Paris, pp. 3-6.

Demont, M., & Jouve, P. (1999). Evolução dos agro-ecossistemas de aldeia na região de Korhogo (norte da Costa do Marfim): Boserup versus Malthus, oposição ou complementaridade. *Dinâmicas agrárias e construção social do território.* Séminaire CNEAR-UTM, 26-28/04/1999, Montpellier, França, pp. 93-108.

Déry, S. (2008). Les aires protégées, nouvel outil du dynamisme des États sud-est asiatiques ? *ANNALES DE GÉOGRAPHIE*, v. 1, no. 659, pp. 72-92.

Descoings, B. (1970). Les flores régionales: méthodologie de l'inventaire floristique. *Naturalia monspeliensia*, série Bot. 21, Centre d'Etudes Phytosociologiques et Ecologiques, Montpellier, pp. 51-73.

Descoings, B. (1978). Les formations herbeuses dans la classification phytogéographique de Yangambi. *Adansonia*, ser. 2, v. 18, no. 2, Paris, pp. 243-256.

Devineau, J.-L. (1997). Évolution saisonnière et taux d'accroissement des surfaces terrières des ligneux dans quelques peuplements savanicoles soudaniens de l'ouest burkinabé. *Ecologie*, v. t. 28, n° 3, pp. 217-232.

Devineau, J.-L., & Fournier, A. (1998). *Écologie d'une savane africaine: Synthèse provisoire des résultats acquis*. ORSTOM/ERMES, Orleães, França, 77 p.

Dialla, B. E. (2003). La question foncière sur les périmètres hydro-agricoles du Burkina Faso. Centro de Análise de Política Económica. *SERIE DOCUMENT DE TRAVAIL DT-CAPES N° 2003-07*, Ouagadougou, 24 p.

Diallo, B. A., Diarra, B., Touré, M., Cissé, D. A., & Doumbia, B. (2020). Expansão urbana em Bamako: factores explicativos e implicações. *Afrique SCIENCE,* v. 17, n° 6, pp. 58-75.

Diallo, M. S. (2011). *Evolution de la gestion des aires protégées en Guinée : la difficile cohabitation des politiques publiques et des systèmes traditionnels : cas du Parc National du Haut Niger*. Tese de doutoramento em Geografia, Université du Maine, 269 p.

Diarra, A. (1999). *Estudo de um modelo de gestão de florestas naturais na zona Sudano-Saheliana do Burkina Faso.* Tese de Mestrado em Ciências, Faculdade de Silvicultura e Geomântica, Universidade Laval, Canadá, 101 p.

Diédhiou, M. A. A., Faye, E., Ngom, D., & Fall, S. (2018). Caracterização da flora e da vegetação lenhosa dos terroirs das aldeias de Keur Birame (Kaffrine) e Saré Yorobana (Kolda) no Senegal. °*European Scientific Journal,* edição de julho de 2018, v. 14, n 21, Quebec, Canadá, pp. 391-409.

Diello, P., Mahe, G., Dezetter, A., Delclaux, F., Servat, E., & Ouattara, F. (2005). Relações entre índices de vegetação e precipitação no Burkina Faso: o caso da bacia hidrográfica do Nakambé. *Hydrological*

Sciences-Journal-des Sciences Hydrologiques, v. 50, no. 2, Dakar, Senegal, pp. 207-221.

Dimobé, K. (2017). *Dinâmica, sequestro de carbono e padrões de variação nas savanas sudanesas do Burkina Faso e do Gana (África Ocidental).* Tese de doutoramento em Ciências Biológicas Aplicadas, Universidade de Ouaga I Pr Joseph KI-ZERBO, 207 p.

Diouf, M., Nongierma, A., Amani, A., & Somé, A. R. B. (2000). Controlo da seca no Sahel: resultados, realizações e perspectivas no Centro Regional AGRHYMET. *Sciences et changements planétaire/Sécheresse*, v. 11, no. 4, Niamey, Níger, pp. 257-266.

Dipama, J.-M. (1997). *Les impacts du Barrage hydroélectrique sur le bassin versant de la Kompienga (Burkina Faso).* Tese de doutoramento, Universidade de Bordéus III, 392 p.

Dipama, J.-M. (2009). Les risques de dégradation des écosystèmes liés à la culture du coton au Burkina Faso : le cas du parc national de Pô. *Revue de l'Université de Moncton,* v. 40, no. 2, pp. 29-52.

Djego, J., Gibigaye, M., Tente, B., Sinsin, B. (2012). Análise ecológica e estrutural da floresta da comunidade Kaodji no Benim. *Revista Internacional de Ciências Biológicas e Químicas*, v. 6, no. 2, Universidade de Dschang, Camarões, pp. 705-713.

Doamba, P. (2012). *Impact de l'utilisation des produits forestiers ligneux et non ligneux sur la gestion du parc national d'Arly au Burkina Faso.* Tese de mestrado em ambiente, Institut International d'Ingénierie de l'Eau et de l'Environnement, Ouagadougou, 49 p.

Dorsouma, A.-H. & Mélanie, R.-D. (2008). Variabilidade climática, desertificação e biodiversidade em África: adaptação, uma abordagem integrada. http://journals.openedition.org/5356/vertigo *Vertigo - la revue électronique en science de l'environnement* [online], v. 8, no. 1, URL :

Doumenge, C. (2021). Proteger a biodiversidade: uma análise da evolução das "áreas protegidas" em todo o mundo. *CIRAD*, 6 p.

Drouin, J.-M. (1995). La biogéographie : modèle unique ou histoire commune ? Em Chatelin, Y., & Bonneuil, C. (Eds.). *Les sciences hors d'Occident au XXe siècle,* Nature et Environnement, v. 3, Paris, pp. 129-140.

Dudley, N. (Editor) (2008). *Diretrizes para a aplicação de categorias de gestão às áreas protegidas.* Gland, Suíça: IUCN, 96 p.

Dumont, G.-F. (2014). População e natureza: antagonismo ou concordância? *Homem sustentável, natureza sustentável: a nossa responsabilidade*, Cidade do Vaticano, 36 p.

Dykstra, D. P., Koxero, G. S., Ofosu-Asiédu, A., & Kio, P. (1996). *Promoting forest management in the tropical rainforest zone of English-speaking West and Central Africa (Promoção da gestão florestal na zona de floresta tropical da África Ocidental e Central de língua inglesa).* Programa das Nações Unidas para o Ambiente (PNUA) e Centro de Investigação Florestal Internacional (CIFOR), Jacarta, Indonésia, 125 p.

Etzold, S., Wunder, J., Braun, S., Rohner, B., Bigler, C., Abegg, M., & Rigling, A. (2016.) Forest tree mortality: causes and trends. Em Pluess, A., Augustin, S., & Bang P. (Eds.), *Forests and climate change. Eléments pour des stratégies d'adaptation*. Departamento Federal do Ambiente, FOEN, Berna, Instituto Federal de Investigação WSL, Birmensdorf, Haup, Berna, Estugarda, Viena, pp. 183-202.

FAO (2001). Avaliação global dos recursos florestais 2000. *Main report.FAO Forestry paper,* (140), Roma, pp. 115-120.

FAO (2007). Forests and sustainable livelihoods: what role can forests and forestry play in poverty reduction? *Unasylva* 226/227, v. 58, Roma, pp. 80-87.

FAO (2008). *Panorama do sector nacional das pescas no Burkina Faso.* Ouagadougou, 19 p.

FAO (2010). *Avaliação global dos recursos florestais 2010: termos e definições.* Roma, 30 p.

FAO (2011). *State of the World's Forests.* Roma, 176 p.

FAO (2015). *Avaliação global dos recursos florestais 2015.* Roma, 253 pp.

FAO (2018). *África em movimento. Dinâmica e factores da migração a sul do Saara.* Roma, 58 p.

FAO (2020). *Avaliação global dos recursos florestais 2020: Key findings.* Roma, 12 p.

Fourgeau, C. (2002). Les petites jachères des femmes bwaba et bobo: perception et définition identitaire. Províncias de Balé e Houet, Burkina Faso. Em Lacombe, B., Palé, F. O. K., & Traoré, S. (Eds.). *Études sur la jachère dans le Sud-Ouest du Burkina Faso: contribution des sciences sociales à la définition des relations sociétés rurales avec les jachères,* pp. 136-153.

Fournier, A. (1991). *Fenologia, crescimento e produção das plantas em algumas savanas da África Ocidental: variação ao longo de um gradiente climático.* Editions de l'ORSTOM, Collection ÉTUDES et THÈSES, Paris, 314 p.

Fournier, A., Floret, C. & Gnahoua, G.-M. (2001). Vegetação de pousio e sucessão pós-cultivo na África tropical. *John Libbey Eurotext,* Paris, pp. 123-168.

Fournier, A., & Sinsin, B. (2007). Les aires protégées d'Afrique de l'Ouest, une identité en devenir? Em Fournier, A., Sinsin, B., Mensah, G. A. (Eds.). *Quelles aires protégées pour l'Afrique de l'Ouest? Conservation de la biodiversité et développement*. Coleção Colloques et Séminaires, Paris, IRD, pp. 28-40.

Fournier, A., & Millogo-Rosolodimby, J. (2007). Vegetação ameaçada ou moldada pelo homem? Em Fournier, A., Sinsin, B., Mensah, G. A. (Eds.). *Quelles aires protégées pour l'Afrique de l'Ouest? Conservation de la biodiversité et développement*. Coleção Colloques et Séminaires, IRD, Paris, pp. 62-76.

Fournier, A., Douanio, M., & Béné, A. (2012). Prática e perceção dos incêndios de vegetação numa paisagem de pomar. Le pays sèmè (Kénédougou, Burkina Faso). Colloque de Ouagadougou 8-10 mars 2012, 31 p.

Frontier, S., & Pichod-Viale, D. (1991). *Ecosystèmes: structure, fonctionnement, évolution.* Paris, Masson. Collection d'écologie 21, 392 p.

Gansaonré, R. N., Sodoré, A. A., & Ouédraogo, B. (2020). Jeu des acteurs à la périphérie du Parc W du Burkina Faso : entre conflictualité et incoordination des interventions. *Afrique SCIENCE*, v. 16, no. 5, Abidjan, Côte d'Ivoire, pp. 118-135.

Gautier, D., & Compaoré, A. (2006) *Les populations locales face aux normes d'aménagement forestier en Afrique de l'Ouest. Mise en débat à partir du cas du Burkina Faso et du Mali.* CIFOR, Escritório Regional da África Ocidental, Ouagadougou, Burkina Faso, 63 p.

Gautier, D., Ouédraogo, G. G., Badini, Z., & Dabat, M.-H. (2009). *Appui à la définition de stratégies de développement des filières agro-sylvo-pastorales et halieutiques sélectionnées dans les régions d'intervention du PADAB II " Goulots d'étranglement et actions pilotes "*, CIRAD, Rapport filière bois, Région du Centre-est, Ouagadougou, 57 p.

George, P., & Verger, F. (2009). Dictionnaire de géographie, 10(ème) édition, QUADRIGE/PUF, Paris, 512 p.

Giazzi, F., & Tchamie, T. T. K. (2007). La participation des populations dans la gestion des ressources naturelles: historique de la création des aires protégées en Afrique de l'Ouest et évolution récente de la conservation. Em Fournier, A., Sinsin, B., Mensah, G. A. (Eds.). *Quelles aires protégées pour l'Afrique de l'Ouest? Conservation de la biodiversité et développement.* Coleção Colloques et Séminaires, IRD, Paris, pp. 77-86.

IPCC. (2000). *Utilização dos solos, alteração da utilização dos solos e silvicultura.* Summary for Policymakers. Relatório especial do Painel Intergovernamental sobre as Alterações Climáticas, Genebra, Suíça, 30 p.

Giezendanner, F. D. (2012). Tamanho da amostra aleatória e margem de erro. CMS-SPIP, Genebra, 22 p. http://icp.ge.ch/sem/cms-spip/spip.php?article1641

Giraut, F., Guyot, S., & Houssay-Holzschuch, M. (2004). Les aires protégées dans les recompositions territoriales africaines. °*L'Information Géographique*, v. 68, n 4, Paris, pp. 340-368.

Gnoumou, A., Ouattara, H. A., Sambaré, O., & Ouédraogo, A. (2021). Caracterização da diversidade e estrutura da vegetação lenhosa nas formações ribeirinhas da floresta classificada de Kari, Burkina Faso. *Afrique SCIENCE*, v. 18, no. 1, Abidjan, Côte d'Ivoire, pp. 69-89.

Gomgnimbou, M. (1998). Forêts à identité contestée: perception des classifications des forêts de Tiogo et de Laba pour les populations locales. *Gestão integrada das florestas naturais das zonas tropicais secas da África Ocidental.* Actas do Seminário Internacional, 16-20 de novembro de 1998, Ouagadougou, Burkina Faso, pp. 233-241 .

Gomgnimbou, A. P. K., Savadogo, P. W. W., Nianogo, A. J., & Millogo-RAasolodimby, J. (2010). Práticas agrícolas e percepções dos agricultores sobre os impactos ambientais da monocultura na província de Kompienga (Burkina Faso). *Science-Nature*, v. 7, no. 2, Ouagadougou, pp. 165-175 .

Goudet, J.-P. (1985). Aménagement des forêts naturelles et reboisement en Afrique tropicale sèche. *Revue Aménagement et Nature,* n° 81, pp. 33-36 .

Gramond, D. (2010). *Introdução à biogeografia.* CNRS, Université Paris-Sorbonne, 28 p.

Guéneau, S. (2011). *Para uma avaliação de um sistema de abordagem do problema do declínio das florestas tropicais.* Tese de doutoramento, Institut des Sciences et de l'Industrie du Vivant et de l'Environnement (AgroParisTech), 581 p.

Guillard, J. (2014). *Au service des forêts tropicales: histoires des services forestiers français d'outre-mer 1896-1960.* Tomo 1, AgroParisTech, Centre de Nancy, 641 p.

Guinko, S. (1984). *Végétation de la Haute- Volta.* Tese de doutoramento em Ciências Naturais, Universidade de Bordéus III, Tomo 1, 318 p.

Guira, M. (1997). *Etude de la phénologie et de la variété de quelques caractères chez le karité Butyrospermum paradoxum sub sp. Parkii (G. Don) Hepper (Sapotaceae) dans les champs et les jeunes jachères dans la moitié ouest du Burkina Faso.* Tese de doutoramento em Biologia e Ecologia Vegetal, Universidade de Ouagadougou, 191 p.

Guira, M. (1997). *Contribuição para o estudo da degradação do coberto vegetal em Karangasso-Vigué.* Tese de mestrado em Geografia, Universidade de Ouagadougou, 113 p.

Hadef, A. (2010). *Cartographie de l'occupation du sol par la végétation à partir des données satellites dans la région de Annaba (Chétaibi).* Tese de mestrado em Ecologia Vegetal, Universidade Badji Mokhtar Annaba, 115 p.

Hama, O., Tinni, I., & Baragé, M. (2019). Diversidade e importância dos produtos florestais não madeireiros de origem vegetal na comuna rural de Tamou, sudoeste do Níger, África Ocidental. *Rev. Ivoir. Sci. Technol.* n° 34, Abidjan, Côte d'Ivoire, pp. 191-215 .

Hauchart, V. (2005). *A cultura do algodão e a degradação dos solos em Mouhoun (Burkina Faso).* Tese de doutoramento em Geografia, Universidade de Reims-Champagne-Ardenne, 467 p.

Hema, K. B., Zerbo, R., & Koffi, G. R. Y. (2018). Práticas agrícolas dos migrantes burquinenses e investimentos socioeconómicos relacionados com a cultura do cacau. *TROPICULTURA*, v. 36, no. 2, Liège, Bélgica, pp. 299-313 .

Hien, P. C. (2000). Frontières et conflits chez les Dagara et leurs voisins au Sud-Ouest du Burkina Faso (XVIIIème-XIXème siècle). *Berichte des Sonderforschungsbereichs 268, Band 14, Frankfurt a.M.*, pp. 427-440
.

Hountondji, Y. C. H. (2008). *Dynamique environnementale en zone sahélienne et soudanienne d'Afrique de l'Ouest : Analyse des modifications et évaluation de la dégradation du couvert végétal.* Tese de doutoramento em Ciências e Gestão do Ambiente, Universidade de Liège, 153 p.

Hugot, J.-P. (2002). Biogeografia histórica: o estudo da diversidade biológica no espaço e no tempo. *Biosystema 20, Systématique et biogéographie*, Paris, pp. 27-40.

Ibrah, H. (2005). *Produits forestiers non ligneux et gestion locale des ressources naturelles: cas de département de Filingué au Niger.* DEA em Gestão Ambiental, Universidade Senghor, Alexandria, Egito, 82 p.

Ibrahim, B. (2012). *Caracterização das estações chuvosas no Burkina Faso num contexto de alterações climáticas e avaliação dos impactos hidrológicos na bacia do Nakambé.* Tese de doutoramento em Ciências da Terra, Université Pierre et Marie Curie e Institut International d'Ingénierie de l'Eau et de l'Environnement (2iE) de Ouagadougou, 246 p.

INSD. (2009). *Projeção demográfica de 2007 a 2020 por região e por província.* Ouagadougou, 69 p.

Isnard, H. (1952) O mecanismo climático da África Ocidental. *L'information géographique*, 16, 3, Paris, pp. 98-100.

Issifou Moumouni, Y., Toko Imorou, I., & Moussa, A. D. (2019). Caracterização da degradação através da diversidade florística e estrutura da vegetação na bacia do médio Sota no Norte-Benim. *Revista Internacional de Ciências e Tecnologias Progressivas (IJPSAT),* v. 18, no. 1, pp. 53-70.

Jacquemot, P. (2018). Que futuro para as áreas protegidas de África? *Dossier Willagri*, 23 p.

Jiagho, E. R., Zapfack, L., Banoho, L. P. R. K., Tsayem-Demaze, M., Corbonnois, J., & Tchawa, P. (2016). Diversidade da flora lenhosa na periferia do Parque Nacional de Waza (Camarões). *Vertigo. La revue électronique des sciences de l'environnement,* v. 16, n° 1, 56 p. revues.org

Job J.-O. (1992). Les premiers aménagements hydroagricoles en Mésopotamie et les problèmes de sels. *ARCTIQUES/ORSTOM* Editions, Paris, pp. 473-480.

Jouve, P. (2004). Population growth, brake or opportunity for sustainable agricultural intensification in Africa. *Transition agraire et résilience des sociétés 'rural', courrier de l'environnement de l'INRA,* n°52, CNEARC, Montpellier, pp. 101-106.

Jyrki, J., Vanha, I., & Tonteri, T. (1998). Amostragem e tamanho de parcela óptimos para o inventário da vegetação do campo e do estrato rasteiro numa floresta madura de abetos boreais do tipo Myrtillus. *Ann. Bot. Fennici*, v. 35, pp. 191-196 .

Kaboré, A. (2010). *Les stratégies communautaires d'adaptation au changement climatique : cas des bois sacrés dans l'aire socioculturelle moaaga du Burkina Faso*. Tese de doutoramento em Geografia, Université d'Abomey-Calavi, 225 p.

Kaboré, A. (2010). *O mato de um homem, a área protegida de outro homem. Histoire du peuplement, perception de la nature et politique des aires protégées dans le Gourma au Burkina Faso : l'exemple de la Réserve partielle de faune de Pama.* Tese de doutoramento em estudos de desenvolvimento, Instituto de Pós-Graduação em Estudos Internacionais e de Desenvolvimento, Genebra, 392 p.

Kaboré, O. (2013). *Dinâmica do uso da terra nos ecossistemas de savana e no sistema agrário da bacia hidrográfica de Kompienga (Burkina Faso).* Tese de doutoramento em Geografia, Universidade de Ouagadougou, 281 p.

Kaboré, O., Ouédraogo, B., & Sawadogo, I. (2019). Factores de fragmentação e estratégias de gestão de maciços florestais no Burkina Faso. *Journal of Applied Biosciences*, v. 133, Nairobi, Quénia, pp. 13516-13531.

Kaboré, S. (2018). *Contribution de l'agroforesterie à Faidherbia albida dans l'adaptation paysanne à la variabilité climatique à Imasgo (dans la province du Boulkiemdé, Burkina Faso)*. Dissertação de Mestrado em Geografia, Universidade de Ouaga I Pr Joseph KI-ZERBO, 95 p.

Kadéba, A., Kagambèga, F. W., Soulama, S., Schmidt, M., Thiombiano, A., & Boussim, J. I. (2019). Dinâmica das unidades de vegetação e resposta das espécies lenhosas à degradação dos solos na zona sub-saheliana do Burkina Faso. *Rev. Ivoir. Sci. Technol.* n° 34, pp. 144-162.

Kadjo, B. (2010). *Aménagement en techniques de conservation des eaux et des sols du bassin versant du Ioba (Dano) en vue du refboisement et de la production améliorée du Jatropha Curcas: quelles options optimisées?* Tese de mestrado, Instituto Internacional de Engenharia da Água e do Ambiente (2iE), Ouagadougou, 73 p.

Kaina, A., Wala, K., Koumantiga, D., Folega, F., & Akpagana, K. (2018). Impacto da exploração de energia da madeira na vegetação na Prefeitura de Tchaoudjo, Togo. *Revue de Géographie de l'Université de Ougadougou*, v. 1, no. 7, pp. 69-88.

Kamdem, M., Tounsi, G., & Yodjin, F. (2022). Utilização de lareiras melhoradas e proteção da vegetação nos Camarões. *ESI Preptints*, pp. 688-709. https://doi.org/10.19044/esipreptint.9.2022.p688

Karam, D. B. (2008). *Mechanisms of desert aerosol uplift in West Africa (Mecanismos de elevação do aerossol do deserto na África Ocidental*). Tese de doutoramento em Ciências do Ambiente, Université Pierre et Marie-Curie -Paris VI, 312 p.

Karen, H.-H. & Thiombiano, A. (2000). Perception des espèces en voie de disparition en milieu gourmantché (Est du Burkina Faso). *Berichte des Sonderforschungsbereichs 268, Band 14, Frankfurt a. M. 2000*, pp. 285-297.

Kiéma, S. (2007). *Pecuária extensiva e conservação da diversidade biológica nas zonas protegidas do Burkina Faso ocidental. Um olhar sobre a sua história, os desafios actuais de gestão e a dinâmica da vegetação.* Tese de doutoramento em Fisiologia e biologia dos organismos, das populações e das interações, Universidade de Orleães, 659 p.

Kiéma, S., & Fournier, A. (2007). Utilização de três áreas protegidas pela pecuária extensiva no oeste do Burkina Faso? Em Fournier, A., Sinsin, B., Mensah, G. A. (Eds.). *Quelles aires protégées pour l'Afrique de l'Ouest? Conservation de la biodiversité et développement*, IRD, Collection Colloques et séminaires, Paris, pp. 499-506.

Koffi, K. J. M. (2014). Factos estilizados da governação florestal na África subsaariana francófona: negação das liberdades e questões de sustentabilidade. *Ética e Economia,* UMI Résiliences (IRD-CIRES/França-Costa do Marfim) e Universidade de Bouaké, pp. 145-167.

Koné, M., Aman, A., Adou Yao, C. Y., Coulibaly, L., & N'Guessan, K. E. (2007). Monitorização diacrónica por deteção remota espacial da cobertura lenhosa na savana sudanesa da Costa do Marfim. *Revue télédétection*, v. 7, n° 1-2-3-4, Abingdon-on-Thames, Reino Unido, pp. 433-446.

Korbéogo, Y. S. C. (2018). *Dynamique des ressources forestières et stratégies REDD+ de préservation de la forêt classée de Koulbi (Sud-Ouest du Burkina Faso).* Tese de mestrado em Geografia, Universidade Joseph KI-ZERBO, 97 p.

Koumoi, Z. & Laré, L. Y. (2014). Impacto da posse da terra na estrutura e funcionamento dos agrossistemas no país Tem. *Rev. Sc. Univ. Lomé (Togo)*, v. 1, no. 11 (especial), pp. 85-104.

Ky, K. J. M. (2010). *L'état des ressources végétales pourvoyeuses de produits forestiers non ligneux de la forêt de Bissiga, Centre-Est du Burkina Faso.* Tese de doutoramento em Ciências Biológicas Aplicadas, Universidade de Ouagadougou, 171 p.

Landmann, G. (1988). Comment apprécier la vitalité d'un arbre ou d'un peuplement forestier? *R.F.F.*, v. XL, n° 4, Paris, pp. 265-284.

Laurent, M. C. (2011). *La gestion participative des forêts, une notion devenue multiscalaire et une application différenciée sur le terrain: le cas du Burkina Faso*. Dissertação de investigação, Institut d'Etude Politique de Toulouse, 108 p.

Lebrun, J. (1960). Sur une méthode de délimitation des horizons et étages des végétations des montagnes du Congo oriental. *Bulletin du Jardin Botanique de l'Etat à Bruxelles*, v. 30, Fasc. 1, pp. 75-94.

Lepart, J. (1997). De la diversité spécifique à la biodiversité, les raisons d'un succès. *Définition et diverses perceptions de la biodiversité,* Centre d'écologie fonctionnelle et évolutive-CNRS, Montpellier cedex, pp. 4-10.

Lokossou, R. S., Akouehou, G. S., Avononmadegbé, M. L., & Orou Matilo, A. (2018). Modos de gestão da terra na zona tampão da Reserva da Biosfera de Pendjari. *Journal of Applied Biosciences*, v. 124, pp. 12433-12445.

Ly, I. (2001). *Tendance d'évolution du droit de la faune et des aires protégées en Afrique occidentale.* Centro Jurídico da FAO em linha, Roma, 25 p.

Madec, J.-H. (1997). Legislação e jurisprudência: Olhar para trás: a legislação francesa sobre as florestas tropicais. *Rev. For. Fr. XLIX*- 1-1997, Paris, pp. 69-78.

Madjimbe, G., Goalbaye, T., Belem, M. O., & Ngarikla, B. (2018). Avaliação dos recursos lenhosos e sua exploração como lenha e madeira de serviço no Departamento de Barh-Kôh, no sul do Chade. *Revista Internacional de Ciências Biológicas e Químicas*, v. 12, n.º 6, Universidade de Dschang, Camarões, pp. 2856-2870.

Madon, G. (2017). A madeira, energia de primeira necessidade em África: um recurso demasiadas vezes negligenciado. *AFRIQUE CONTEMPORAINE*, n° 261-262, pp. 201-222.

Mahamane, A., Mahamane, S., & Lejoly, J. (2007). Fenologia de algumas espécies lenhosas no Parque Nacional "W" do Níger. *Sécheresse,* v. 1E, no. 4, Paris, pp. 1-13.

Mahamane, A. (2006). Estudos florísticos, fitossociológicos e fitogeográficos da vegetação do Parque Regional W do Níger. *Ata Botanica Gallicia*, v. 153, no. 2, pp. 265-269.

Mainguet, M. (1995). *L'homme et la sécheresse.* Masson, Paris, França, 335 p.

Marcon, E. (2018). *Medições da biodiversidade.* Master, Kourou, França 284 p.

Mayaux, P., Eva, H., Fournier, A., Sawadogo, L., Palumbo, I., & Grégoire, J.-M. (2003). Contribuição das técnicas espaciais para a gestão das áreas protegidas na África Ocidental. *Séminaire régional sur l'aménagement et la gestion des aires protégées d'Afrique de l'Ouest,* Parakou, Bénin, 14-19 avril 2003, 8 p.

Mbayngone, E., Thiombiano, A., Hahn-Hadjali, K., & Guinko, S. (2008). Estrutura lenhosa das formações vegetais na reserva de Pama (sudeste do Burkina Faso, África Ocidental). *Flora et vegetatio Sudano-Sambesica,* v. 11, Frankfurt, pp. 25-34.

Mbayngone, E., & Thiombiano, A. (2011). Degradação de áreas protegidas pela exploração de recursos vegetais: o caso da reserva parcial de vida selvagem de Pama, Burkina Faso (África Ocidental). *Fruits,* v. 66, Les Ulis, França, pp. 187-202.

MEEVCC (2019). *Factores de desflorestação e degradação florestal no Burkina Faso. Volume 1: a tendência atual*. Relatório de estudo, Ouagadougou, Burkina Faso, 177 p.

MECV (2007a). *Situation des forêts classées du Burkina Faso et plan de réhabilitation*. Ouagadougou, 48 p.

MECV (2007b). *Programa de ação nacional de adaptação à variabilidade e às alterações climáticas, PANA do Burkina Faso*. CONEDD, Ouagadougou, 76 p .

MECV (2009). *Plan d'aménagement et de gestion des réserves partielle et totale de la faune de Bontioli et du corridor Bontioli-Koulbi*. PROGEREF, Ouagadougou, 122 p.

MECV (2010a). *Estratégia nacional de valorização e de promoção dos produtos florestais não lenhosos*. Versão final, Ouagadougou, Burkina Faso, 72 p.

MECV (2010b). *Evaluation économique de l'environnement et des ressources naturelles au Burkina Faso : analyse économico-environnementale au niveau national (phase 1)*. Relatório final, Ouagadougou, Burkina Faso, 78 p.

MEDD (2011). *Programa de Investimento Florestal (PIF- Burkina Faso)*. Ouagadougou, 70 p.

MEDD (2012). *Estratégia e plano de ação da iniciativa da grande muralha verde no Burkina Faso*. Ouagadougou, 117 p.

MEDD (2013). *Política nacional das zonas húmidas do Burkina Faso*. Ouagadougou, Burkina Faso, 110 p.

MEE (1996). *Forum sur les politiques forestières en Afrique sub-saharienne: communication du Burkina Faso*. Ouagadougou, 13 p .

MEE (1998). *Política florestal nacional*. Ouagadougou, Burkina Faso, 55 p.

MEEVCC (2017). *Avant-projet d'aménagement et de gestion actualisé des réserves partielle et totale de faune de Bontioli*. Relatório final, Ouagadougou, 88 p.

Menaut, J. C., Lepage, M., & Abbadie, L. (1995). Savanas, bosques e florestas secas em África. *S.H. Bullock, H.A. Mooney e E.E. Medina (Editores), Seasonally dry tropical forests,* Paris, pp. 64-92.

Mengue-Medou, C. (2002). Áreas protegidas em África: perspectivas para a sua conservação. https://doi.org/10.4000/vertigo.4126 *Vertigo- la revue électronique en science de l'environnment*, v. 3, no. 1,

Montagne, P., Nouvellet, Y., & Bertrand, A. (2005). Nouvelles politiques forestières, interventions multiples de nouveaux acteurs privés et renouvellement des fonctions des agents des administrations. *L'Etat de la gestion locale durable des forêts en Afrique francophone et à Madagascar,* L'Harmattan, Paris, pp. 96-128.

Montouroy, Y. (2013). Analysing global forest governance: capturing international change using political sociology. *Les cahiers CRGRNT*, n° 1305, Institut d'études politiques de Bordeaux, França, 15 p.

Morin, X. (2006). *Biogeografia das espécies arbóreas europeias e norte-americanas: determinismo e evolução sob o efeito das alterações climáticas*. Tese de doutoramento em Biologia e Ecologia das Populações, Universidade de Montpellier, Sciences et Techniques du Languedoc, 468 p

Moumouni, Y. I., Arouna, O., & Zakari, S. (2017). Diversidade florística e estrutura das formações vegetais no distrito fitogeográfico Borgou-Nord do Benim (sector do arrondissement de Bagou). °*Homme et société,* n 7, Paris, pp. 63-80.

Muoghalu, I. J. (2014). Vulnerabilidade dos sistemas biofísicos e socioeconómicos das savanas e florestas da África Ocidental e Central às alterações climáticas. *Fórum Florestal Africano*. WorkingPaperSeries, v. 2, n.º 14, Nairobi, Quénia, 35 p.

Nações Unidas. (1992). Convenção sobre a Diversidade Biológica, Nova Iorque, 32 p.

Ndambo, M. N. (2014). *Participação da comunidade local e gestão florestal sustentável: o caso da Reserva da Biosfera de Luki na República Democrática do Congo.* Tese de doutoramento em Ciências Florestais, Universidade Laval, Quebeque, Canadá e Universidade de Kinshasa, República Democrática do Congo, 205 p.

Ngo, M. R., Sanou, P., Touré, I., Tchindjang, M., & Makak, J. S. (2018). Análise diacrónica do uso da terra para a conceção de uma base de dados georreferenciada para a monitorização da dinâmica territorial na comuna rural de Koumbia, Burkina Faso. *Revue Scientifique et Technique Forêt et Environnement du Bassin du Congo*, v. 10, pp. 23-35.

Nouazeur, Z. (2020). A retoma das chuvas e o ressurgimento das inundações na África Ocidental Saheliana. *Physico-Géo*, v. 15, no. 1, pp. 89-109.

Oloukoi, J., Yabi, I., & Johnson, D. (2014). Influência de factores climáticos e topográficos no risco de incêndios florestais no centro do Benim. *Journal of Geospatial Science and Technology*, v. 1, no. 1, pp. 64-86.

OMS (2002). *WHO strategies for traditional medicine 2002-2005, OMS*, Genebra, 78 p.

Orsenna, E., & Petit, M. (2011). *Climat: une planète et des hommes,* Le cherche midi, Paris, França, 333 p.

Ouattara, D., Kouamé, D., Tiébré, M.-S., Cissé, A., & N'Guessan, K. E. (2016). Diversidade florística e usos de plantas na zona sudanesa do noroeste da Costa do Marfim. *Journal of Animal and Plant Sciences,* v. 31, no. 1, Nairobi, Quénia, pp. 4815-4830.

Ouédraogo, A., Thiombiano, A., Hahn-Hadjali, K., & Guinko, S. (2006). Estrutura do povoamento juvenil e potencial de regeneração de espécies lenhosas no Burkina Faso oriental. Etude sur la flore et la végétation du Burkina Faso et des pays avoisinants. 10, pp. 17-24.

Ouédraogo, B. (2015). *Estratégias de adaptação dos agro-pecuaristas à variabilidade climática na bacia hidrográfica de Yakouta (Burkina Faso).* Tese de doutoramento em Geografia, Universidade de Ouagadougou, 257 p.

Ouédraogo, F. C. (2006). *Vulnerabilidade alimentar no Burkina Faso.* L'Harmattan, Paris, 226 p .

Ouédraogo, K. (2001). *Estudo prospetivo do sector florestal em África (FOSA): Burkina Faso,* Roma, 39 p.

Ouédraogo, K. (2004). *Atelier regional de capitalização da experiência sahélienne sobre a gestão das florestas naturais para a produção de madeira: contribuição do Burkina Faso.* Programa Regional de Promoção das Energias Domésticas e Alternativas no Sahel (PREDAS), Ouagadougou, 32 p.

Ouédraogo, L. (2012). *Gestion de l'eau et adaptation des populations au changement climatique dans le bassin versant de Yakouta (Sahel du Burkina Faso)*. Tese de doutoramento em Geografia, Universidade Abdou Moumouni, Níger, 245 p.

Ouédraogo, M. (2011). *Diffusion et appropriation des textes juridiques dans le cadre de la gouvernance locale des ressources forestières : cas de la zone villageoise d'intérêt cynégétique (ZOVIC) de Kompienbiga.* Dissertação de engenharia de extensão agrícola, IDR, Universidade Politécnica de Bobo-Dioulasso, 111 p.

Ouédraogo, R., Soara, A. E., Oueda, A. (2015). Descrição da população de peixes do lago Sahelian Higa, um sítio Ramsar no Burkina Faso, África Ocidental. *Journal of Applied Biosciences,* v. 95, Nairobi, Quénia, pp. 8958-8965.

Ouédraogo, S. B. (2011). *Forests in Burkina Faso.* Atelier sur le dialogue forestier du 12 au 15 septembre 2011, Ouagadougou/Burkina Faso, Power Point, 23 p.

Ouédraogo, T. L. (2015). *Resistir, adaptar-se ou desaparecer? Les paysanneries face aux mutations agricoles et foncières: une analyse à partir des provinces du Ziro et de la Sissili au sud du Burkina Faso.* Tese de doutoramento em Geografia, Université Paris Panthéon Sorbonne, 446 p.

Ouédraogo, M., Ouédraogo, D., Thiombiano, T., Hien, M., & Likke, A. M. (2013). Dependência económica dos produtos florestais não lenhosos: o caso das famílias que vivem ao longo das florestas de Boulon e Koflandé, no sudoeste do Burkina Faso. *Journal of Agriculture and Environment for International Development-JAEID*, v. 107, no. 1, pp. 45-72.

Ouharon, A. (2006). População e ambiente: ligações incertas. *Nature-Sciences-Sociétés,* v. 14, pp. 168-173.

OSS (2015). *Burkina Faso : atlas d'occupation du sol - Projet d'Amélioration de la résilience des populations sahéliennes aux mutations environnemental-REPSAHEL*, Tunis Carthage, Tunísia, 138 p.

Ouoba, A. P. (2013). *Alterações climáticas, dinâmica da vegetação e perceção camponesa no Sahel burquinense.* Tese única de doutoramento em Geografia, Universidade de Ouagadougou, 305 p.

Ouoba, P. (2007). *A proteção da vegetação: caso da floresta classificada de Nahouri.* Tese de mestrado em Geografia, Universidade de Ouagadougou, 109 p.

Ouoba, P. A., Da, D. E. C., & Paré, S. (2014). Efeitos da variabilidade climática e das actividades antropogénicas na dinâmica do uso da terra em Gandafabou, no Sahel burquinense. °*Cahiers de CBRST,* n 6, pp. 68-94.

Ouoba, P. A., Da, D. E. C., & Paré, S. (2014). Perceção local da dinâmica dos povoamentos lenhosos ao longo dos últimos vinte anos no Sahel burquinense. http://vertigo.revues.org *Vertigo- la revue électronique des sciences de l'environnement,* v.14, n° 2, 13 p.

Ozer, A., & Ozer, P. (2005). Desertificação no Sahel: crise climática ou antropogénica? *Bull. Séanc. Acad. R. Sci. Outre-Mmer Meded. Zitt. K. Acad. Overzeese Wet.* v. 51, no. 4, pp. 395-423.

Ozer, P. (2006). Desertificação, um falso problema? *Vox geographica, Les Cafés Géographiques,* Universidade de Liège, Bruxelas, 8 p.

Ozer, P., Hountondji, Y.-C., Nlana, A. J., Karimoune, S., Laminou Manzo, O., & Salmon, M. (2010). A desertificação no Sahel: história e perspectivas. *Bulletin de la Société Géographique de Liège*, v. 54, pp. 69-84.

Palé, O. K. F. (2015). Colonização agrícola e questões fundiárias no vale de Bougouriba (Burkina Faso). *Revue des questions foncières,* v. 1, no. 15, pp. 45-65.

Palé, S. (2020). *Morfohidrologia da bacia hidrográfica do Poni (Sudoeste do Burkina Faso)*. Tese de doutoramento em Geografia, Universidade Joseph KI-ZERBO, 275 p.

Pallo, F. J. P., & Sawadogo, N. (2010). Teste de correlação entre clima, vegetação e caraterísticas do solo no Burkina Faso. *Revista Internacional de Ciências Biológicas e Químicas,* v. 4, n° 5, Universidade de Dschang, Camarões, pp. 1839-1850.

Papy, F., & Torre, A. (2003). Quelles organisations territoriales pour concilier production agricole et gestion des ressources naturelles *(Baseado em questões de agronomia e economia)*. *Études et Recherches sur les systèmes agraires et le développement,* n° 33, pp. 151-169.

Pascal, J.-P. (2003). Description et dynamique de milieux forestiers : notions sur les structures et dynamiques des forêts tropicales humides. *Rev. For. LV*- número especial 2003, Paris, pp. 118-130.

Poan, D. E. (2013). *Documentação e interpretação da variabilidade inter-sazonal na monção africana; aplicação à previsão*. Tese de doutoramento, Universidade de Toulouse, 248 p.

Poda, E. N. (1998). Le sacré et les lieux sacrés: voie privilégiée de sauvegarde de l'environnement. Casos de Tio e de Nagarpoulou. *Gestão integrada das florestas naturais das zonas tropicais secas da África*

Ocidental. Actas do Seminário Internacional, 16 a 20 de novembro de 1998, Ouagadougou, Burkina Faso, pp. 263-265.

Pratt, W. K. (1991). *Digital image processing.* 2(nd) ed, Willey-interscience, 698 p.

PREDAS. (2005). *Guia metodológico de gestão florestal para a produção de energia eléctrica.* Coleção: Les Guides Techniques du PREDAS. CILSS, Ouagadougou, 66 p.

Puyo, J.-Y. (2001). Sur le mythe colonial de l'inépuisabilité des ressources forestières (Afrique occidentale française / Afrique équatoriale française, 1900-1940). *Cahier de Géographie du Québec,* v. 45, no. 126, pp. 479-496.

Raffin, J.-P. (2005). De la protection de la nature à la gouvernance de la biodiversité. *Ecologie et politique,* n° 30, Paris, pp. 97-109.

Reboul, C. (1976). Mode de production et système de culture et d'élevage. *Économie Rurale.* 112. março-abril de 1976, Paris, pp. 55-65.

Ribot, J.-C. (2001). História da gestão florestal na África Ocidental. Ou: como a "ciência" exclui os agricultores. *Les dossiers d'*Haramata, publicações do IIDE, Paris, França, 16 p.

Rondeux, J. (1993). *Medição de árvores e povoamentos florestais.* Les Presses Agronomiques de Gembloux, Bélgica, 512 p.

Rondeux, J. (2021). *Medição de árvores e povoamentos florestais.* Les Presses Agronomiques de Gembloux, Bélgica, 738 p.

Rouamba, T. (1997). *Ensaio de determinação dos níveis óptimos de colocação nos inventários florestais: "caso da floresta classificada de Tuy".* Dissertação de Engenharia de Desenvolvimento Rural,

Universidade de Ouagadougou, Centro Universitário Politécnico de Bobo-Dioulasso, 90 p.

Sangli, G., & Tallet, B. (2012). Dinâmica demográfica e distribuição do povoamento. Rumo a uma nova geografia do povoamento no Grande Sudoeste do Burkina Faso? *Espace Populations sociétés*, [em linha], 1, pp. 99-110. http://eps/revues.org/4896

Sanguin, A.-L., & Pĕna, O. (1986). *Concepts et méthodes de la Géographie.* Guérin Éditeur, Montréal, Canadá, 206 p.

Sanou, L., Koala, J., Ouédraogo, S., & Ouattara, B. (2022). Percepções, serviços ecossistémicos e vulnerabilidade das espécies lenhosas de uso múltiplo no 20º sítio Ramsar no Burkina Faso, África Ocidental. *Afrique SCIENCE*, v. 20, no. 3, pp. 25-40.

Sarr, M. A. (2008). Variabilidade da precipitação na África Ocidental: dinâmica da vegetação a partir de imagens de satélite. Exemplo da bacia hidrográfica de Ferlo (Senegal). *Climat et Société: Clima e vegetação.* Journées de Climatologie -Nantes, 13-14 de março de 2008, pp. 57-76.

Savadogo, O. M., Ouattara, K., Barron, J., Ouédraogo, I., Gordon, L., Enfors, E., & Zombré, N. P. (2015). Estados dos ecossistemas do Sahel: revegetação, perda de diversidade e qualidade do solo. *Afrique SCIENCE*, v. 11, no. 5, Abidjan, Côte d'Ivoire, pp. 433-446.

Savadogo, S., Kaboré, A., & Thiombiano, A. (2017). Caracterização vegetal, tipologia e funções dos bosques sagrados no Burkina Faso. *Revista Internacional de Ciências Biológicas e Químicas*, v. 11, no. 4, Universidade de Dschang, Camarões, pp. 1497-1511.

Savadogo, S. (2018). *Impactos das alterações e variabilidade climáticas e dos factores antropogénicos na disponibilidade de produtos florestais não lenhosos no domínio Sudano-Saheliano do Burkina Faso: os casos de Kokologho e Ténado*. Tese de doutoramento em Geografia, Universidade de Ouaga I Professeur Joseph KI-ZERBO, 404 p.

Savadogo, S., Ouoba, P. A., & Da, D. E. C. (2019). Extração de NTFP e ameaça às espécies fornecedoras no Burkina Faso: o caso de Kokologho e Ténado na região Centro-Oeste. *Rev. Ivoir. Sci. Technol.* v. 33, Abidjan, Côte d'Ivoire, pp. 240-258.

Savadogo, S., Sambéré, O., Ouédraogo, I., & Thiombiano, A. (2020). Espécies exóticas indicadoras de degradação de bosques sagrados no Burkina Faso. *Geo-Eco-Trop*, v. 44, no. 3, Liège, Bélgica, pp. 409-426.

Sawadogo, L. (2006). *Adaptação das abordagens de gestão sustentável das florestas às aptidões sociais, económicas e tecnológicas em África. O caso do Burkina Faso.* Ouagadougou, 59 p.

Sawadogo, L. (2007). *Estado da biodiversidade e produção de madeira no sítio de gestão florestal NAZINON após vinte anos de práticas de gestão.* Centro de Investigação Florestal Internacional, Ouagadougou, Burkina Faso, 52 p.

Sawadogo, L. (2009). *Influence des facteurs anthropiques sur la dynamique de la végétation des forêts classées de Laba et de Tiogo en zone soudanienne du Burkina Faso.* Tese de doutoramento (3.°Ciclo em Ciências Naturais), Universidade de Ouagadougou, 181 p.

Sebilotte, M. (1974). Agronomie et agriculture: essai d'analyse des tâches de l'agronome. *Cah. ORSTOM sér. Biol.* n° 24, Paris, França, pp. 3-25.

SCR. (2013). *Manual da Convenção de Ramsar: Guia da Convenção sobre Zonas Húmidas (Ramsar, Irão, 1971)*. Edição 6e. Gland, Suíça, 120 p.

Semini, T. G. (2007). *Mainstreaming gender in the forestry sector in Africa: Burkina Faso*. Organização das Nações Unidas para a Alimentação e a Agricultura, Roma, 66 p.

Somda, S., & Somé, L. (2009). *Monographie de la région du Sud-Ouest*. RGPH-2006, INSD, Ouagadougou, 152 p.

Somé, B. B. (2015). *Stratégies d'adaptation des populations riveraines des forêts galeries du Mouhoun aux changements climatiques au Burkina Faso: cas des femmes Dagara de Dissin dans la province du Ioba*. Tese de mestrado em Sociologia, Universidade de Ouaga I Professeur Joseph KI-ZERBO, 106 p.

Somé, E. S. (2013). *Impact des activités anthropiques sur la structure végétale des réserves de Bontioli (Sud-Ouest du Burkina Faso)*. Dissertação DEA, IDR, Université Polytechnique de Bobo-Dioulasso, 34 p.+anexos.

Somé, T. N. (2012). *Gestion participative et sécurité alimentaire dans le Chantier d'Aménagement Forestier de Bougnounou*. Tese de mestrado em Geografia, Universidade de Ouagadougou, 93 p. +anexos.

Somé, T. N. (2016). *Efeitos das acções antropogénicas e das alterações climáticas na dinâmica das florestas secas naturais da região Centro-Oeste do Burkina Faso*. Tese de mestrado em Geografia, Universidade de Ouaga I Pr Joseph KI-ZERBO, 84 p.

Somé, Y. S. C. (2010). *Modelação da distribuição espacial das formas moleculares M e S de Anopeles gambiae sensu stricto com SIG e análise espacial*. Tese de doutoramento em Geografia, Université d'Orléans, 209 p.

Somé Y. S. C., Akaffou, Y. F. W., & Kaguembega-Müller, F. (2011). Avaliação da restauração da biodiversidade em ecossistemas frágeis: o caso do pousio newTree Burkina. *Actes des Collectes de Yaoundé*, pp. 1-14.

Secretariado da Convenção sobre a Diversidade Biológica (2004). *Programa de Trabalho sobre Áreas Protegidas (Programa de Trabalho da CDB)*. Secretariado da Convenção sobre a Diversidade Biológica, 34 p.

SP/CONAGESE. (1999). *Estratégia nacional e plano de ação do Burkina Faso em matéria de diversidade biológica*. Ouagadougou, Burkina Faso, 126 p.

Solly, B., Dieye, E. H. B., Mballo, I., Sy, O., Sane, T., & Thior, M. (2020). Dynamique spatio-temporelle des paysages forestiers dans le sud du Sénégal : cas du département de Vilingara. https://doi.org/10.4000/physio-geo.10634 *Physio-Géo*, v. 15, pp. 41-67.

Souley, R. A., Diadié, H. O., Abdelkader, A. S., Yacoubou, B., & Balla, A. (2020). Caracterização bioquímica e microbiana do néré soumbala (*Parkia biglobosa*) e da azeda da Guiné (*Hibiscus sabdariffa*) produzidos no Níger. °*Revista Científica Europeia,* v. 16, n 3, pp. 224-243.

Tankoano, B. (2012). *Suivi diachronique de la couverture ligneuse dans la forêt classée de Koulbi à l'aide de la télédétection et des systèmes d'information géographique (SIG)*. Mémoire d'Ingénieur du

Développement Rural (IDR), Université Polytechnique de Bobo-Dioulasso, 84 p.+anexos.

Tankoano, B., Sanon, Z., Hien, M., Dibi, N. H., Yaméogo, J. T., & Somda, I. (2016). Pressão antropogénica e dinâmica vegetal na floresta classificada de Tiogo no Burkina Faso: contribuição da teledeteção, *TROPICULTURA,* v. 34, no. 2, Liège, Bélgica, pp. 193-207.

Tapsoba, A. *Valorização económica dos produtos florestais não lenhosos no Burkina Faso: o caso de Parkia biglobosa (néré).* Tese de mestrado em Inovação e Desenvolvimento nas Zonas Rurais, Universidade de Ouagadougou-CNRST, 66 p. www.agrinovia.org

Tapsoba, B. (2016). *Ocupação do solo de empreendimentos florestais e áreas circundantes na província de Ziro de 1992 a 2013 e além.* Dissertação de mestrado em Geografia, Universidade de Ouagadougou, 96 p.

Tianhoun, V. F. (2012). *Conservation de la diversité biologique et types d'utilisation de la forêt classée de Toroba et sa zone d'influence.* Dissertação de Engenharia de Desenvolvimento Rural, Universidade Politécnica de Bobo-Dioulasso, 80 p.

Tiesse, C. B., Wandan, E. N., & N'da, H. D. (2017). Contribuição do sensoriamento remoto para o monitoramento espaço-temporal do uso da terra na região montanhosa de Tonkpi (Costa do Marfim). *European Scientific Journal*, v. 13, no. 15, pp. 310-329.

Tinyar, S. (2003). *Connaissance des pluies au Burkina Faso : variabilités temporelles et épisodes secs en saison des pluies.* Tese de mestrado em Geografia, Universidade de Ouagadougou, 128 p. + anexos.

Thiombiano, A., Glèglè Kakaï, R., Bayen, P., Bousim, J. I., & Mahamane, A. (2016). Métodos e dispositivos de inventário florestal na África

Ocidental: estado da arte e proposta de harmonização. *Annale des Sciences Agronomiques,* 20-spécial, Projet Undesert-UE, Cotonou, Benin, pp. 15-31.

Thiombiano, A., & Kampmann, D. (2010). *Atlas da Biodiversidade da África Ocidental,* VOLUME II: Burkina Faso, Ouagadougou e Frankfurt/Main, 592 p.

Traoré, D. (2021). *Mutation d'usage des terres et dynamique de la biodiversité végétale ligneuse dans la commune de Kangala au Burkina Faso*. Tese de doutoramento em Geografia, Universidade Joseph KI-ZERBO, 270 p.

Tristan, D., Cassedane, X., Even, M.-A., & Vert, J. (2009). *Sistema de produção e técnicas agrícolas.* Fiche-variable. CENTRE D'ETUDE ET DE PROSPECTIVE, Paris, França, 9 p.

Tubiana, J. (2019). *Áreas protegidas, conflito e insegurança: entendendo a situação e definindo as regras*. Papaco, 24 p.

IUCN (1994). *Diretrizes para as Categorias de Gestão de Áreas Protegidas*. Gland, Suíça, Cambridge, IUCN (CNAPPA)/WCMC, 261 p.

UICN (1994). *Parks for biodiversity: policy guidance based on experience in APC countries*. Bruxelas e IUCN, Gland, Suíça e Cambridge, Reino Unido.

IUCN/PACO (2009). *Avaliação da eficácia da gestão das áreas protegidas: áreas protegidas no Burkina Faso*. IUCN, Gland, Suíça e Cambridge, Reino Unido, 84 p.

IUCN/PACO (2009). *Les aires communautaires en Afrique de l'Ouest: quelle contribution à la concertation?* IUCN, Gland, Suíça e Cambridge, Reino Unido, 68 pp.

IUCN/PACO (2010). *Avaliação jurídica e institucional para a criação de condições para melhorar a gestão das áreas protegidas na África Ocidental.* Ouagadougou, Burkina Faso: IUCN/PACO, 93 p.

IUCN/PAPACO (2012). *Reforçar a conservação das áreas protegidas de África. Síntese da reunião de Weotenga (Burkina Faso - 25 a 27 de outubro de 2011).* Ouagadougou, Burkina Faso, 58 p.

Valéa, F. (2010). *Estudo dos incêndios no Burkina Faso. Uma abordagem multi-escala dos incêndios activos e das áreas ardidas.* Tese de doutoramento em Geografia, Universidade de Caen-Basse Normandie, 412 p.

Valéa, F., & Ballouche, A. (2012). Incêndios florestais na África Ocidental: constrangimentos ambientais ou instrumentos de gestão ambiental? O exemplo do Burkina Faso. *Territoires d'Afrique*, vol. 3, Dakar, Senegal, pp. 36-47.

Velle, M. G. P. V., & Zandée, R. (2002). Identificação de metodologias vicariantes em biogeografia. *Biosystema 20, Systématique et biogéographie*, pp. 7-14.

Vischel, T., Lebel, T., Panthou G., Rossi, A., & Martinet, M. (2015). O regresso de um período húmido no Sahel? Observações e perspectivas. In Sultan, B., Lalou, R., Amadou, S. M., Oumarou, A., & Soumaré, M. A. (eds.). *Les sociétés rurales face aux changements climatiques et environnementaux en Afrique de l'Ouest.* IRD, Marselha, pp. 43-60.

Vissin, E. W. (2007). *Impacto da variabilidade climática e da dinâmica dos estados de superfície sobre os elementos da bacia do rio Níger.* Tese de doutoramento em Hidroclimatologia, Université de Bourgogne, 311 p.

Wala, K. (2010). A vegetação da cadeia de Atakora no Benim: diversidade florística e fitossociológica e impacto humano. Resumo da tese. *Ata Bot. Gallica,* v. 157, no. 4, pp. 793-796.

Wallace, G. N. (1998). *Toward a principled evaluation of ecotourism ventures (Para uma avaliação baseada em princípios de empreendimentos de ecoturismo).* Colorado Strate University, Denver.

Woro, N. O., & Sinsin, B. (2007). Ecoturismo em áreas florestais: o caso da floresta de Lama (Benim). Em Fournier, A., Sinsin, B., Mensah, G. A. (Eds.). *Quelles aires protégées pour l'Afrique de l'Ouest? Conservation de la biodiversité et développement*, IRD, Collection Colloques et séminaires, Paris, pp. 449-478.

Yamba, B. (2004). Les mutations des systèmes agraires et des modes d'usage des ressources naturelles dans la zone centrale du Niger. *Revue de Géographie Alpine*, tome 92, n° 1, Grenoble, pp. 97-110 .

Yaméogo, A., Somé, Y. S. C., Sirima, A. B., & Da, D. E. C. (2020). Uso da terra e erosão do solo na bacia hidrográfica do alto Sissili, Burkina Faso. *Afrique SCIENCE,* v. 17, no. 5, pp. 43-56.

Yaméogo, T. J., Somé, A. N., & Hien, M. (2009). Estudo preliminar para a recuperação de solos degradados na zona sudanesa do Burkina Faso. *Sécheresse,* v. 20, no. 1, pp. 32-38.

Yanogo, P. I. (2013). *Les stratégies d'adaptations aux aléas climatiques autours du Lac Bagré (Burkina Faso)*. Tese única de doutoramento em Geografia, Universidade de Abomey-Calavi, 302 p.

Yaovi, R. C. (2017) *Diversidade florística e serviços ecossistémicos da floresta da classe Kou no sudoeste do Burkina Faso*. Tese de mestrado em Gestão de Recursos Naturais, Université Nazi BONI, Bobo-Dioulasso, 88 p.

Yaro, K. (2013). *Os efeitos induzidos da exploração mineira sobre os recursos naturais.* Dissertação de mestrado em Geografia, Universidade de Ouagadougou, 64 p.

Yonkeu, S. (2006). *Avaliação ambiental estratégica do programa de segurança alimentar e nutrição, de fertilidade dos solos do Burkina Faso.* Instituto do Ambiente e da Energia da Francofonia, Grupo EIER-ETSHER, Burkina Faso, Ouagadougou, 12 p.

Yonkeu, S., Da, D. E. C., & Soule, M. (1995). *Activités agro-pastorales et dégradation du couvert végétal dans le Centre-Nord du Burkina Faso : cas du bassin versant de Bourzanga,* EIER-ETSHER, Université de Ouagadougou, POWER POINT, 15 p.

Zida, D., & Ouadba, J.-M. (1998). Dinâmica da vegetação lenhosa natural numa zona florestal gerida. Cas de la forêt de Maro. *Aménagement intégré des forêts naturelles des zones tropicales sèches de l'Afrique de l'Ouest.* Actas do Seminário Internacional, 16-20 de novembro de 1998, Ouagadougou, Burkina Faso, pp. 209-218.

Zonou, B. (2008). *Interações entre questões de posse de terra e identidades socio-territoriais no Burkina Faso ocidental.* Tese de doutoramento em Desenvolvimento Rural, Universidade de Toulouse, 350 p.

Zorom, A., Ouoba, P., A., Somé, W., & Somé, Y. S. C. (2022). Relações entre a precipitação e a produção vegetal durante o período 1999-2019 no Burkina Faso. *Jornal Internacional de Ciências e Tecnologias Progressivas (IJPSAT)*, v. 35, no. 1, pp. 305-314.

Zougouri, S. (2006). Relação tutor-migrante e práticas fundiárias: os migrantes apanhados entre o poder da terra e o poder dos deuses em Bougnounou (província de Ziro, Burkina Faso). *Colloque International, Les frontières de la question foncière- At the frontier of land issues*, Montpellier, França, 17 p.

Zoungrana, T. P. (1995). Drought and dynamics of agrosystems in the central plain of Burkina/ Sécheresse et dynamique des agrosystèmes dans la plaine centrale du Burkina. *Revue de géographie de Lyon,* v. 70, no. 3-4, pp. 247-254.

http://fr.wikipedia.org/wiki/Accord_de_Paris_sur_le_climat
http://fr.wikiversity.org
www.biodiversite2010.ch/comprendre/definition/
www.cnle.gouv.fr/Definition-de-la-pauvrete.html
www.logement.gouv.fr/le-reseau-national des-amenageurs
http://environnement.doctissimo.fr/faune-et-flore/
http://fr.wikipedia.org/wiki/Ressource_naturelle
https://fr.wikipedia.org/wiki/Biogéographie
https://fr.wikipedia.org/Liste_des_formations_végétales
https://www.aquaportail.com/definition-9830-formation-vegetale.html

Constituição de 11 de junho de 1991 do Burkina Faso.
LEI N°2001-013/AN que cria as regiões.
LOI N° 003-2011/AN portant Code forestier au Burkina Faso, Ouagadougou, 53 p.
LOI N°034-2009/AN portant Régime foncier rural, Ouagadougou, Burkina Faso, 31 p.
LOI N° 063-2015/CNT portant satut du personnel du cadre paramilitaire des Eaux et Forêts, Ouagadougou, Burkina Faso, 61 p. + anexo.

APÊNDICES

Apêndice 1: Questionário do inquérito enviado aos chefes de família nos locais de estudo

N.º de encomenda	Perguntas	
	I. Identificação do chefe de família	
1	Género	Homem □ ; Mulher □
2	Idade :	A especificar
3	Estado civil	Casado □; divorciado □; viúvo □; solteiro □
4	Número de crianças	A especificar
5	Profissão :	A especificar
6	Nível de educação	Nenhum □; alfabetizado □; primário □; secundário □; superior □
	II. Actividades agrícolas e pastoris e seu impacto nas reservas	
7	Qual é a sua atividade principal	Agricultura □; pecuária □; silvicultura □; caça □; pesca □; outros □ especificar
8	Quais são as suas actividades secundárias?	Agricultura □; pecuária □; silvicultura □; caça □; pesca; outros □ especificar
9	Que especulações é que produz?	-Cereais : Milho painço □; sorgo branco □; sorgo vermelho □; milho □ -leguminosas: feijão □ feijão-frade □ -Especulação de rendimentos Algodão □ ; amendoins □ ; sésamo □ ; Especulação de mercado Tomate □; cebola □; pimento □; alface □; abóbora □; azeda □; outro □ especificar
10	Que meios de produção utiliza?	Trator □; charrua □; daba □; enxada □; picareta □; cortador □ ; outro □ especificar
11	Qual dimensão média do vosso campo?	≤ 1ha □; [1ha 3ha] □ ; [4ha- 6ha] □ ; [7ha-10ha] □ ; [11ha-15ha] □; [16ha-20ha] □ ; >20ha

12	Como é que o adquiriu?	Empréstimo □ ; doação □ ; herança □ ; compra □ ; outro □ especificar
13	Haverá ainda mato suficiente para abrir novos campos?	Sim □; não □; abstenção □
14	Em caso afirmativo, quais são as zonas sujeitas a limpeza de terrenos?	Arbusto □; pousio antigo □; floresta □
15	Que técnicas utiliza para abrir um novo campo?	Abate seletivo de árvores e arbustos seguido de lavoura □; abate sistemático de árvores e arbustos seguido de lavoura □; lavoura sem abate de árvores e arbustos □; outras técnicas □ a especificar
16	Se não, o que faz para fertilizar os seus solos, que já estão sujeitos a uma atividade agrícola intensa?	Utilização de estrume orgânico □; utilização de fertilizantes químicos □; zaï □; sebes vivas □; cordões de pedra □ ; outro □ especificar
17	Pousio de terras?	Sim □; não □; abstenção □
18	Em caso afirmativo, com que frequência?	[1-3 anos] □ ; [3-5 anos] □ , 5-10 anos □ ; 10-15 anos □ ; 15 anos □ ; mais de 15 anos □
19	Se não, porquê?	Terreno insuficiente □; redução do espaço agrícola □; outras razões □ a especificar
20	A produção de cereais é suficiente durante todo o ano?	Sim □; não □; abstenção □
21	Se não, o que está a fazer para compensar o défice?	Compra de alimentos □ ; utilização de PFNL para complementar a dieta □ ; outros a especificar
22	Que tipo de criação é que faz?	Criação familiar (cabana) □ ; criação transumante □ ; engorda □
23	Qual é a composição do seu efetivo?	Bovinos □; ovinos □; caprinos □; asiáticos □, camelos □; suínos □; aves □; outros □ especificar
24	Que tipos de alimentos utiliza para alimentar os seus animais?	SPAI □; forragens cultivadas □; forragens selvagens □; resíduos de produtos agrícolas □; outros □; outros a especificar
25	Quais são as vossas zonas de pastagem?	Antigos pousios □; reserva total □; reserva parcial □; matos fora da reserva □; outras áreas □ a especificar

26	Poda as árvores para alimentar o seu gado?	Sim □; não □; abstenção □
27	Em caso afirmativo, que espécies de plantas estão envolvidas?	Uma citação de
28	Quais são as zonas de corte?	Floresta □; campos □; pousio antigo □; plantações □
	III. Rentabilidade socioeconómica e promoção cultural das reservas	
29	Porque é que utiliza produtos florestais?	Alimentação □; comércio □; saúde □; construção de habitações □; alimentação do gado □; outros □ especificar
30	Que produtos florestais consome (especificar as partes)?	A especificar
31	Nomear os produtos florestais utilizados nos seus cuidados de saúde (especificar as partes)?	A especificar
32	Que espécies vegetais e herbáceas são utilizadas na construção das vossas casas?	A especificar
33	Que tipo de energia utiliza para cozinhar os seus alimentos?	Madeira □; carvão vegetal □; gás butano □; biogás □; resíduos de colheita □; outros □ especificar
34	De onde vem a lenha utilizada para cozinhar no seu agregado familiar?	Floresta □ ; pousio antigo □ ; campo □ ; plantação □ ; outro □ especificar
35	Vendem madeira?	Sim □; não □; abstenção □
36	Em caso afirmativo, que tipo de madeira vendem?	Madeira verde □ Madeira morta □
37	De onde é que ele vem?	Floresta □; campo □; pousio antigo □; plantação □; arbusto fora da floresta
38	Se a madeira que vende provém da floresta, tem autorização para o fazer?	Sim □; não□; abstenção □
39	Qual é o vosso rendimento médio anual com a venda de madeira?	A especificar
40	Comercializa PFNL?	Sim □; não□; abstenção □
41	Em caso afirmativo, indicar os principais PFNM que comercializa	A especificar

42	Qual é o rendimento médio anual da comercialização de produtos florestais em geral?	A especificar
43	O que é que se faz com o dinheiro do comércio de produtos florestais?	Alimentação□; cuidados médicos □; escolaridade dos filhos □; compra de vestuário e utensílios de cozinha □; outras utilizações □ especificar
44	Qual é a contribuição do rendimento da silvicultura para o rendimento familiar anual?	]0 ; 25%] ;] 25% ; 50%]]50% ; 75%] ;]75% ; 100%]
45	Em que medida utiliza os produtos florestais para satisfazer as suas necessidades?	Muito bom □; bom □; razoável □; mau □; muito mau □
46	Que soluções propõem para desenvolver economicamente as reservas em benefício das comunidades locais?	A especificar
47	Tem conhecimento de algum ritual religioso na floresta?	Sim □; não □; abstenção □
48	Em caso afirmativo, em que altura do ano se realizam estes ritos?	A especificar
49	Que estratos sociais são afectados?	Costume □; homens □; mulheres □; iniciados □; crianças □; outros □ a especificar
50	O que é que a floresta significa para si em termos das suas tradições?	A especificar
51	Em caso negativo, os ritos foram proibidos na floresta ou, tanto quanto sabe, nunca existiram na floresta?	Banido □ ; nunca existiu □
52	Recebem turistas que vêm visitar as reservas?	Sim □; não □; abstenção □
53	Se não, porquê?	Reservas subdesenvolvidas □; falta de instalações para visitantes □; falta de publicidade sobre o potencial cultural e turístico das reservas □; outras razões □ a especificar
54	Que soluções propõe para inverter esta situação?	A especificar

55	Em caso afirmativo, quando é que os turistas visitam as reservas?	A especificar
56	Existem guias profissionais para orientar os turistas?	Sim □ ; não □ ; abstenção □
57	Existem instalações na localidade para acolher os turistas?	Sim □ ; não □ ; abstenção □
58	Que contributo deu o turismo para o desenvolvimento da sua localidade?	A especificar
59	Que soluções recomenda para reforçar o valor cultural das reservas em benefício das comunidades locais?	A especificar
	IV. Conhecimento da legislação florestal	
60	Sabia que o Burkina Faso dispõe de uma legislação florestal?	Sim □ ; não □ ; abstenção □
61	Se não, porquê?	Falta de comunicação do serviço responsável pelo ambiente □ ; analfabetismo □ ; desinteresse □ ; outras razões □ a especificar
62	Em caso afirmativo, o que é que sabe sobre esta legislação?	A especificar
63	Que actividades na floresta necessitam de autorização do serviço responsável pelo ambiente?	Caça □; corte de madeira verde □; pesca □; outros □ a especificar
64	Que actividades são proibidas por lei na floresta?	garimpo □; pesca □; criação de gado □; agricultura □; fogo tardio □; outro □ especificar
66	Existem espécies vegetais ou animais cuja exploração é proibida por lei?	Sim □, não □; abstenção □
66	Se sim, quais?	A especificar
	V. Organizações de agricultores e gestão dos recursos de reserva	
67	Existe uma estrutura de gestão florestal na sua aldeia?	Sim □, não □; abstenção □
68	Em caso afirmativo, que actividades organizou?	Sensibilização □; abertura de Layon □, ateamento precoce de incêndios □; monitorização da floresta □;

		reflorestação □; outras actividades □ a especificar
69	Está envolvido na gestão florestal?	Sim □; não □; abstenção □
70	Em caso afirmativo, o que está realmente a fazer?	Participação na abertura do layon □ ; participação no início do fogo □, participação na vigilância florestal □ ; participação no reflorestamento □ ; participação em reuniões □, participação em outra atividade □ a ser especificada
71	Se não, porquê?	Desinteresse □; atividade não remunerada □; má colaboração com os silvicultores □; outras razões □ a especificar
72	Que actividades acha que as pessoas locais realizam regularmente na floresta?	Pecuária □; agricultura □; corte de madeira verde □; incêndios florestais □; carbonização □; garimpo de ouro □; outros a especificar □
73	Há incêndios de vegetação na sua zona?	Sim □; não □; abstenção □
74	Em caso afirmativo, quem ilumina a vegetação?	Caçadores □; pastores □; agricultores □; silvicultores □; habituais □; crianças □; chefes de família □; outros a especificar □
75	Em que alturas do ano é que as pessoas ateiam fogo à vegetação	outubro-dezembro □ ; janeiro-fevereiro □ ; março-abril □ ; outros □ a especificar
76	Porque é que se acende o fogo da vegetação em ?	Limpeza de campos □; manter os répteis afastados das casas □; ritos de sacrifício □; caça □; outros motivos □ a especificar
77	Como é que vê a evolução das reservas?	Evolução positiva □ ; evolução regressiva □ ; estagnação □ ; sem perceção □
78	Quais são, na sua opinião, as razões para a tendência decrescente das reservas?	Corte de madeira verde □; incêndio florestal tardio □; carbonização □; garimpo □; pastoreio na floresta □; abertura de campos para agricultura □; precipitação insuficiente; seca □; ventos fortes; temperaturas elevadas □; outros □ a especificar

79	Conheces alguma espécie de planta em perigo de extinção nas reservas?	Sim □ ; não □ ; abstenção □
80	Se sim, quais?	Para citar
81	Quais são as vossas propostas para melhorar a conservação da biodiversidade nas reservas?	A especificar
82	O que pensa que o governo está a fazer para proteger as florestas?	Vigilância florestal □ ; reflorestação □ ; outros □ a especificar
	VI. Cumprimento da legislação florestal e sanções	
83	Já foi vítima de incumprimento da legislação florestal?	Sim □; não □; abstenção □
84	Se sim, o que é que fez realmente?	Corte de madeira verde □; pastoreio numa zona onde a atividade é proibida □; responsabilidade por um incêndio em vegetação □; caça furtiva □; outro □ especificar
85	Que sanções recebeu?	Pena de prisão □; multa □; outra □ especificar a duração da pena de prisão e o montante da multa
86	Se não, porquê?	Intervenção em seu nome por uma autoridade política ou administrativa □ ; Liberdade em troca de dinheiro, animais ou equipamento □ Outro □ especificar
87	Que soluções propõe para garantir que a sua empresa cumpre a legislação florestal?	A especificar

Apêndice 2: Guias para entrevistas semi-estruturadas e grupos de discussão

Apêndice 2a: Guia de entrevista para pastores transumantes

Sexo: Masculino □ ; Feminino □

Idade :

Estado civil: solteiro □; casado □; divorciado □; viúvo

Profissão :

Nível de ensino: nenhum □; alfabetizado □; primário □; secundário □; superior □

1. Há quanto tempo vive aqui?
2. Qual é a composição do seu efetivo?
3. Qual é a dimensão do efetivo por espécie?
4. Existe uma zona reservada ao pastoreio?
5. Se não, o que está a fazer para alimentar o gado?
6. Poda as plantas cujas folhas são particularmente apreciadas pelos animais como alimento? Em caso afirmativo, quais?
7. Quais são as zonas de corte?
8. Existem caminhos para o gado na sua área? Se não, que caminhos utiliza para levar o seu rebanho para o pasto? Em caso afirmativo, esses caminhos estão marcados de forma clara e visível? Se estiverem, respeita-os?
9. É frequentemente confrontado com dificuldades relacionadas com a obstrução dos caminhos do gado pelos campos? Em caso afirmativo, o que é que faz para chegar à zona de pastagem?
10. Existem conflitos entre vós (criadores de gado) e os agricultores?
11. Passa frequentemente algum tempo na floresta com o seu rebanho durante a estação seca?
12. Qual é a sua perceção da evolução das reservas? Quais são as razões para tal?
13. Existem espécies vegetais e animais extintas ou ameaçadas de extinção nas reservas?
14. Sabe que existe uma legislação que rege o abate de árvores no Burkina Faso? É permitido o pastoreio na floresta?
15. Que actividades são proibidas por lei na floresta?
16. Já foi vítima de incumprimento da legislação florestal? Que sanções lhe foram aplicadas?
17. Se não foi sancionado, quais foram os motivos?

18. Que soluções estão a propor para melhorar a sua atividade e, ao mesmo tempo, cumprir a legislação florestal?

Apêndice 2b: Guia de entrevista para silvicultores

Sexo: Masculino □ ; Feminino □

Profissão :

Nível de ensino: secundário □; superior □

1. Pode falar-nos um pouco sobre a história da legislação florestal no Burkina Faso?

2. Pode falar-nos sobre o estado das reservas de vida selvagem de Bontioli?

3. Qual é a sua opinião sobre o estado de degradação destas reservas?

4. Quais são as razões da desflorestação nas reservas de vida selvagem de Bontioli?

5. Que acções concretas realizam os seus agentes no terreno?

6. Emite licenças de exploração florestal para a população local?

7. Que condições devem ser satisfeitas para ser elegível?

8. A população local tem conhecimento da legislação florestal em vigor?

9. Os regulamentos florestais são aplicados pela população local?

10. Intenta acções judiciais contra as pessoas que infringem os regulamentos florestais?

11. São-lhes aplicadas sanções? Quais são as mais comuns?

12. Pode informar-nos sobre os mecanismos de divulgação da legislação florestal junto das comunidades locais?

13. Que medidas estão a ser tomadas para garantir que a legislação florestal é corretamente divulgada às populações locais e, sobretudo, que estas a compreendem?

14. Como é que avalia a aplicação da legislação florestal pelas populações locais?

15. O que pensas sobre a prospeção de ouro nestas reservas? E que soluções recomendarias para remediar a situação?

16. Qual é a sua análise da utilização global das reservas naturais de Bontioli pela população local?

17-Como é que a população local encara estas áreas protegidas?

18. Porque é que estas reservas não são desenvolvidas em benefício da população local?

19. O que se propõe fazer para aumentar o valor económico das reservas?

20- Como desenvolver culturalmente estas reservas em benefício da população local?

21. Qual é o impacto da caça furtiva na vida selvagem em geral e nos paquidermes em particular nas reservas de vida selvagem de Bontioli?

21-Tem mais alguma experiência para partilhar connosco sobre a dinâmica geral destas reservas de vida selvagem?

Apêndice 2c: Guia de entrevista para os garimpeiros

1. Quando é que começou a garimpar ouro neste sítio?
2. Onde estava antes de descobrir este sítio?
3. Existem "elementos indicadores" de ouro na floresta?
4. Podes dizer-me como se extrai o ouro?
5. Como e com que produtos trata o ouro?
6. Existe algum sítio fora da floresta onde o minério é processado?
7. O ouro é frequentemente processado nos rios?
8. O que é que se faz quando todo o minério é extraído do buraco? Fechas o buraco?
9. Dado que o local de garimpo está situado na floresta, como concilia esta atividade com a manutenção da vegetação?
10. Reflorestou alguma área que já tinha sido explorada?
11. Tem conhecimento de que o Código Florestal proíbe esta atividade na floresta?

12. Qual é a sua relação com o serviço ambiental?
13. Está disposto a desistir da extração de ouro se a floresta for desenvolvida?

Apêndice 2d: Guia de entrevista para gestores de associações de caçadores

1. Há quanto tempo existe a vossa associação?
2. Quais são as suas missões?
3. Quais são exatamente os vossos papéis na floresta?
4. Em que altura do ano caças na floresta?
5. E quais são os meios e/ou equipamentos de caça?
6. Que animais selvagens caças?
7. Utiliza frequentemente fogueiras nas suas actividades de caça?
8. Que tipo de caça (tradicional, moderna ou mista) pratica na floresta?
9. Conhece a legislação florestal do Burkina Faso?
10. Como acede às reservas (totais) para realizar as suas actividades cinegéticas?
11. O que é que a sua associação está a fazer para proteger a floresta?
12. Quais são as suas percepções da degradação florestal?
13. Na sua opinião, as reservas são valorizadas económica e culturalmente?
14. Quais são os impactos da degradação florestal no habitat e na mobilidade dos animais selvagens e dos paquidermes em particular?
15. Que impacto tem a caça furtiva na vida selvagem das reservas e, em particular, nos paquidermes?
16. Que soluções sugeriria para melhorar as suas actividades nas reservas?
17. Tem outras experiências que gostaria de partilhar connosco sobre a gestão da sua floresta?

Apêndice 2e: Guião da entrevista com o diretor da União das Cooperativas

1. Nome da cooperativa

2. Data de criação

3. Referências de recibos (se disponíveis)

4. Quantos grupos existem?

5 - Quantos membros tem a cooperativa (se possível)?

6. A vossa organização está representada em quantas aldeias que fazem fronteira com as reservas?

7. Quais são as condições de adesão

8. Que estratégias estão a utilizar para mobilizar as mulheres?

9. Papel e missões da cooperativa?

10. Que sectores estão envolvidos nas actividades da sua organização?

11. Que actividades são realizadas nas reservas pelos membros da cooperativa?

12. Como é organizada a recolha de produtos florestais não lenhosos (PFNM) nas reservas?

13. Que estratégias de angariação de fundos adoptou para assegurar o bom funcionamento da sua organização?

14. Como são distribuídos os fundos gerados pelas actividades da cooperativa?

15. Como é que os membros da organização contribuem para a proteção e recuperação das reservas?

16. Quais são as perspectivas de organização da estrutura pela qual é responsável?

17. Tem outras experiências que gostaria de partilhar connosco?

Apêndice 2f: Guia do grupo de discussão para produtores de cerveja de sorgo (dolo)

1. Quando é que se faz cerveja de sorgo?

2. Que tipo de combustível utilizas para fazer dolo?

3. Que tipo de lareira utiliza para esta atividade?

4. Como é que obtém a madeira? Recolhe-a do mato ou compra-a?

5. Fale-nos da disponibilidade de lenha na sua aldeia para realizar esta atividade.

6. Quantos feixes de madeira se utilizam para fazer cerveja de sorgo?

7. De onde é que vem a madeira? Dos campos? Ou da floresta?

8. Está autorizado a extrair madeira da floresta? Quais são as condições?

9. Existem pessoas autorizadas a cortar e vender madeira?

10. Há algum sítio onde se possa comprar madeira?

11. A madeira é acessível? Quanto custa um feixe de madeira?

12. Tem conhecimento da existência de legislação florestal?

13-Qual é a sua avaliação da aplicação da legislação florestal pela população em geral e pelos produtores de cerveja de sorgo em particular?

14-Que soluções sugeriria para reduzir a quantidade de madeira cortada pela sua empresa?

Apêndice 2g: Guia do grupo de discussão para agricultores e transformadores de PFNL

1) Que PFNL é que colhe?

2. Em que alturas do ano utiliza estes produtos?

3. Que equipamento é utilizado para colher estes produtos?

4. É frequente apanhar produtos antes de estarem maduros?

5. Como é que se recolhem produtos (frutos, sementes ou folhas) de ramos muito afastados do solo?

6. Quais são os principais produtos que processa?

7. Pode explicar sucintamente o seu processo de transformação?

8. Onde é que vai buscar a lenha para cozinhar estes produtos?

9. Está autorizado a cortar madeira na floresta para realizar as suas actividades? Quais são as condições?

10. Qual a quantidade de madeira (em feixes) que utiliza para transformar estes produtos (consoante a quantidade a ser curtida)?

11. Sabias que o corte de madeira verde nas florestas é regulamentado pelo Código Florestal?

12. Alguma vez recebeu informação sobre as condições de recolha de PFNL e madeira na floresta?

14. Qual é a sua relação com os agentes Eaux et Forêts?

13. Que soluções propõe para uma boa exploração e transformação dos PFNL em conformidade com a legislação florestal?

Apêndice 3: Ficha de levantamento florístico

Nome do observador: .... Data do inquérito: ....

Número do inquérito: .... Coordenadas da parcela: ....

Tamanho do terreno: .... Tempo de inquérito: ....mn

Formação da planta: FG □ ; SB □ ; SA □ ; Sa □ ; PA/J □

N°	Nome botânico	CHP (cm)	Altura (m)	Saúde das árvores

FG: floresta de galeria; SB: savana arborizada; SA: savana arborizada; Sa: savana arbustiva; PA/J: parque agroflorestal/pousio. 1: lenhosa sã; 2: lenhosa desgalhada; 3: lenhosa queimada; 4: presença de buracos na madeira; 5: lenhosa semi-seca; 6: lenhosa morta em pé

Apêndice 4: Ficha de observação

Corte	Período de visita	Comentários

Apêndice 5: População residente projectada

Aldeias	2010	2011	2012	2013	2014	2015	2016	2017	2018	2019	2020
Comuna de Tiankoura (província de Bougouriba)											
Diourao	620	639	659	680	701	722	744	766	789	812	836
Kanséo	330	340	351	362	373	384	396	408	420	432	445
Kimpéo	142	146	151	155	160	165	170	175	180	186	191
Kourguenou	152	673	694	715	737	759	783	806	830	855	880
Sinkiro	232	239	247	254	262	270	278	287	295	304	313
Tiopanao	294	304	313	323	333	343	353	364	375	386	397
Município de Diébougou (província de Bougouriba)											
Mouvielo	2046	2110	2176	2243	2312	2382	2455	2528	2604	2681	2760
Comuna de Nako (província de Poni)											
Babière	305	314	324	334	344	354	365	376	387	398	410
Barro	383	395	407	419	432	445	458	472	486	500	514
Boukairo	812	837	863	889	916	944	972	1001	1030	1061	1092

Gourkpè-soum	553	570	588	605	624	643	662	681	701	722	743
Hemkoa	167	172	177	183	188	194	200	206	212	218	224
Tiékar	479	493	508	524	540	556	573	590	607	625	643
Comuna de Dissin (província de Ioba)											
Feito	1190	1221	1254	1287	1322	1357	1393	1430	1468	1506	1546
Aldeias	**2010**	**2011**	**2012**	**2013**	**2014**	**2015**	**2016**	**2017**	**2018**	**2019**	**2020**
Município de Zambo (província de Ioba)											
Bobra-Gogo	865	888	912	936	961	986	1012	1039	1067	1093	1124
Bolkpe	320	321	338	347	356	365	375	385	395	406	416
Bontioli	1270	1304	1339	1375	1411	1449	1487	1527	1567	1609	1652
Dergane	288	295	303	311	319	328	337	346	355	364	374
Djikologo	1616	1659	1706	1749	1795	1843	1892	1942	1994	2046	2101
Forotéon	1314	1349	1385	1422	1460	1499	1539	1579	1621	1664	1709
Gamgbo	519	533	547	562	577	592	608	624	641	658	675
Gbongbo-	881	905	929	954	979	1005	1032	1059	1087	1116	1146

zodoun											
Gbonko	948	973	999	1026	1053	1081	1110	1139	1169	1200	1232
Habre	1321	1356	1392	1429	1467	1506	1546	1587	1629	1673	1717
Korompéri	743	763	784	805	826	848	870	894	917	942	967
Manoa	1293	1328	1363	1400	1437	1475	1514	1554	1596	1638	1682
Nambletéon	388	398	409	420	431	443	454	466	479	492	505
Pintou	385	395	406	416	428	449	451	463	475	487	500
Tieretéon	171	175	180	185	189	195	200	205	210	216	222
Tovor	1255	1289	1323	1358	1394	1431	1469	1508	1548	1590	1632
Zoolo	1602	1644	1688	1733	1779	1827	1875	1925	1976	2028	2082
Total	23384	24036	24712	25401	26106	26630	27573	28332	29110	29910	30730

Fonte: INSD, 2009

Apêndice 6: Matrizes de transição de áreas unitárias de utilização do solo em ha

Quadro: Matriz de transição de uso do solo da RTFB entre 1986 e 2002

Aulas temáticas	Cultivo de sequeiro	Galeria florestal	Savana arborizada	Savana arbustiva	Solo nu	Total 1986
Cultivo de sequeiro	354,54	22,63	3158,87	4670,77	0,27	8207,09
Galeria florestal	0,00	565,65	0,00	0,00	0,00	565,65
Savana arborizada	32,99	0,00	326,33	149,20	0,00	508,52
Savana arbustiva	131,50	0,05	1827,38	2220,24	0,00	4179,18
Solo nu	0,00	0,00	0,27	0,09	0,00	0,36
Total 2002	519,04	588,33	5312,85	7040,30	0,27	13460,80

Fonte: Imagens Landsat de 1986 e 2002

Tabela: Matriz de transição de uso do solo para a RPFB entre 1986 e 2002

Aulas temáticas	Campos e pousios	Galeria florestal	Savana arborizada	Savana arbustiva	Solo nu	Total 1986
Campos e pousios	3837,62	21,17	4986,72	11618,58	1,02	20465,11
Galeria florestal	0,58	1554,06	12,01	9,90	0,00	1576,55
Savana arborizada	118,59	0,00	256,54	167,04	0,00	542,17
Savana arbustiva	1333,44	8,06	3090,17	5162,37	0,33	9594,37
Solo nu	0,43	0,00	0,17	0,21	0,00	0,81
Total 2002	5290,66	1583,29	8345,61	16958,10	1,34	32179,01

Fonte: Imagens Landsat de 1986 e 2002

Quadro: Matriz de transição de uso do solo da RTFB entre 2002 e 2018

Aulas temáticas	Campos e pousios	Galeria florestal	Savana arborizada	Savana arbustiva	Solo nu	Total 2002
Campos e pousios	4,66	6,23	69,70	400,98	36,94	518,51
Perfuração da galeria	0,79	0,00	31,76	509,06	45,24	586,86
Savana arborizada	21,29	219,07	1351,25	3531,44	179,42	5302,46
Savana arbustiva	22,28	79,03	865,06	5615,81	447,22	7029,40
Solo nu	0,00	0,00	0,00	0,18	0,09	0,27
Total 2018	49,02	304,32	2317,77	10057,47	708,91	13437,50

Fonte: Imagens Landsat de 2002 e 2018

Tabela: Matriz de transição de uso do solo para a RPFB entre 2002 e 2018

Aulas temáticas	Campos e pousios	Galeria florestal	Habitat	Savana arborizada	Savana arbustiva	Solo nu	Total 2002
Campos e pousios	1252,07	91,18	123,01	129,39	2271,08	1407,70	5274,43
Galeria florestal	78,33	33,17	8,23	86,09	950,70	420,47	1577,00
Savana arborizada	837,26	628,10	141,43	785,21	4569,09	1353,29	8314,39
Savana arbustiva	1296,50	444,39	251,95	531,25	9216,32	5158,84	16899,26
Solo nu	0,39	0,24	0,00	0,09	0,36	0,27	1,34
Total 2018	3464,55	1197,08	524,62	1532,04	17007,54	8340,58	32066,42

Fonte: Imagens Landsat de 2002 e 2018

Tabela: Matriz de transição de uso do solo da RTFB entre 1986 e 2018

Aulas temáticas	Campos e pousios	Galeria florestal	Savana arborizada	Savana arbustiva	Solo nu	Total 1986
Campos e pousios	33,63	209,69	1166,87	6281,16	502,45	8193,79
Galeria florestal	0,79	0,00	31,76	490,04	41,94	564,53
Savana arborizada	0,48	9,20	114,79	376,50	6,47	507,44
Savana arbustiva	14,12	85,43	1004,09	2909,69	158,05	4171,38
Solo nu	0,00	0,00	0,27	0,09	0,00	0,36
Total 2018	49,02	304,32	2317,77	10057,47	708,91	13437,50

Fonte: Imagens Landsat de 1986 e 2018

Tabela: Matriz de transição de uso do solo para a RPFB entre 1986 e 2018

Aulas temáticas	Campos e pousios	Galeria florestal	Habitat	Savana arborizada	Savana arbustiva	Solo nu	Total 1986
Campos e pousios	2515,93	659,21	415,66	745,77	10247,57	5810,57	20394,73
Galeria florestal	73,08	33,17	8,23	86,09	963,51	406,17	1570,25
Savana arborizada	33,53	40,46	2,12	44,32	356,93	63,13	540,50
Savana arbustiva	842,01	464,18	98,61	655,84	5438,96	2060,53	9560,14
Solo nu	0,00	0,05	0,00	0,00	0,57	0,18	0,81
Total 2018	3464,55	1197,08	524,62	1532,04	17007,54	8340,58	32066,42

Fonte: Imagens Landsat de 1986 e 2018

Apêndice 7: Listas das espécies vegetais inventariadas nas duas reservas

Apêndice 7a: Lista das espécies vegetais inventariadas na RTFB

Número de encomenda	Nome botânico da espécie vegetal
1	*Acacia dudgeoni* Craib ex Hall.
2	*Acacia laeta* R. Br. Ex Benth
3	*Acacia macrostachya* Reichenb. ex DC.
4	*Acacia sieberiana* DC.
5	*Adansonia digitata* L.
6	*Afzelia africana* Smith ex Pers.
7	*Anogeissus leiocarpus* (DC.) Guill. et Perr.
8	*Balanites aegyptiaca* (L.) Del.
9	*Berlinia grandiflora* (Vahl) Hutch. et Dalz.
10	*Bombax costatum* Pellegr. e Vuillet
11	*Burkea africana* Hook. f.
12	*Cassia sieberiana* DC.
13	*Combretum collinum* Fresen.
14	*Combretum fragrans* F. Hoffm
15	*Combretum glutinosum* Perr. ex DC.
16	*Combretum micranthum* G. Don
17	*Combretum molle* R. Br. ex G. Don
18	*Combretum nigricans* Lepr. ex Guill. et Perr.
19	*Crossopteryx febrifuga* (Afzel. ex G. Don) Benth.
20	*Daniellia oliveri* (Rolfe) Hutch. et Dalz.

21	*Detarium microcarpum* Guill. et Perr.
22	*Diospyros mespiliformis* Hochst. ex A. Rich.
23	*Ekebergia senegalensis* A. Juss.
24	*Entada africana* Guill. et Perr.
25	*Gardenia erubescens* Stapf et Hutch.
26	*Gardenia ternifolia* Schumach. et Thonn.
27	*Hexalobus monopetalus* (A. Rich.) Engl. e Diels
28	*Khaya senegalensis* (Desr.) A. Juss.
29	*Lannea acida* A. Rich.
30	*Lannea microcarpa* Engl. e K. Krause
31	*Lannea velutina* A. Rich.
32	*Mitragyna inermis* (Willd.) Kuntze
33	*Parkia biglobosa* (Jacq.) R. Br. ex G. Don
34	*Pericopsis laxiflora* (Benth.) van Meeuwen
35	*Piliostigma thonningii* (Schumach.) Milne-Redh.
36	*Pseudocedrela kotschyi* (Schweinf.) Harms
37	*Pterocarpus erinaceus* Poir.
38	*Saba senegalensis* (A. DC.) Pichon
39	*Sarcocephalus latifolius* (Smith) Bruce
40	*Sterculia setigera* Del.
41	*Strychnos innocua* Del.
42	*Strychnos spinosa* Lam.
43	*Tamarindus indica* L.
44	*Terminalia avicennioides* Guill. et Perr.
45	*Terminalia macroptera* Guill. et Perr.
46	*Trema orientalis* (L.) Blume
47	*Vitellaria paradoxa* Gaertn. f.
48	*Vitex doniana* Doce
49	*Ximenia americana* L.

Apêndice 7b: Lista das espécies vegetais inventariadas na RPFB

Número de encomend a	Nome botânico da espécie vegetal
1	*Acacia dudgeoni* Craib ex Hall.
2	*Acacia ehrenbergiana* Hayne
3	*Acacia gourmaensis* A. Chev.
4	*Acacia laeta* R. Br. Ex Benth.
5	*Acacia macrostachya* Reichenb. ex DC.
6	*Acacia polyacantha* Willd. subsp.
7	*Acacia senegal* (L.) Willd.
8	*Acacia seyal* Del.
9	*Acacia sieberiana* DC.
10	*Adansonia digitata* L.
11	*Afzelia africana* Smith ex Pers.
12	*Anogeissus leiocarpus* (DC.) Guill. et Perr.
13	*Balanites aegyptiaca* (L.) Del.
14	*Berlinia grandiflora* (Vahl) Hutch. et Dalz.
15	*Bombax costatum* Pellegr. e Vuillet
16	*Combretum collinum* Fresen.
17	*Combretum fragrans* F. Hoffm.
18	*Combretum glutinosum* Perr. ex DC.
19	*Combretum molle* R. Br. ex G. Don

20	*Combretum nigricans* Lepr. ex Guill. et Perr.
21	*Cordia myxa* L.
22	*Crossopteryx febrifuga* (Afzel. ex G. Don) Benth.
23	*Daniellia oliveri* (Rolfe) Hutch. et Dalz.
24	*Detarium microcarpum* Guill. et Perr.
25	*Diospyros mespiliformis* Hochst. ex A. Rich.
26	*Ekebergia senegalensis* A. Juss.
27	*Entada africana* Guill. et Perr.
28	*Faidherbia albida* (Del.) Chev.
29	*Ficus em* Forssk.
30	*Ficus sycomorus* subsp.
31	*Gardenia erubescens* Stapf et Hutch.
32	*Gymnosporia senegalensis*
33	*Hexalobus monopetalus* (A. Rich.) Engl. et Diels
34	*Khaya senegalensis* (Desr.) A. Juss.
35	*Lannea acida* A. Rich.
36	*Lannea microcarpa* Engl. e K. Krause
37	*Lannea velutina* A. Rich.
38	*Lonchocarpus laxiflorus* Guill. et Perr.
39	*Manilkara multinervis* (Bak.) Dubard
40	*Mitragyna inermis* (Willd.) Kuntze
41	*Parkia biglobosa* (Jacq.) R. Br. ex G. Don
42	*Pericopsis laxiflora* (Benth.) van Meeuwen
43	*Piliostigma reticulatum* (DC.) Hochst.
44	*Piliostigma thonningii* (Schumach.) Milne-Redh.
45	*Prosopis africana* (Guill. et Perr.) Taub.
46	*Pseudocedrela kotschyi* (Schweinf.) Harms
47	*Pterocarpus erinaceus* Poir.
48	*Saba senegalensis* (A. DC.) Pichon

49	*Sarcocephalus latifolius* (Smith) Bruce
50	*Sterculia setigera* Del.
51	*Strychnos spinosa* Lam.
52	*Tamarindus indica* L.
53	*Tectona grandis* L. f.
54	*Terminalia avicennioides* Guill. et Perr.
55	*Terminalia macroptera* Guill. et Perr.
56	*Trichilia emetica* Vahl
57	*Vitellaria paradoxa* Gaertn. f.
58	*Vitex doniana* Doce
59	*Ximenia americana* L.

Apêndice 8: Especulação dos residentes ribeirinhos

Especulação produzida	Frequência (%)
Milho	16,20
Milho pequeno	15,70
Sorgo vermelho	15,40
Amendoim	11,60
Algodão	10,50
Feijões	8,20
Sorrel	4,70
Sorgo branco	4,60
Abóbora	4,30
Tomate	1,80
Malagueta	1,20
Sésamo	1,10
Cebola	1
Couve	1
Feijão-frade	0,90
Alface	0,50
Pimentos	0,30
Outros	0,80

ÍNDICE DE CONTEÚDOS

More Books!

I want morebooks!

Buy your books fast and straightforward online - at one of world's fastest growing online book stores! Environmentally sound due to Print-on-Demand technologies.

Buy your books online at
www.morebooks.shop

Compre os seus livros mais rápido e diretamente na internet, em uma das livrarias on-line com o maior crescimento no mundo! Produção que protege o meio ambiente através das tecnologias de impressão sob demanda.

Compre os seus livros on-line em
www.morebooks.shop

info@omniscriptum.com
www.omniscriptum.com

OMNIScriptum

MIX
Papier aus verantwortungsvollen Quellen
Paper from responsible sources
FSC® C105338

Printed by Books on Demand GmbH, Norderstedt / Germany